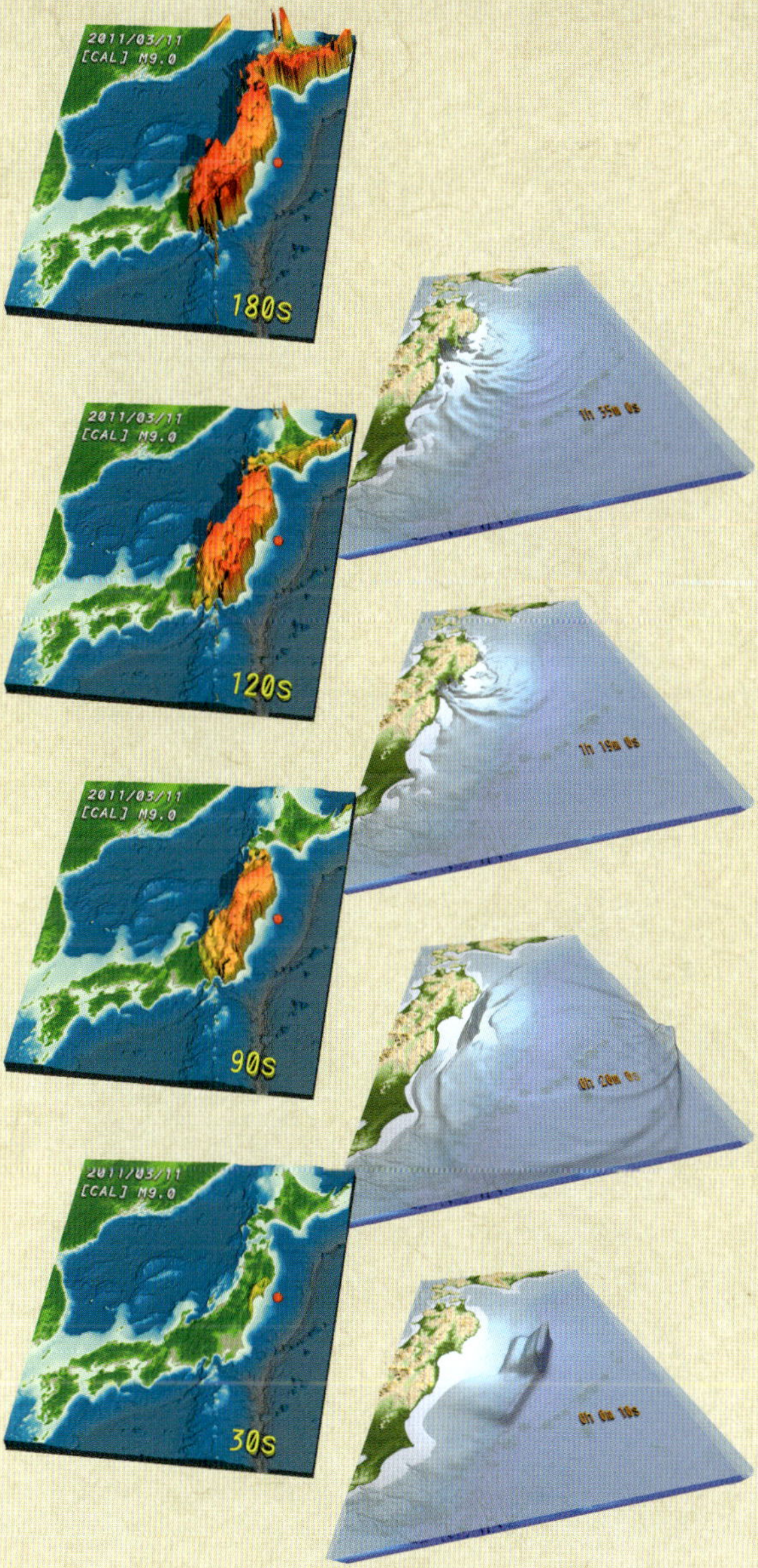

東日本大震災の科学

佐竹健治
堀 宗朗
――編

東京大学出版会

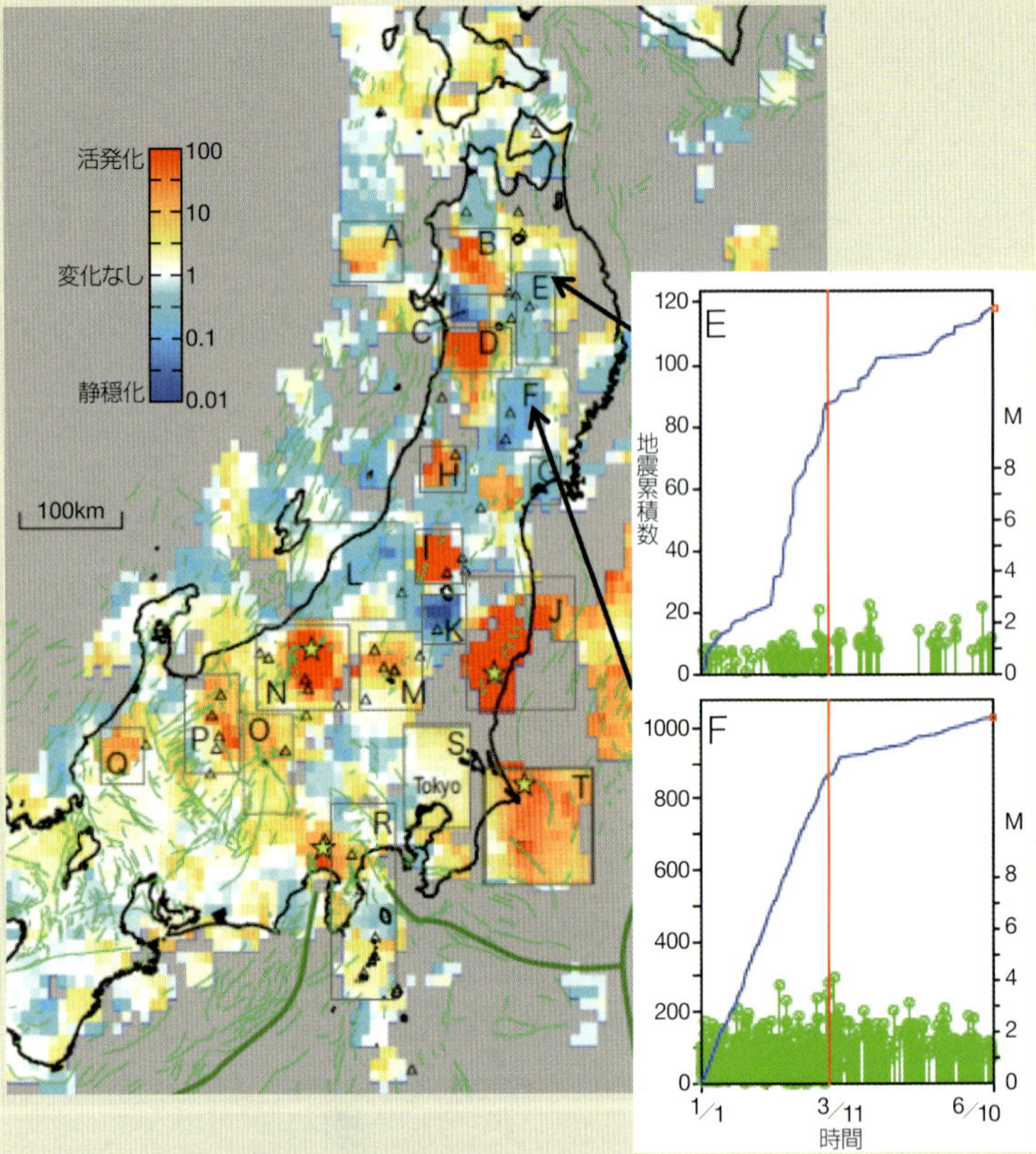

口絵1——東北沖地震に伴う地震活動変化(Toda *et al.*, 2011のFig. 1より)
赤は地震活動が活発化した領域，青は静穏化した領域を示す．2つの静穏化した地域について，地震活動の時系列を合わせて示す．(図1-13参照)

The Sciences of the Great East Japan Earthquake
Edited by **Kenji SATAKE** and **Muneo HORI**
University of Tokyo Press, 2012
ISBN978-4-13-063710-7

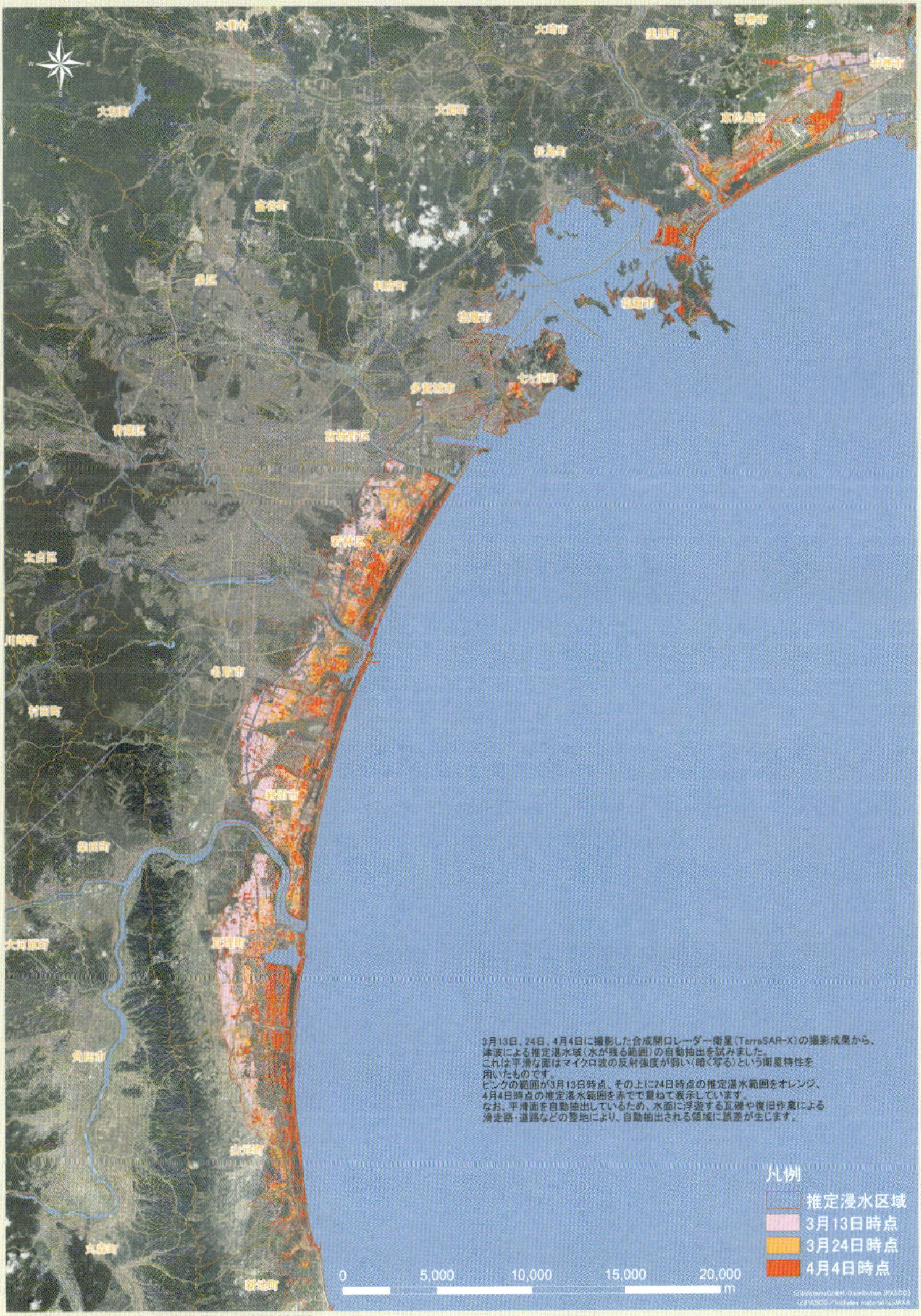

平成23年(2011年東北地方太平洋沖地震)
【推定】湛水区域図(宮城県石巻市～山元町:2011年3月13日・24日・4月4日)
2011年4月4日作成 PASCO

口絵2 ――合成開口レーダー画像分析による浸水範囲図(株式会社パスコ提供)(図4-6参照)

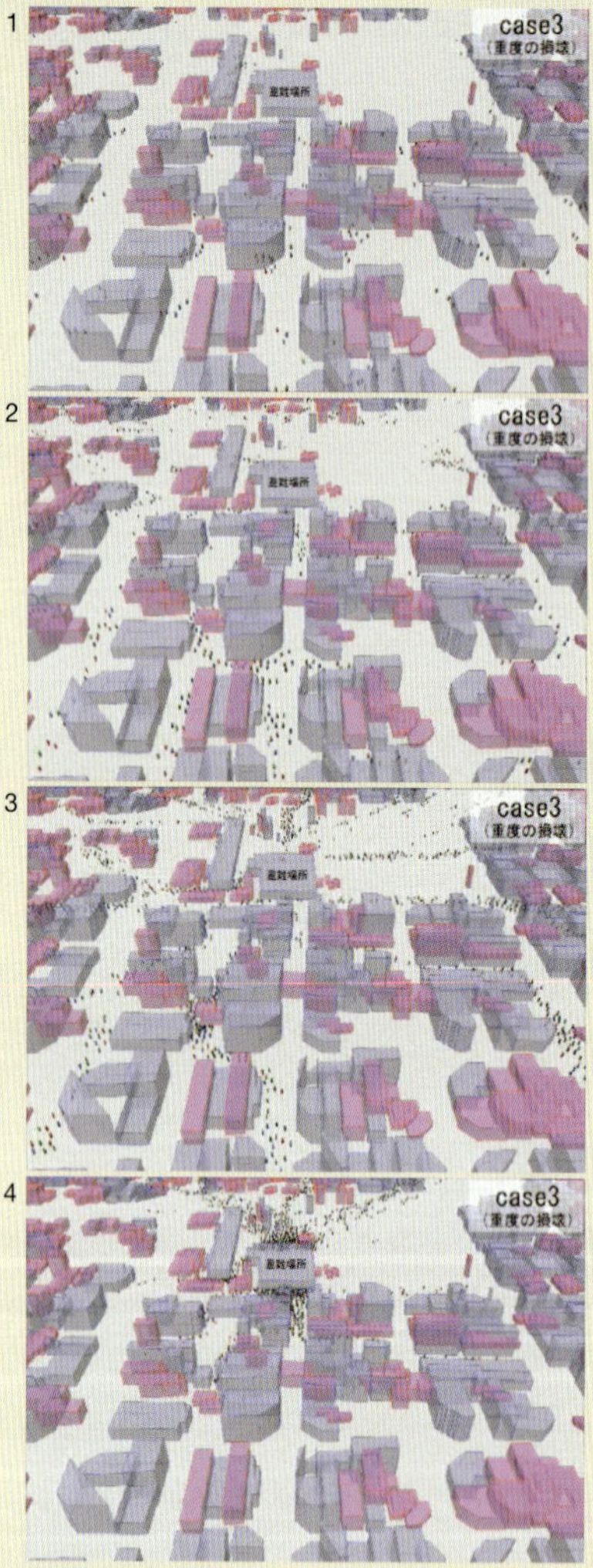

口絵4

群衆避難のスナップショット

灰色の構造物は無被害．赤色の構造物は被災．被災構造物は道路閉塞を起こす．群衆は道路閉塞を避けて避難場所へ向かう．（図8-10参照）

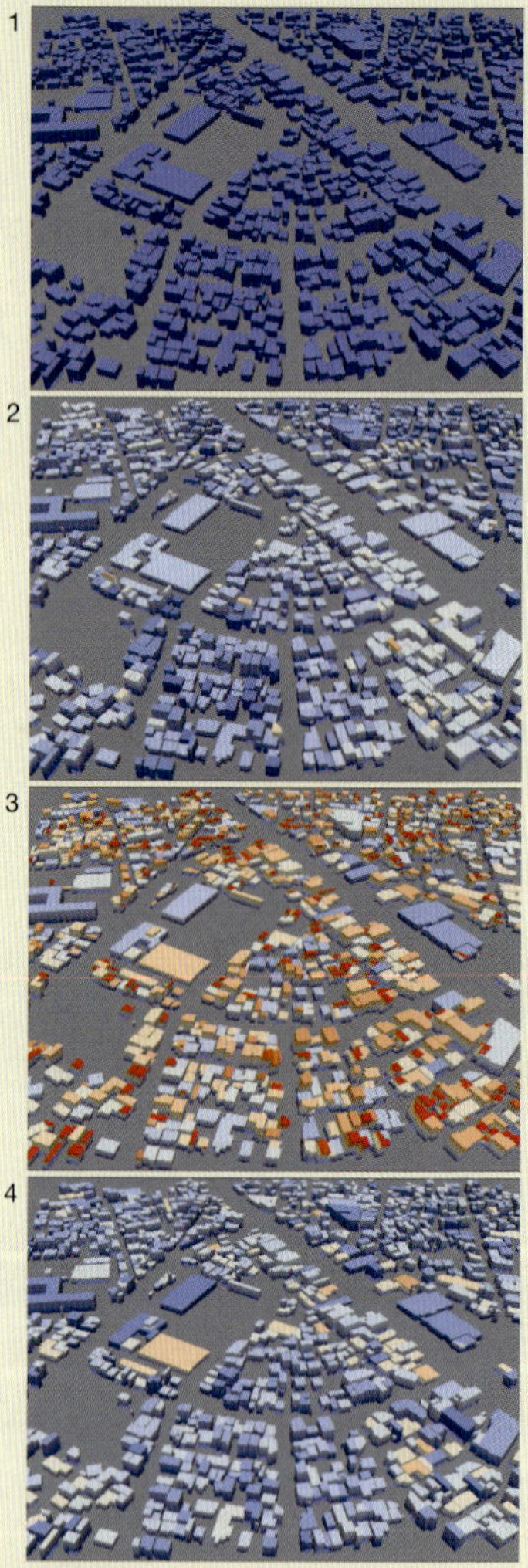

口絵3

構造部群の揺れのスナップショット

色は揺れ．青は変形が0，赤は損傷にいたる変形．地震終了後も一部の構造物が変形をしており，被害があることを示す．（図8-10参照）

（作図など株式会社ベクトル総研協力）

まえがき

東日本大震災は、現代の日本にとって大きなできごとであった。震災から二年近くがたち、日本全体では落ち着きを取り戻してきたものの、津波や原発被害の被災地では、まだ復興までに長い時間を要するであろう。

この間に震災についてさまざまな調査・研究が行われ、その実態が明らかになってきた。地震・津波という現象についての自然科学的な解明、震災の被害の実態や低頻度で発生する自然災害への備えなどの工学の課題、社会経済への影響、さらには原子力の利用やエネルギー政策など将来の国の施策に関わる問題、といった多くの側面をもっている。

これらの多角的な視野から東日本大震災をとらえ、さらに将来への備えを考えるため、東京大学では地震研究所・工学系研究科・情報学環の教員が中心となって、二〇一一年冬学期から前期課程の全学自由研究ゼミナールとして「東日本大震災の科学」を開講した。そのゼミナールの内容をもとにまとめたのが、本書である。

大震災の直接の原因は、東北地方太平洋沖地震と名付けられたM九の巨大地震であった。このような巨大地震が日本付近で発生することは想定されていなかったが、陸上や海底に整備されてきた観測網によって得られたデータなどから、この巨大地震の実像が明らかになってきた。第1章では、このような地震学的側面が説明される。

東日本大震災の犠牲者の九割以上は津波によるものであった。海底の水圧計・現地調査・リモートセンシング技術などから、津波が発生してから沿岸に押し寄せ、陸上に遡上して被害をもたらすまでの詳細が明らかになった。第2章では津波の発生と伝播、津波警報、そして過去にも発生していた津波について、第3章では沿岸での津波被害の詳細と低頻度災害に対する今後の海岸防災について説明される。第4章ではリモートセンシングなどの空間情報技術を用いて災害の実態を迅速に調べる手法について解説される。

今回の震災では、大津波警報が発表され、また津波の到達まで三〇分以上の時間的余裕があったにもかかわらず、多くの犠牲者が出た。第5章では、災害心理・防災教育という側面から、被害の実態とそれを減らすための方法が議論される。

東日本大震災の直接的な被害額は約一七兆円と推定されており、これは日本の国家予算の二〇％に匹敵する。第6章では、経済的側面から、東日本大震災や阪神・淡路大震災が日本経済にもたらした影響や、将来の災害への備えについて議論される。

日本では、今後も西南日本（南海トラフ）や首都周辺における巨大地震の発生が危惧されている。第7章では今後発生する南海トラフの巨大地震に向けた課題を東日本大震災の発生を受けて再検討し、

第8章では将来の地震によって発生するであろう被害のシミュレーション方法について解説する。

本書で紹介するような多面的な研究を促進するため、東京大学大学院情報学環では、地震研究所、生産技術研究所との連携のもとに二〇〇八年に総合防災情報研究センターを開設した。さらに二〇一二年に地震研究所では、情報学環、工学系研究科との連携のもとに巨大地震津波災害予測研究センターを設置した。この二つのセンターは、想定外と称されたこの地震と災害を分析し、次の大地震に対する備えについて研究を行っており、東京大学の多様な組織の教員が加わった学問領域の連携を強化するための場となっている。

はじめに述べたように、本書は、東京大学前期課程の全学自由研究ゼミナールでの講義に基づいている。学問領域の連携強化を大学で進める一策は、教育である。多様な学問領域の知見を理解し、それを建設的に批判することは、学生の特権である。その批判から新たな学問の創造を目指すことは、研究者への第一歩でもあろう。それ以上に、次の巨大地震に備えるためには、広い分野の高度な知識を有機的に連携して理解した人材の育成が重要である。巨大地震への備えを託された次世代にとって、包括的ではないが執筆者それぞれの独自の視点でなされた分析・展望をまとめた本書が、地震・津波・災害に関わる多様な学問を理解するための礎となることを期待している。

東京電力福島第一原子力発電所の事故は、今後数十年にわたる放射能汚染、廃炉作業、そして日本のエネルギー政策にも影響を及ぼした。本書では、東日本大震災の原子力発電所への影響については触れられているものの、放射能汚染が人間生活にもたらした影響や、将来のエネルギー供給のあり方までは踏み込むことはできなかった。これらも含めたさらに広範な観点から東日本大震災をとらえることは、本書の読者も含めた今後の課題としたい。

最後に、本ゼミナールに参加して議論してくれた学生諸君、ならびに本書の企画・編集を担当してくださった東京大学出版会の小松美加さんに感謝したい。

二〇一二年一〇月

佐竹健治・堀　宗朗

注　本文中にも出てくる地震名と震災名の使い分けについて触れておく。自然現象である地震そのものは、気象庁によって「平成二三年（二〇一一年）東北地方太平洋沖地震」と命名された。一方、この地震によって引き起こされた災害に対して、政府は「東日本大震災」と命名した。過去の地震とその災害についても、「関東地震」と「関東大震災」（一九二三年）や「兵庫県南部地震」と「阪神・淡路大震災」（一九九五年）のように地震と震災名は区別されている。

東日本大震災の科学

目次

第5章　避難しないのか、できないのか
――避難行動と防災教育

第1章　どんな地震だったのか
——東北地方太平洋沖地震の地球科学的背景、概要と影響

小原一成

1——東北地方太平洋沖地震の詳細像

二〇一一年三月一一日一四時四六分に発生した東北地方太平洋沖地震は、マグニチュード（M）九・〇という日本周辺では観測史上最大の地震であった。この地震は、典型的な海溝型のプレート境界地震であるが、これほどの巨大な地震が東北沖で起こるとはほとんど想定されていなかった。

本章では、この地震を特徴づける「典型的」と「想定外」をキーワードとして、詳細像に迫る。

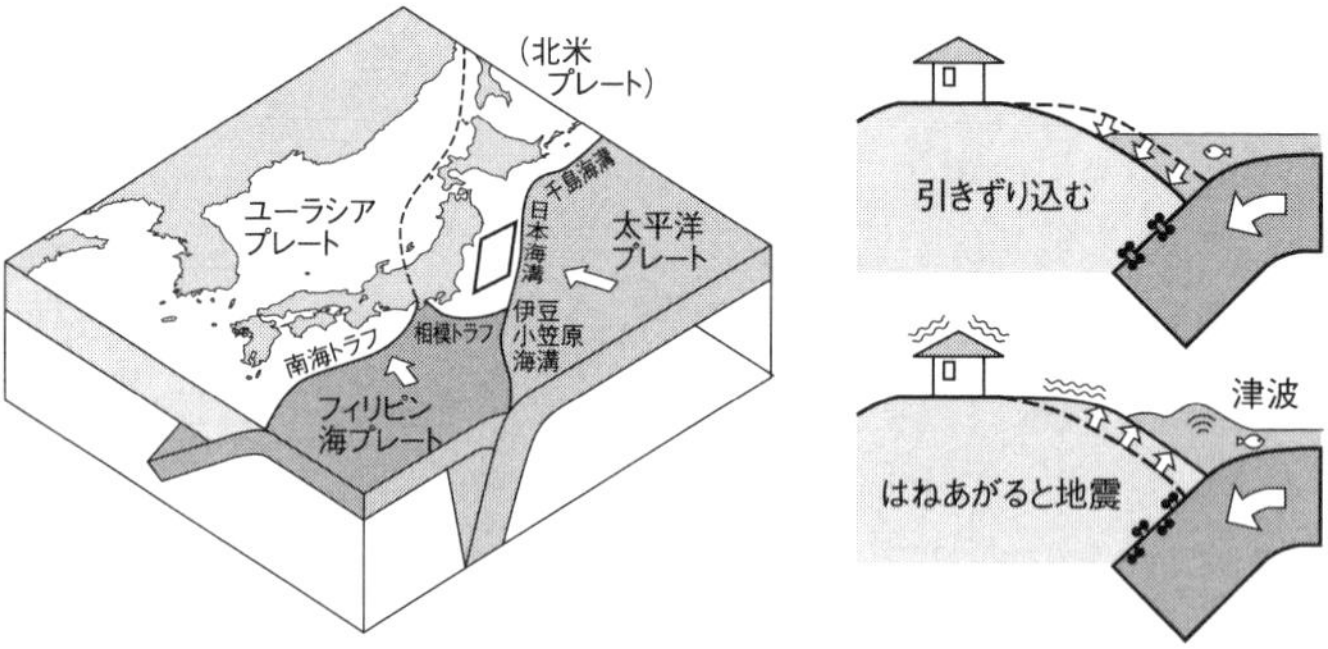

図 1-1　日本列島を取り巻くプレート（左）と海溝型プレート境界地震のしくみ（右）（岡田，2012 の図 2 より）
左図のひし形の枠が東北地方太平洋沖地震の震源域．右図はプレート間が固着しているときと，プレート境界地震発生時の上盤の動きを示す．

東北地方太平洋沖地震の震源破壊過程

地震とは、岩盤中の境界面（断層）の両側がずれ動く断層運動現象である。東北沖では、世界最大の海洋プレートである太平洋プレートが、東北地方を載せた陸側のプレートの下に沈み込んでいる。東北地方太平洋沖地震は、両者の境界で発生した地震であり、上盤が下盤に対して東向きにずれ動くことで生じた（図1-1）。プレート境界に沿って、海溝よりやや離れた場所から数十kmの深さまでは、ふだんは強く固着しているため、海洋プレートの沈み込みに伴って上盤プレートが引きずり込まれ、固着域に歪みが蓄積する。その歪みが限界を超えると、上盤プレートが元に戻ろうとしてプレート境界が急激にずれ動き、地震動が生じるのである。

　東北地方太平洋沖地震は、このような海溝型プレート境界地震の典型であった。宮城県沖の深さ二四kmから始まった断層面の破壊は、秒速約二～三kmの速度で、ほぼ同心円状にプレート境界面に沿って広がり、地震動とともに大きな地殻変動や津波を引き起こした。強震波形、津波波高、地殻変動のほかに、地球規模で観測された広帯域地震波形などのデータに基づいて、地震発生直後から世界中の研究機関で震源破壊過程に関する解析が行われた結果、以下の共通的な地震像が得られた。

・震源破壊域は南北約五〇〇㎞、東西約二〇〇㎞に広がる。とくにすべりの大きい領域は破壊開始点から海溝まで及び、その量は五〇mを超えた。

・浅い領域と深い領域とですべり方が異なる。大きなすべりが生じた浅部での破壊は比較的ゆっくりであるが、深部側では速い動きの破壊が生じ、強い地震動を生成した（図1-2）。

この強震動で、宮城県内陸北部の栗原市で最大震度7が観測されたほか、震度6強や6弱の揺れが岩手県から茨城県にかけての広い地域に及んだ（図1-3）。この強震域の広がりは、破壊した断層の大きさや破壊進行の様子を物語っている。

防災科学技術研究所によって展開された強震計（K-NET）の波形データを、東北日本に沿って北から順に並べると（図1-4）、中央部から南北に向かって伝播する一つの波群が存在する。つまり、宮城県沖で五〇秒の間をおいて二回の大きな強震動が生成されたことを示している。また、二つめの

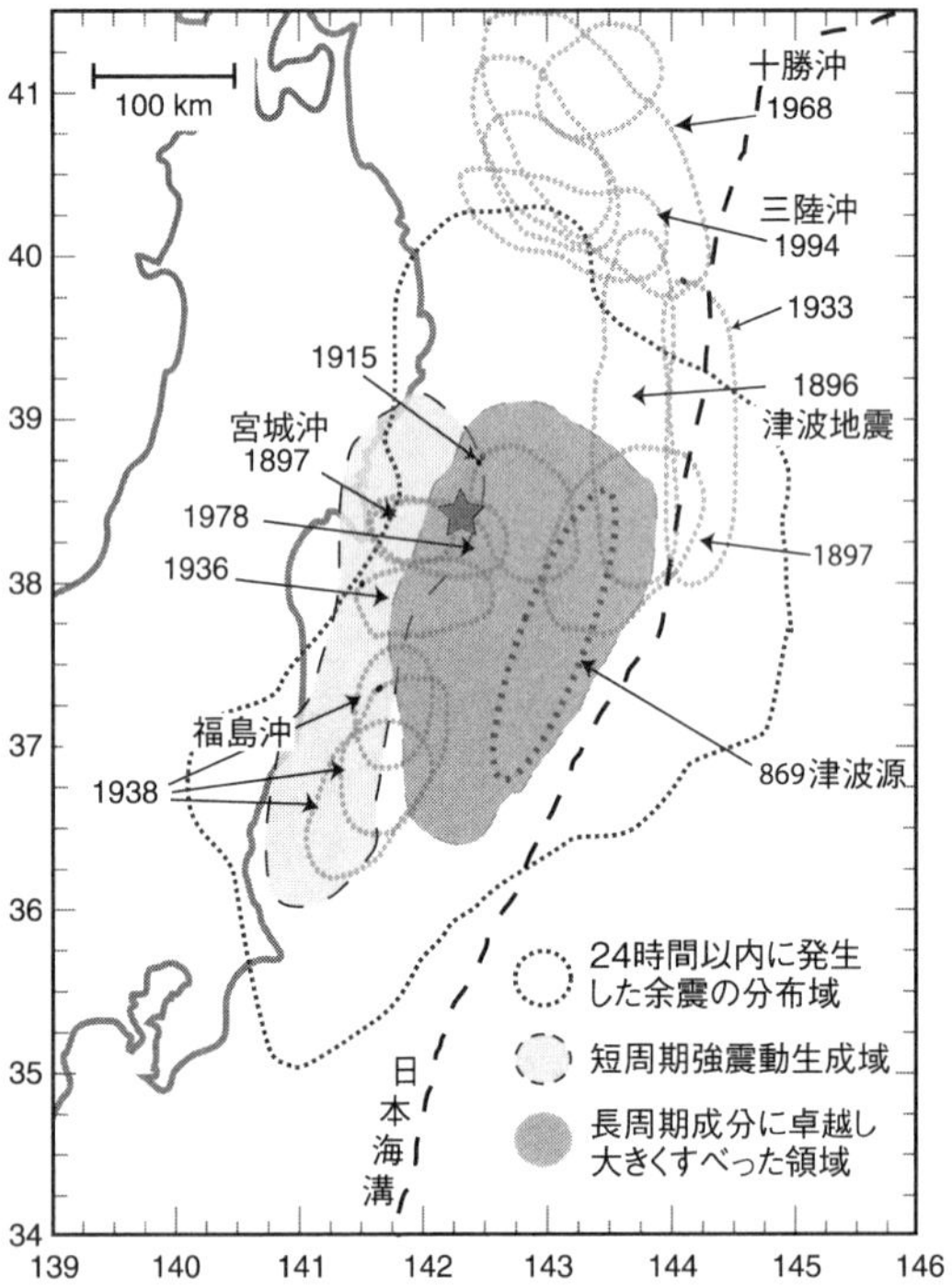

図 1-2　東北地方太平洋沖地震における地震動・すべり特性の空間分布と余震域，過去の大地震震源域との比較（Koper *et al.*, 2011 の Fig. 2 より）
星印は東北地方太平洋沖地震の破壊開始点，太点線は地震発生後 24 時間以内の余震分布域，薄い網の領域は短周期強震動生成域，濃い網の領域は長周期成分に卓越した波動を生成し大きくすべった領域，薄い点線で囲んだのは過去の大地震の震源域を表す．

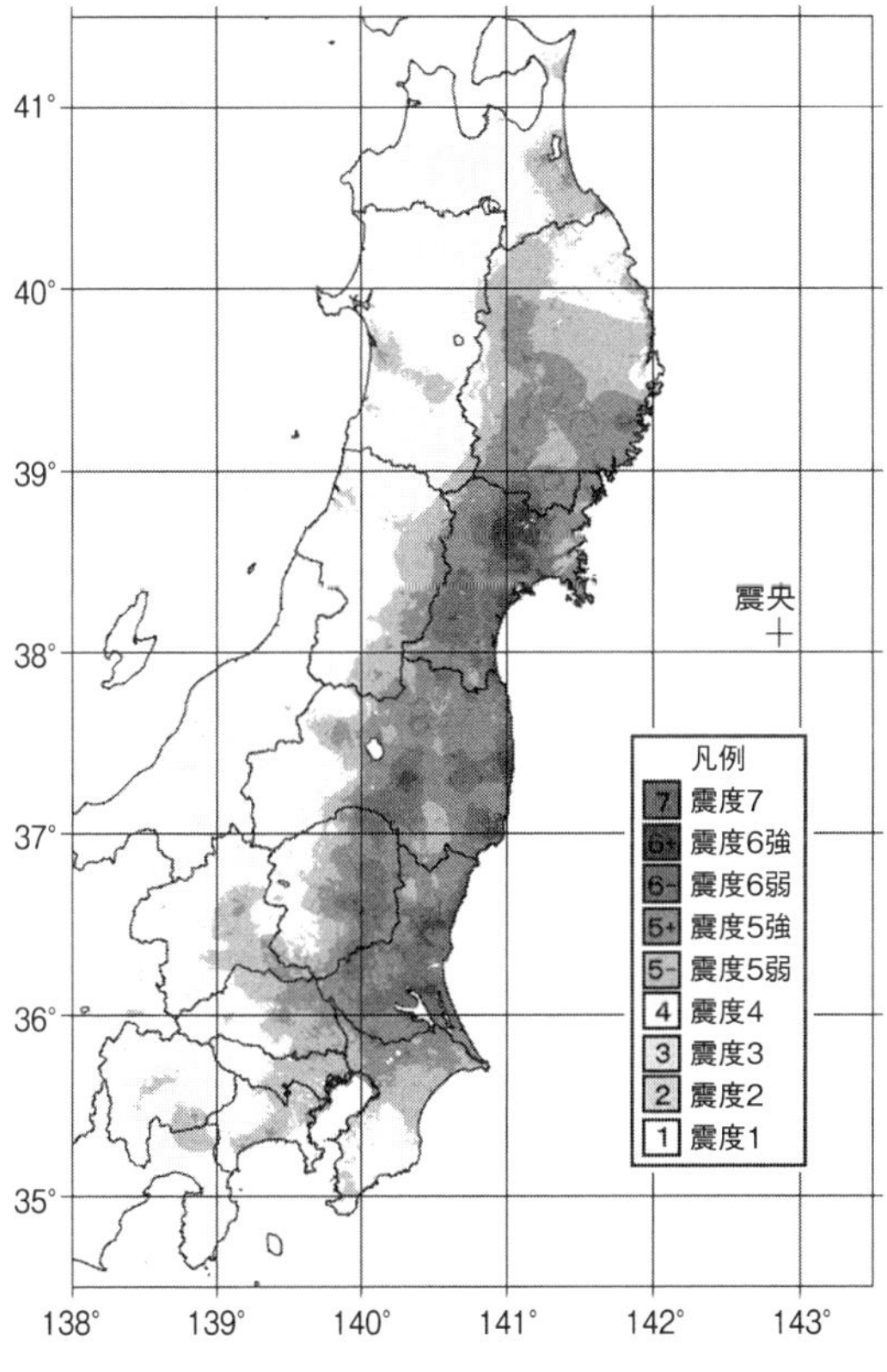

図1-3　東北地方太平洋沖地震による面的震度分布（気象庁 HP「東日本大震災〜東北地方太平洋沖地震〜関連ポータルサイト」http://www.seisvol.kishou.go.jp/eq/2011_03_11_tohoku/201103111446_smap_ks.png より）

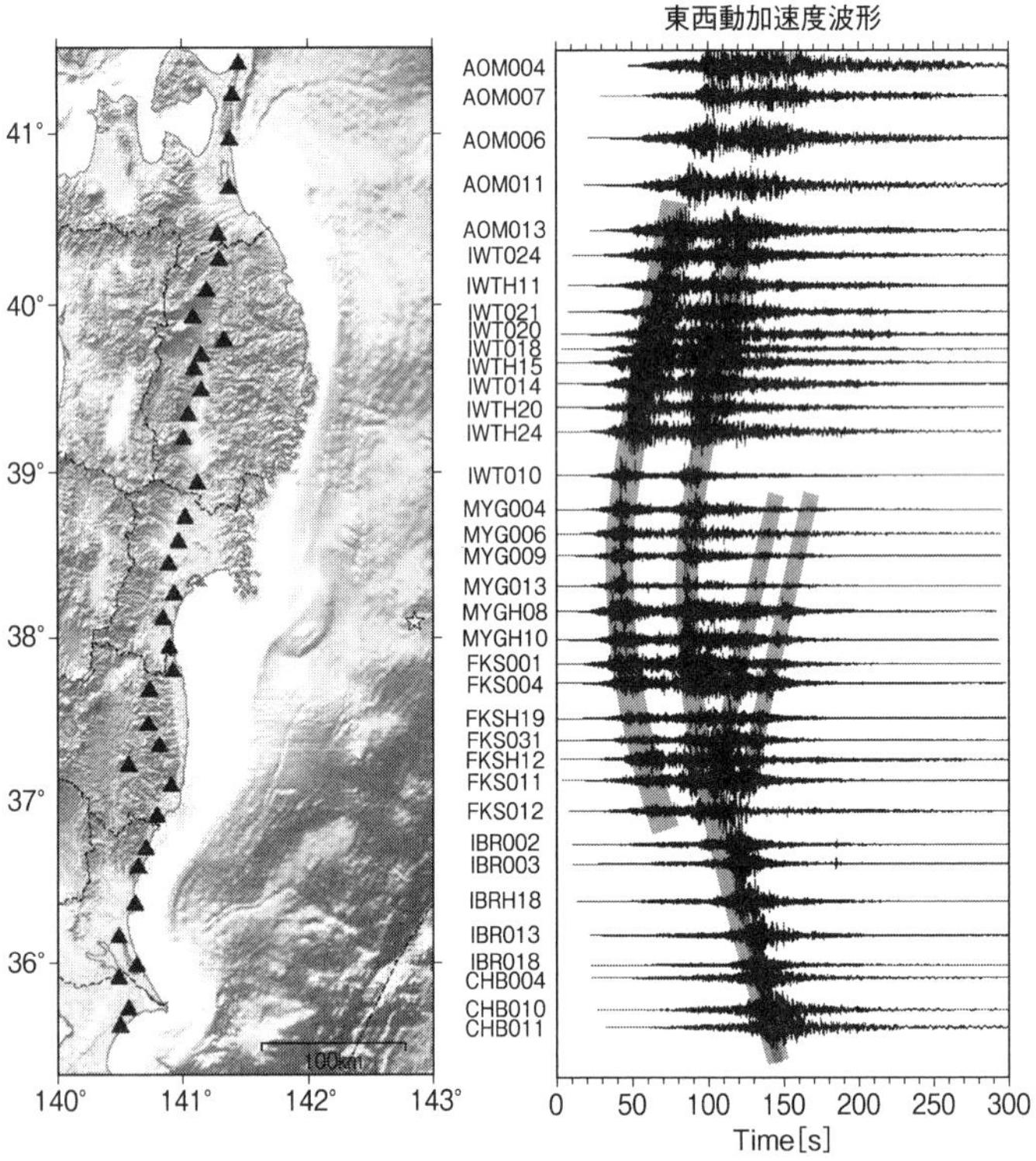

図 1-4　東北地方太平洋沖地震本震発生時の東北地方における東西動加速度波形記録（功刀ほか, 2012 の図 -2 より）
波形記録の左と中央の 2 列は宮城県沖で生じた破壊によるもので，地震波の到着時刻は破壊開始点からの距離とともに遅くなるが，距離による時間差は 2 つめの断層破壊では小さく，陸から遠く離れた沖合で起きたことを示している．中央下側の細い列は福島・茨城県境付近で陸に近い沖合で起きたもので，茨城県から栃木県に強い揺れが放射された．左図は観測点の位置を示す．

波群が関東に達したころに、そこを起点としてさらに振幅の大きな波群が南北に伝播している。これは福島・茨城県沖付近で二次的な破壊が生じたことを表している。

東京大学地震研究所が首都圏に展開した中感度地震観測網データを用いた解析によると、深部側の短周期に卓越したすべりの中でとくに強い波動エネルギーを放出した破壊は、宮城県沖から福島県沿岸付近を南下した（Honda *et al.*, 2011）。一方、浅い領域で生じた大きなすべりは、海溝付近の海底面を大きく隆起させ、波高の高い破壊的な津波を励起したことがわかった（Maeda *et al.*, 2011）。

本震の震源断層運動による地殻変動

東北地方太平洋沖地震の断層運動は、東北地方を中心として大きな地殻変動を引き起こした（図1-5）。これは、断層のずれによる弾性的な変形として理解される。陸地の中で最も震源域に近い宮城県牡鹿半島では、国土地理院のＧＰＳ観測網（ＧＥＯＮＥＴ）で最大の変位が観測された。水平方向では東南東に五・四ｍ移動し、上下方向では一・一ｍの沈降が生じた（国土地理院、二〇一二）（図1-6）。この東向きの動きは、日本海沿岸では一ｍ弱と、太平洋沿岸から西に向かうに従って小さくなる。つまり、東北日本は東西に引き伸ばされたことになる。この新たに生じた歪みは、後述するように内陸の地震活動の変化に大きな影響を及ぼした。

ＧＰＳとは、一九九〇年代以降に普及した人工衛星を用いた測量技術である。それ以前の地殻変動

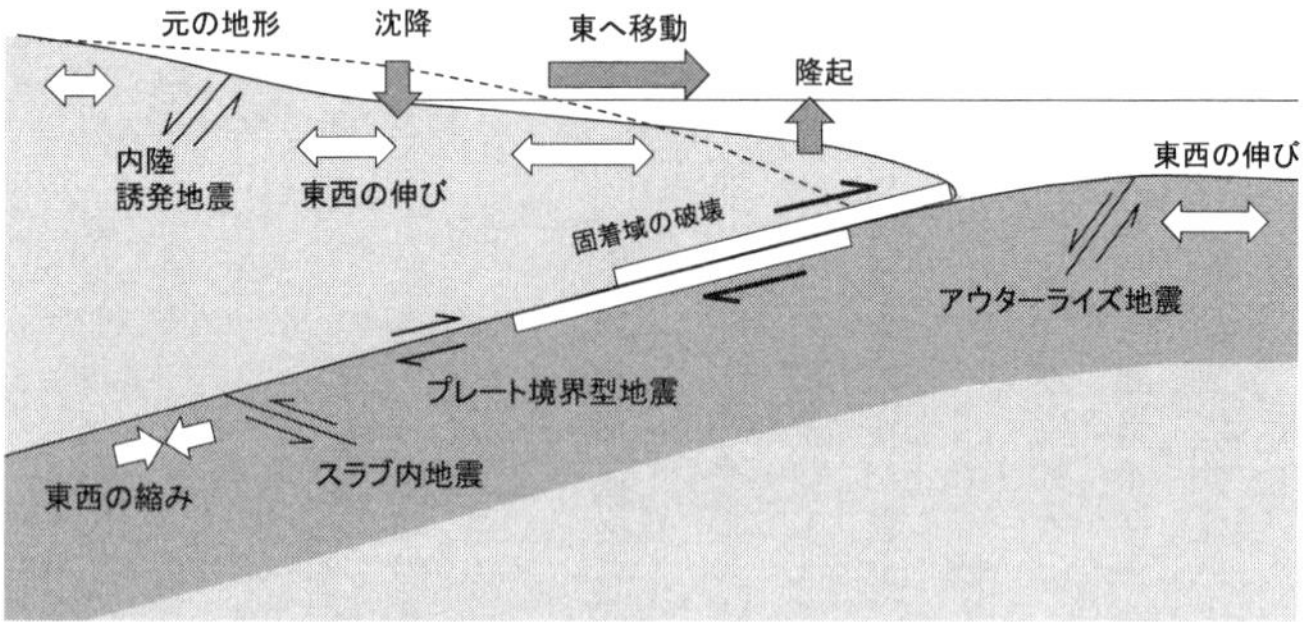

図 1-5　東北地方太平洋沖地震の断層運動に伴う影響
プレート境界面で固着域が破壊することにより，上盤では全体が東に移動し，破壊域の東端付近では隆起，西端付近では沈降する．また，上盤全体に東西方向の伸長が生じ，その大きさは破壊面から遠ざかるにつれて小さくなる．一方，海洋プレート内部では，アウターライズ付近で伸長が，破壊域よりも深部のスラブ内では短縮が生じる．これらの歪み場の変化により，アウターライズ付近では正断層型のアウターライズ地震，スラブ深部では逆断層型のスラブ内地震，陸域沿岸部では正断層型の浅発地震が発生しやすくなっている．

観測としては、三角測量や水準測量などが数カ月から数年おきに実施されてきたが、ＧＰＳは、準リアルタイムに高い精度での測量を可能とした。国土地理院では一九九四年からＧＰＳ観測網の整備を開始し、一九九五年の阪神・淡路大震災を契機として整備を加速して全国観測網を完成させ、日本列島の変形の様子が時々刻々とわかるようになった。このＧＰＳで測定された地面の移動量・方向から、今回の地震では、破壊開始点を中心として最大二〇ｍ以上のすべりが推定された（Ozawa *et al.*, 2011）。

もともと、宮城県沖では、後述するように政府の地震調査研究推進本部によって、Ｍ七級地震の発生確率が九九％と評価されていた。そのため、海上保安庁や東北大学が海底地殻変動を測定するためのセンサーを設置しており、今回の地震後の調査の結果、海底面の動きは最大三一ｍに達する

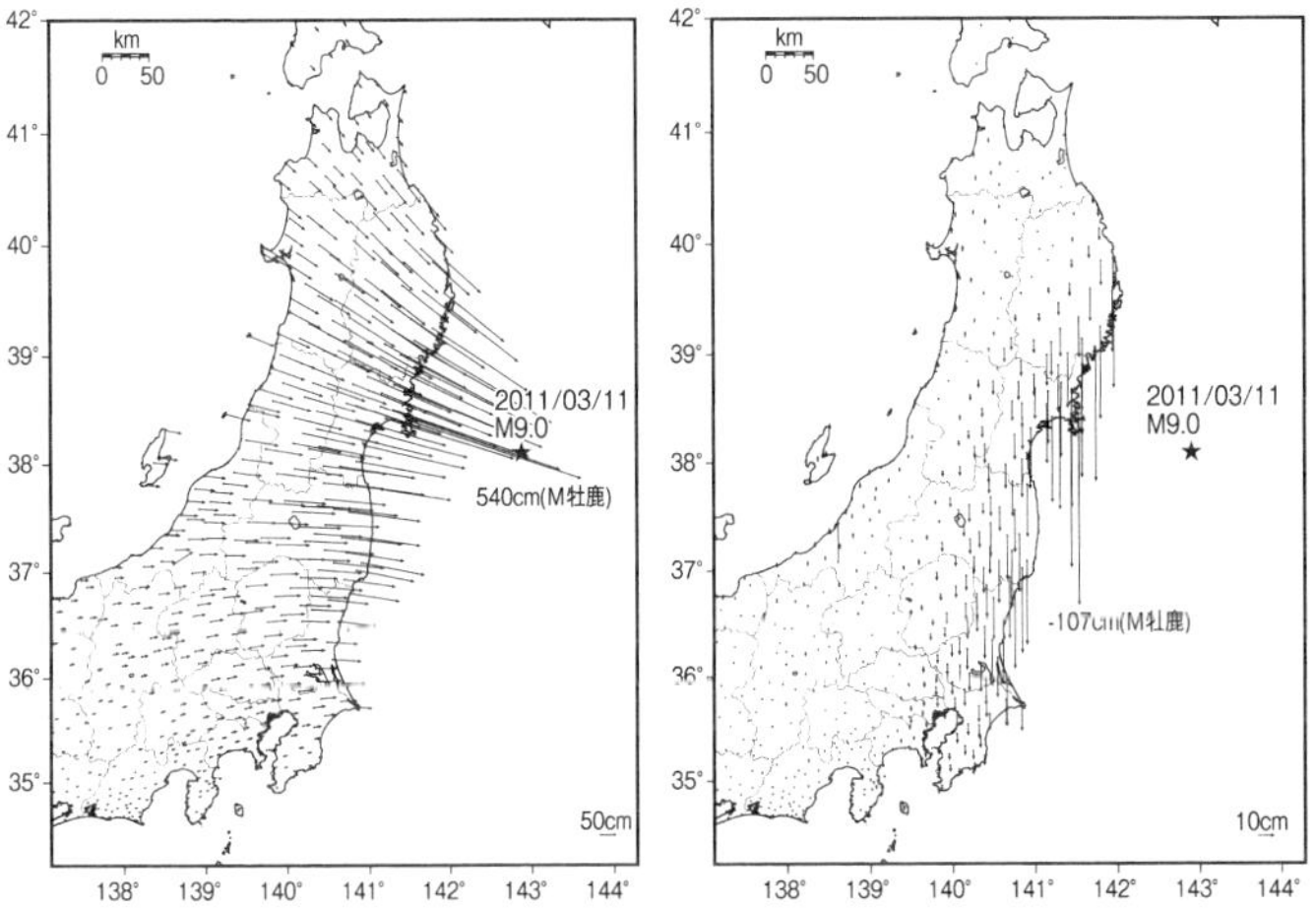

図 1-6　東北地方太平洋沖地震本震発生時の国土地理院 GPS で記録された水平変位（左）と上下変位（右）（国土地理院，2011 の第 17 図より）
電子基準点「牡鹿」（宮城県石巻市）が，東南東方向へ約 5.4 m 動き，約 1.1 m 沈下するなど，北海道から近畿地方にかけて広い範囲で地殻変動が観測された．なお，この図は，長崎県五島列島にある電子基準点「福江」が地震前後で動いていないと仮定して計算したものである．

ことが判明した（Kido *et al.*, 2011）。先述の陸域GPSデータに海上保安庁の海底地殻変動データを加えて再解析すると、大きなすべり分布は破壊開始点から海溝までの領域に限定され、最大五六mのすべり量が推定された（国土地理院、二〇一一）（図1-7）。

海溝のそばにはセンサーは何も設置されていなかったが、この大きなすべりは別の手法で確かめることができた。海洋研究開発機構では、日本海溝を直交する測線で、シービームという音波を用いた海底地形調査を一九九九年に行っており、今回の地震後に同じ測線で再調査したところ、海溝軸の西側が約五〇m東に移動したことがわかった（Fujiwara *et al.*, 2011）。しかも、変形

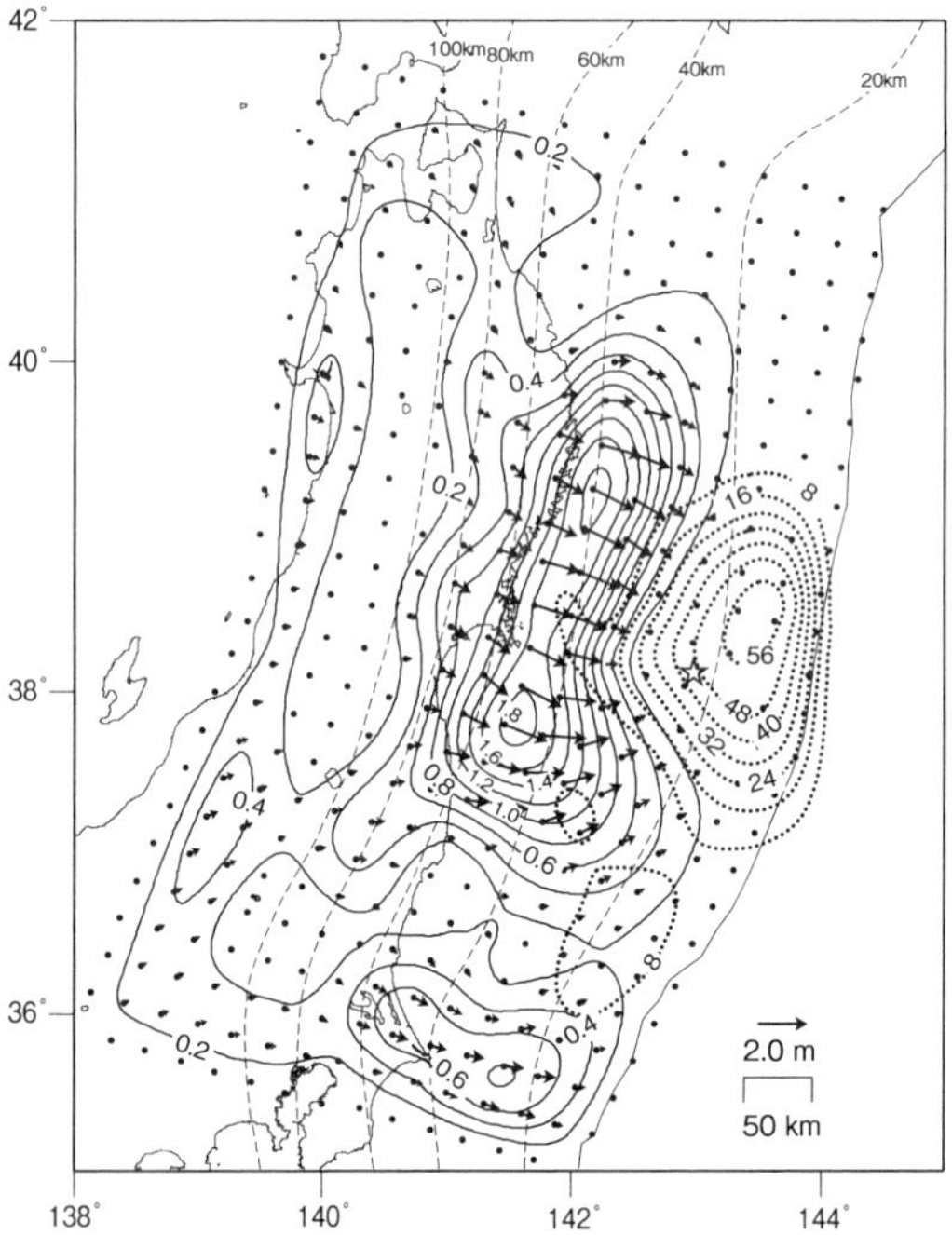

図 1-7　国土地理院の GPS データに海上保安庁の海底地殻変動データを加えて推定された東北地方太平洋沖地震本震時のすべり分布（点線，等高線間隔 8 m）と地震発生 2 カ月後までの累積余効すべり分布（矢印と実線，等高線間隔 0.2 m，余効すべりについては 20 頁を参照）（国土地理院，2011 の第 131 図より）

は海溝軸に集中していることから、本震による断層のずれは海溝軸のところで海底を突き抜け、プレートの上盤が変形せずに、東向きに平行移動したことを示している。

これまでの評価・モデル

東北沖ではM九もの超巨大地震を想定していなかったが、これまで東北沖に発生する地震について理解されていたことを振り返ってみよう。

比較沈み込み帯学と長期評価

東北沖では、過去何度もM七〜八級のプレート境界地震が発生し、そのたびに津波や強震動による災害に見舞われてきた。この経験は、逆に、東北沖にはM九のような超巨大地震は起きないというイメージを強くしていたように思う。その背景には、これまで比較沈み込み帯学として理解されてきた、地震の最大規模と沈み込み帯の特徴との関係がある。

世界中の沈み込み帯は、われわれが経験した中で史上最大のチリ地震（M九・五）に代表される固着の強いチリ型と、巨大地震をまったく起こさない固着の弱いマリアナ型に大別される。東北沖は、チリ型の千島海溝からマリアナ型の伊豆・小笠原海溝へ遷移する領域と考えられてきた（島崎、二〇一一）。また、チリ型沈み込み帯では若く暖かいプレートが沈み込むため、プレートが軽く浮力が生じて上盤プレートとの接触が強くなるのに対して、東北沖で沈み込む太平洋プレートのように古くて冷たいプレートは重いため、プレート境界に働く浮力が小さく、大きな地震が起きにくいとされた。

以上の考え方や、宮城県沖などで固有の大きさの地震が繰り返し発生してきた、という事実を背景として、地震調査研究推進本部では東北沖を七つの領域に分け、各領域に発生する地震の最大規模や発生間隔を評価し、今後三〇年以内に発生する確率を二〇〇二年までに公表していた（図1-8）。宮城県沖ではM七・五の地震が三七年間隔で発生すると評価され、二〇〇五年一月の段階で、今後三〇年以内の発生確率が九九%と発表された。この領域では二〇〇五年八月一六日にM七・二の地震が発生したが、評価していた最大規模には達していないことから、まだ割れ残りがあるはずとし、その後

海域	予想される M	今後 30 年以内の発生確率	平均発生間隔
三陸沖北部	M 8.0 前後	0.5〜10%	約 97 年
三陸沖中部	(過去に大地震がなく評価不能)		
三陸沖南部海溝寄り	M 7.7 前後	80〜90%	105 年程度
宮城県沖	M 7.5 前後	99%	37 年
福島県沖	M 7.4 前後	7%以下	400 年以上
茨城県沖	M 6.7〜7.2	90%以上	約 21 年
房総沖	(過去に大地震がなく評価不能)		
三陸沖北部から房総沖の海溝寄り(津波地震)	M 8.2 前後	20%程度	133 年程度

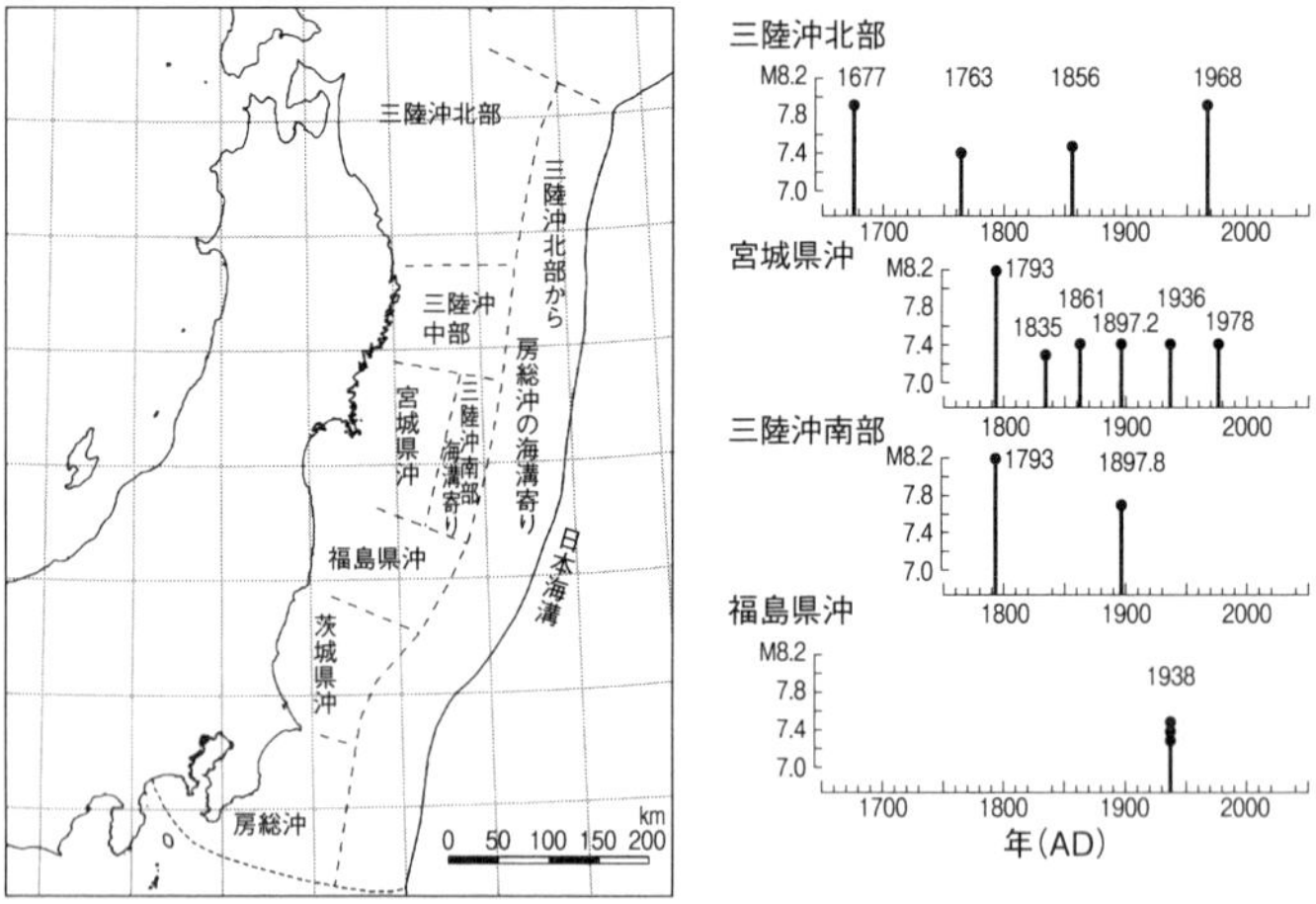

図 1-8　東北地方太平洋沖地震発生前の三陸沖から茨城沖にかけての地震活動の長期評価(地震調査研究推進本部地震調査委員会, 2009)
右下のグラフは, 主要な 4 つの海域で過去 300 年間に発生した大地震の履歴である.

の評価でも今後の発生確率はそのままとした。しかし、実際にはその想定をはるかに上回る地震が起きたのである。

アスペリティモデルと小繰り返し地震

これまで東北沖で発生してきたM七~八級プレート境界地震の波形記録は、一九二〇年代から残されている。それらを現代の地震理論に基づき計算機で解析することで、この領域の詳細なすべり分布を推定することが可能である(Yamanaka and Kikuchi, 2004)。その結果、大地震の震源域は、複数のアスペリティと呼ばれる大きくすべる領域から構成され、地震ごとに破壊するアスペリティの組み合わせが異なるが、同じアスペリティがほかの地震でも繰り返し破壊する、という特徴が明らかになった。プレート境界面上に点在するアスペリティはふだんは強く固着しており、大地震時にはそのいくつかが組み合わさってすべることで、大きな強震動が生成される。このような、アスペリティの周辺のプレート境界は地震を起こさず安定的にゆっくりすべっているとし、プレート境界を固着する部分とそうでない部分に二元的に分ける考え方を、アスペリティモデルと呼ぶ(図1-9左上)。

このモデルでは、固着したアスペリティがその周囲よりすべり遅れて応力が集中し、限界に達した瞬間にすべり遅れた分だけ一気にすべることで地震が発生する。したがって、アスペリティが安定すべり域の中に孤立し、ほかのアスペリティとの相互作用がなく、プレート収束速度やプレート境界の状態が不変であれば、一定間隔で同じ規模の破壊が繰り返すことになる。たとえば、岩手県釜石沖では、M四・八程度の中規模地震が、非地震性領域の中に孤立した同じ場所で、五〜六年間隔で繰り返し発生してきた（図1-9）。特定の観測点で比較すると、この地震の波形は毎回同一で、同じ場所、同じメカニズムで発生したことを示しており、この地震活動はアスペリティモデルの典型例であった。

釜石沖の地震と同様に、波形の相似性が非常に高く、同一場所でほぼ一定間隔で繰り返し発生する微小地震は、東北沖には数多く存在する。これらの小繰り返し地震は、安定すべり域の中に点在する小さなアスペリティとみなすことができる。この地震の規模と発生間隔から、周囲のプレート間すべり速度をモニタリングする研究が、東北大学を中心として行われてきた。つまり、プレート間が固着していなければ、すべり速度はプレートの収束速度に等しく、少しでも固着していればすべり速度は遅くなるので、小繰り返し地震の活動度はその場所における固着の程度を反映する。

東北地方太平洋沖地震で大きくすべった領域には、この小繰り返し地震がまったく検出されていなかった。このことは、この領域が小さなアスペリティも存在しないような、ツルツルとした完全な安定すべり域か、あるいは完全に固着しているかのいずれかであることを示す。以前は、海溝にごく近い浅部プレート境界は固着せずにずるずるとすべっているとの解釈から、前者が支持されていたが、今回の地震はその想定が誤っていたことを示すものであった。

GPS観測に基づく固着とすべり収支の矛盾

プレート間の固着の状況は、地震時のすべり分布と同様に、地殻変動観測によって推定可能である。

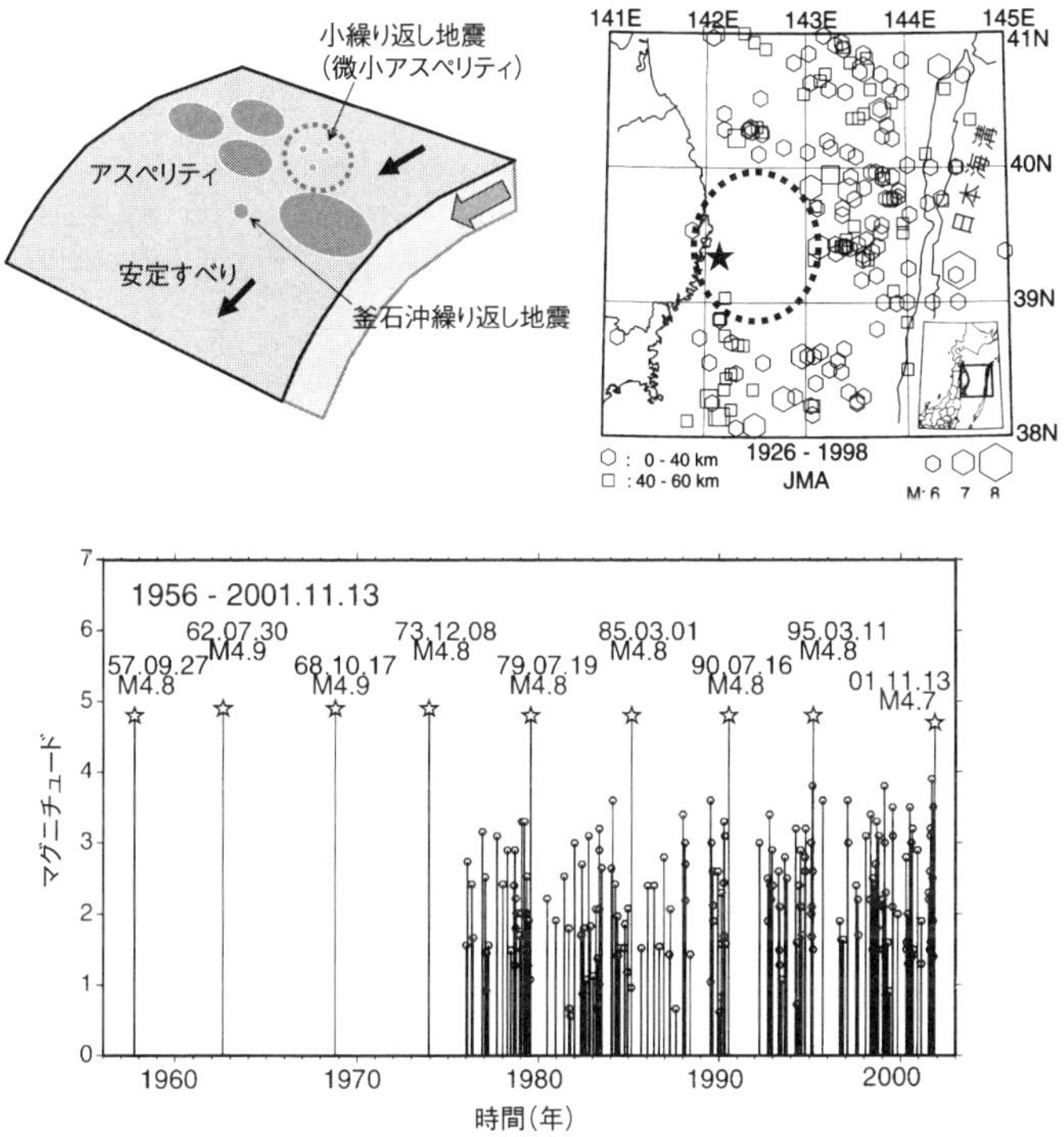

図 1-9　アスペリティモデル概念図と釜石沖の繰り返し地震（Matsuzawa *et al.*, 2002 に加筆，および東北大学大学院理学研究科附属地震・噴火予知研究観測センター HP 内地震予知観測研究部研究成果より引用）

プレート境界は，大小さまざまなアスペリティとその周囲の安定すべり域から構成されるという考え方が，単純なアスペリティモデルである．釜石沖の繰り返し地震（右上図星印が震源）は，その周囲にふだんは地震活動が存在せず（右上図点線で囲んだ領域），安定すべり域の中に孤立した中規模のアスペリティと考えられ，5-6 年間隔で規則正しくほぼ同じ大きさの地震が発生する（下図白い星印で示す）．

つまり、固着が強いほど上盤が引きずり込まれ、沈み込むプレートと同じ方向に移動するが、固着が弱いほど上盤は下盤の動きに影響されない。したがって、上盤の動きを正確に測定できれば、プレート境界のどの部分がどの程度固着しているかを知ることができる。

二〇〇二年までのGPSデータに基づいてプレート間固着の状況を調査した結果、十勝沖と宮城県沖の海域に固着の大きな領域が推定されていた（図1-10）。その後、二〇〇三年九月二六日に十勝沖でM八・〇、二〇〇五年八月一六日に宮城県沖でM七・二の地震が発生し、固着の大きな場所と大地震との関係が示された。しかし、固着域は海域に位置するため、陸域のGPSデータだけでは解像度は悪い。実際に、今回の地震で大きなすべりが推定された海溝直近で固着が強いという推定結果は、これまで得られてこなかった。

空間分解能は劣るものの、GPSで推定されたプレート間固着は、実はM九を予見させるものでもあった。つまり、第2章4節で述べるように、長期評価されているM七級宮城県沖地震によるすべり量と発生間隔から推定される経年すべり速度は、太平洋プレートの収束速度よりも小さいのである。これまでは、残りはゆっくりすべりによって徐々に解消されるものと思われてきた。ところがGPSによる調査で、M七級の地震の間の時期には、ほぼ一〇〇％プレート境界が固着していることがわかった。つまり、M七級地震が繰り返し発生しても、すべり残しはどんどん蓄積されることになる。プレート間のすべり収支の辻褄を合わせるため、以下の三つのシナリオが考えられた。GPSで検出できないほどゆっくりとしたすべりが起きている、巨大なゆっくりすべりが間欠的に発生する、あるい

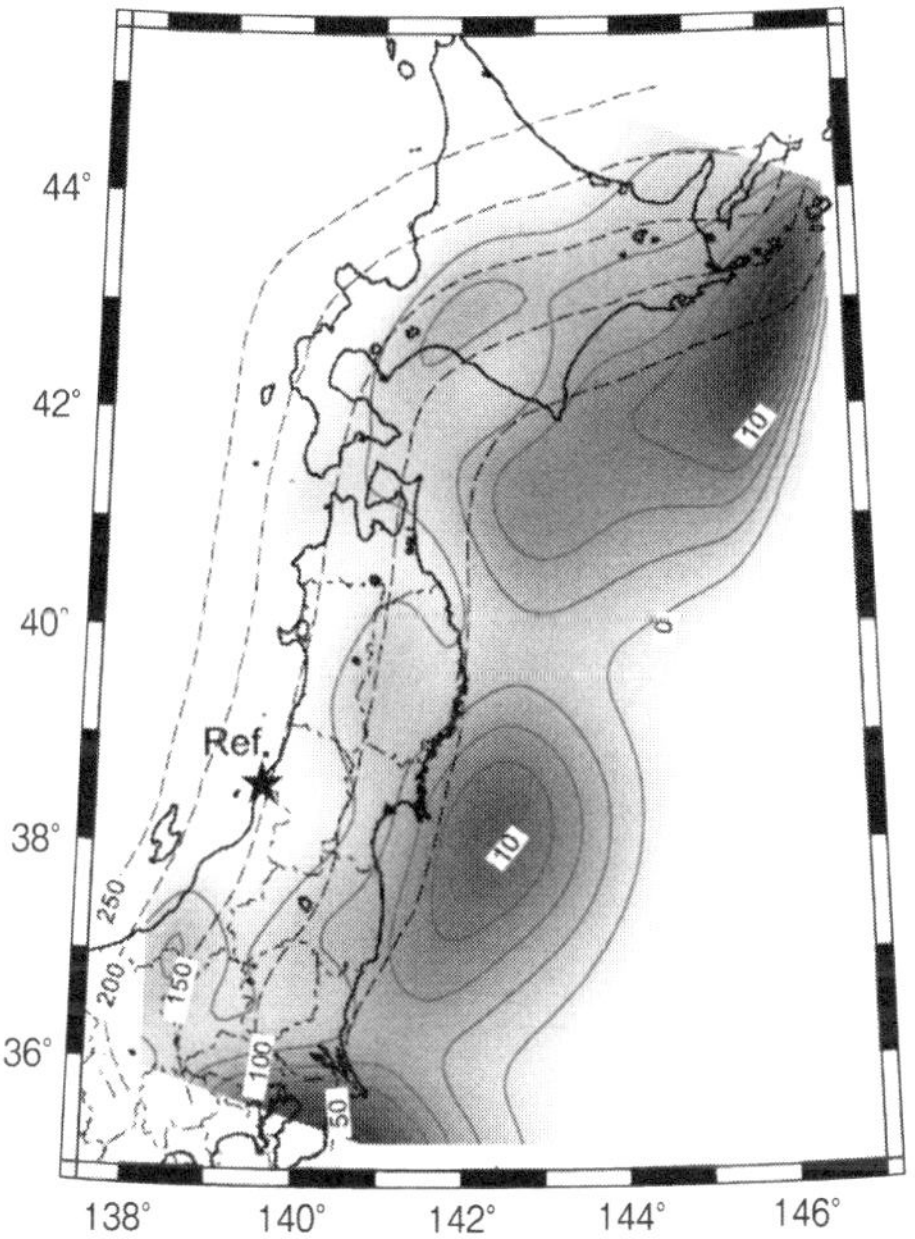

図1-10　1997-2001年のGPSデータから推定された固着度分布（Suwa *et al.*, 2006のFig. 6）
色の濃い部分が固着の大きい領域に相当する．

は、超巨大な地震が一〇〇〇年程度の間隔で発生する、というものである（Kanamori *et al.*, 2006）。東北地方太平洋沖地震の発生は、三つめの最悪のシナリオが正しかったことを示している。

東北地方太平洋沖地震の発生モデル

東北地方太平洋沖地震の主たる特徴は、五〇mを超える大きなすべりが生じたことと、すべり域が広大な範囲に及んだことである。従来の単純なアスペリティモデルでは、棲み分けたアスペリティそれぞれが固有のサイズとすべり量を有すると考えられていた。しかし、この地震の震源域は一九七八年の宮城県沖地震震源域を完全に含み、その領域でのすべり量もM七級地震時のすべり量をはるかに上回った。今回の地震は、すでに評価されていた震源域（図1-8）のうち六つの領域にまたがっているが、それらの領域で予測されていた地震モーメントをすべて足し合わせてもM八・三相当にしかならない（大木・纐纈、二〇一一）。

このように、個々のアスペリティにおける地震モーメントの総和が、大きなアスペリティのモーメントには達しない事例は、南米エクアドル〜コロンビアでも知られていた（Kanamori and McNally, 1982）。ここでは、一九〇六年にM八・八の大地震が発生した同じ震源域で、一九四二年、一九五八年、一九七九年にそれぞれM七・九、七・八、七・七の地震が発生したが、これら三つの地震モーメントを足し合わせても、一九〇六年の地震の五分の一にしか過ぎない。

この矛盾を解決する一つの可能性は、アスペリティを取り囲むプレート境界のすべりの性質である。アスペリティの周囲は通常は安定すべりの領域として、アスペリティで生じたすべりを抑制するように働くが、高速でかつすべり量が大きい破壊の場合には、逆に高速すべりを促進する働きに変わる可能性がある（Shibazaki *et al.*, 2011）。したがって、通常は安定的にすべる領域を含めて高速破壊したことで、超巨大地震となったのかもしれない。

また、海溝軸にごく近い領域がとくに大きくすべったことを説明するためには、固着の強固なアスペリティが浅部に独立して存在することが必要である（強アスペリティモデル）（Kato and Yoshida, 2011）。

一方、M九の範囲に相当する巨大なアスペリティが存在し、その中に壊れやすい小アスペリティが階層的に含まれていた、という階層アスペリティモデルも考えられた(Hori and Miyazaki, 2011)。

両方のモデルでシミュレーションを行うと、一九七八年型宮城県沖地震が約四〇年で、それを含むM九域の破壊が数百年間隔で発生することが、いずれのモデルでも再現された(Ohtani, 2012)。しかし、階層アスペリティモデルでは、余効すべり(20頁参照)の後は全域が地震発生リイクルの前半で固着し、一九七八年型宮城県沖地震の小アスペリティでは地震が起こりにくくなる。これに対し強アスペリティモデルでは、小アスペリティ以外のM九震源域で安定すべりの特性を有し、小アスペリティが先に固着して周囲で継続する余効すべりによって歪みが集中し、M七級地震がすぐに起こることが予想される。どちらのモデルが正しいかは、次のM七級宮城県沖地震がいつ起きるかによる。つまり、あと数十年後には明らかになるのかもしれない。

数十mもの大きなすべりが生じたことは、それだけのすべり遅れを蓄積するほどプレート境界の摩擦強度が大きかったことを示す。しかし、余震活動から推定されたプレート境界の強度はたかだか二〇MPa程度であり、とくに大きいというわけでもない。では、このような大きなすべりが生じた原因は何であろうか。一つは、サーマルプレッシャライゼーション(Mitsui and Iio, 2011)と呼ばれる現象で、高速の断層すべりの際に断層面が摩擦発熱で高温となり、水があると膨張して逃げられなくなるため、間隙圧が非常に高くなった結果、摩擦強度が低下してさらにすべりやすくなるという現象である。たとえていえば、ホバークラフトのようなものである。また、プレート境界の破壊が海溝のところで海洋底、つまり自由表面に突き抜けたために大きなすべりを引き起こしたとも考えられる（Ide *et al.*, 2011）。

2―東北地方太平洋沖地震による影響

余効すべり

東北地方太平洋沖地震の断層運動によって日本列島には大きな地殻変動が生じたが、その後もじわじわと変動が継続している。これは、「余効すべり」と呼ばれるプレート境界面がゆっくりずれ動く現象で、本震時に大きくすべった領域の周辺部で、本震によって加えられた応力をゆっくり解放する過程である。簡単にいうと、隣接する固着域によってピン止めされていたすべりやすい場所が、ピンが外れたために動き出したもので、本震時のすべり速度に比べ桁違いに遅い。しかし長期間継続するため、ＧＰＳで観測された東向きの移動量は、本震発生後の一年間で三陸沿岸では七〇cm、千葉県銚子では五〇cmにもなった。これらの変動量から推定されたプレート境界でのすべり量は最大で三ｍにも達する。そのすべり域は、本震時に大きくすべった領域の深部に棲み分けるように位置する（図1-7）。これは、三陸沖や日向灘で過去に発生した地震の震源域と余効すべり域との関係とも共通する。

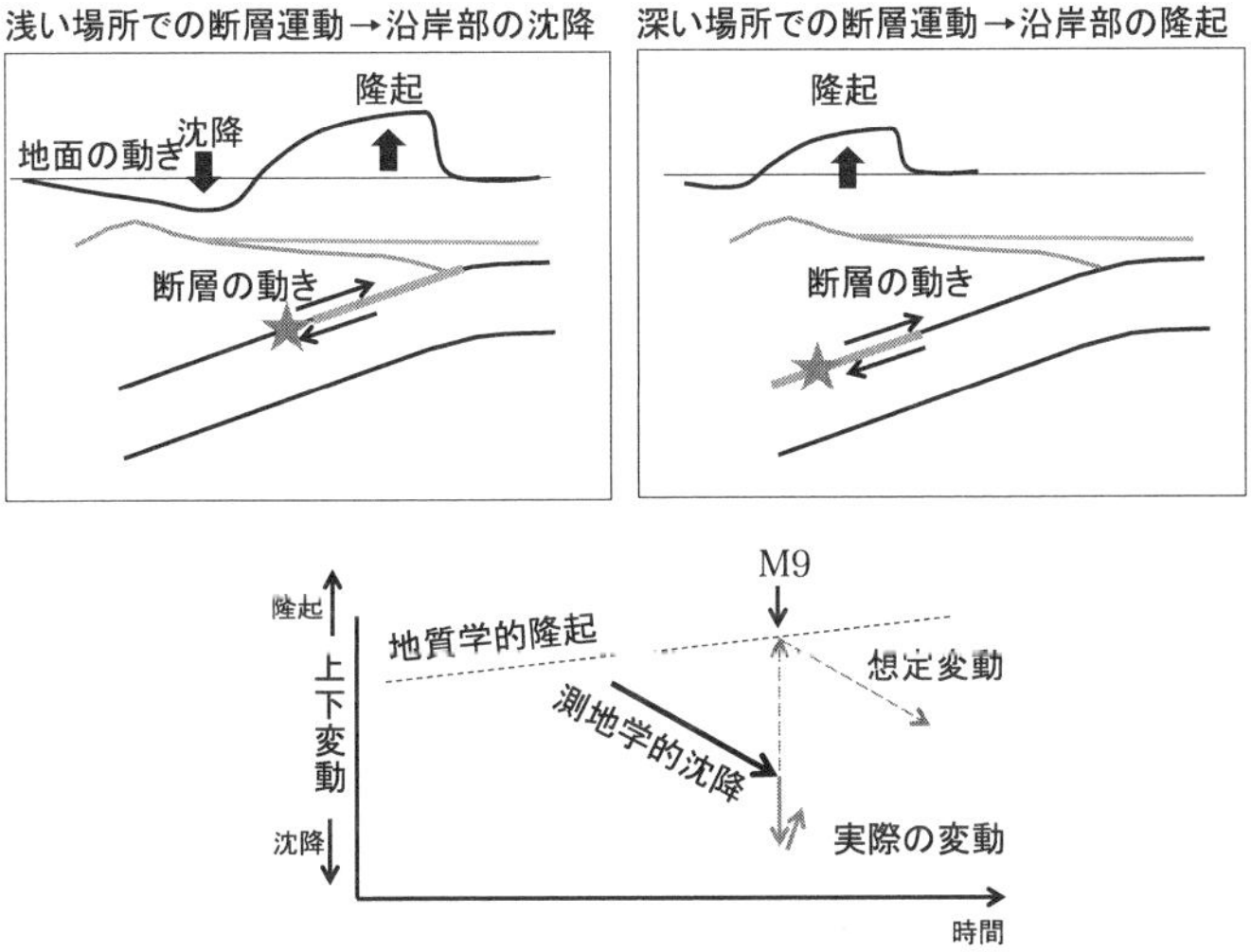

図 1-11　断層運動の深さと上下変動との関係（上），および上下変動に関する想定と実際の変動（下）

余効すべりは本震と同じプレート境界での逆断層すべりであるが、発生場所や深さの違いにより地表での変動パターンは異なる（図1-11）。つまり、逆断層のすべりが生じた場所の直上の地表面は隆起するのに対して、すべり域より深部側の直上では沈降するのである。本震の断層すべりは陸から離れた沖合のプレート境界の浅部で生じたため、断層面の下端より深部側に位置する沿岸部は大きく沈降したのに対して、余効すべりは本震すべり域の深部側、つまり沿岸部付近で進行しているため、徐々に隆起が続いているのである。

上下変動に関する地質学的データと測地学的データの矛盾

この余効すべりは時間とともに鈍化しており、いずれは収まるであろう。これまでのペースでは、一〇年程度で本震時の沈降分を解消しそうである。ところが、問題はそれで解決するわけではない。実は、東北地方沿岸部の上下変動には以前より大きな謎があった。

海岸段丘に関する地質学的研究から、この地域は約一〇万年間という長いタイムスケールでみると上下変動はほとんどないか、あるいは年間三㎜以下の速度でわずかに隆起していた。しかし、より短い過去一〇〇年間の潮位観測から判断すると、逆に年間一〇㎜の速度で沈降していることがわかっていた。M七~八級の地震が発生した際も沈降が進み、さらに長期的傾向との差が広がった。この矛盾を解決するため、数百年間隔でM九級の超巨大地震が発生し、沿岸付近直下までプレート境界が破壊することによって、沿岸部が一気に隆起するという説が提唱されていた(池田、二〇〇三)。

ところが、その説にも反して、今回の地震ではさらに沈降したのである(図1-11下)。現在進行中の余効すべりによって、本震時の沈降分は取り戻せそうであるが、それ以前に測地学的に測定された沈降分を解消するためには、余効すべりだけでは数千年が必要との試算もあり、このままでは難しい。そのため、プレート境界深部でもう一度M九の超巨大地震、または巨大なゆっくりすべりが発生する、あるいは沿岸付近で高角の逆断層地震が発生する、などが考えられるが、現時点では予測が困難である。

余震

東北地方太平洋沖地震は非常に多くの余震を伴っており、一年以上経過してもなお活発である（図1-12上）。しかしその回数は、一八〇〇年代に提唱された大森公式（のちに改良され大森宇津公式）に従って時間とともに着実に減少している（図1-12下）。

本震直後は、M七級の余震が相次いだ。現在までの最大余震は、同日一五時一五分に震源域のほぼ南端で発生した茨城県沖M七・七であり、またその少し前の一五時〇八分には震源域の北端部でM七・四の余震が発生した。これらの余震は、本震と同じプレート境界面上の低角逆断層の地震である。

余震は、本震の断層運動によって、その周囲の応力状態が変化することで生じる。そのため、本震の断層破壊面だけではなく、その面から離れた場所でも発生する。ここでは前者を狭義の余震、後者を広義の余震と呼ぶ。狭義の余震は、本震と同じ断層面での破壊現象であり、そのメカニズム解は本震と同一の低角逆断層型となる。震源域では、プレート境界のみならず下盤・上盤プレートの中でも余震が多発しているため、それらをきちんと分類するのは大変な作業であるが、震源位置とメカニズム解から抽出された狭義の余震は、すべり量の大きい領域の周縁部に分布し、本震とは相補的な関係にある（Asano *et al.*, 2011）。このことは、大きなすべり域では完全に応力が解放されたために余震はもはや発生せず、その周辺域に応力が集中し余震が発生することを示している。

そのほかの余震

広義の余震は、発生場所に応じていくつかの種類に分類される。その一つは、三月一一日一五時二

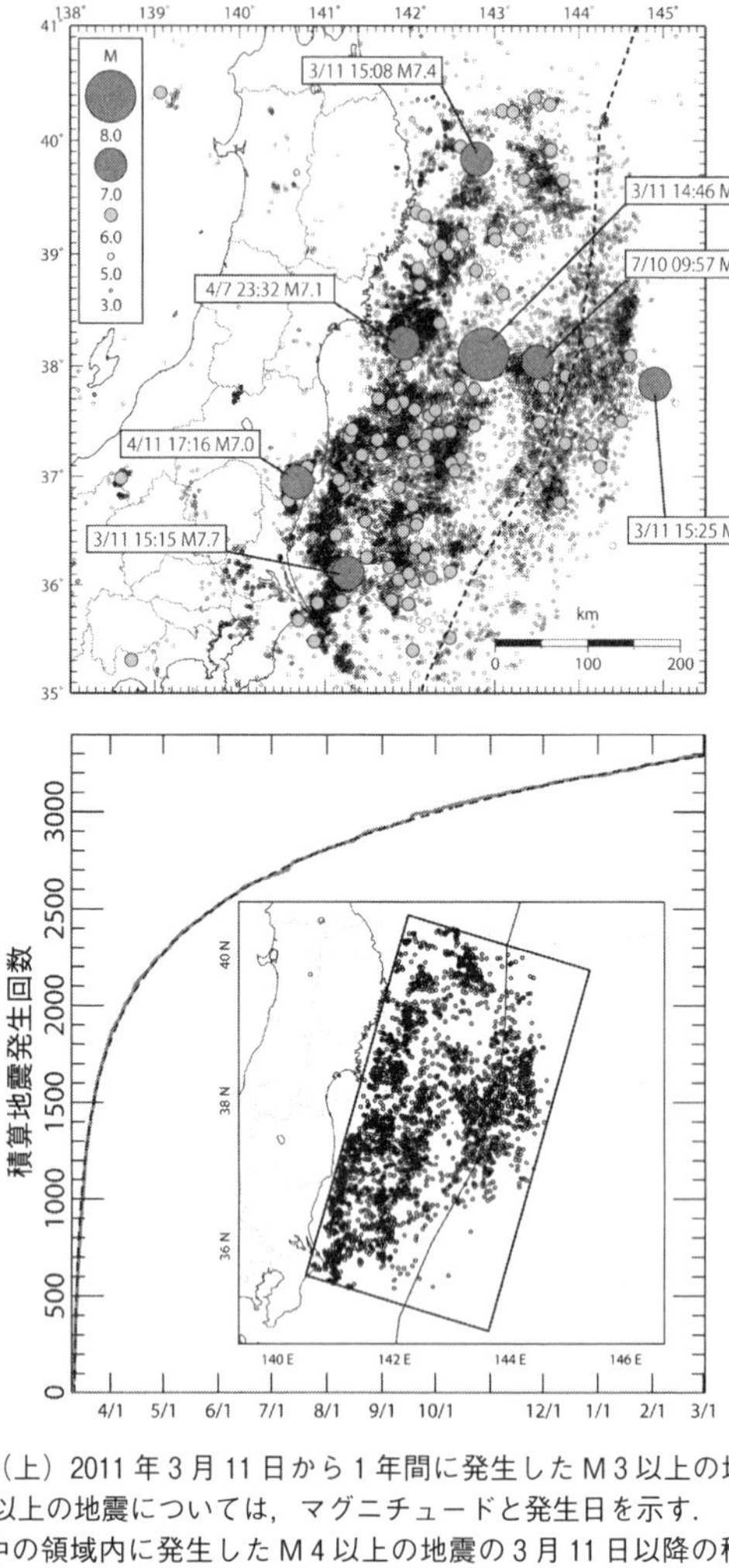

図 1-12　（上）2011 年 3 月 11 日から 1 年間に発生した M 3 以上の地震の震央分布．M 7 以上の地震については，マグニチュードと発生日を示す．
（下）図中の領域内に発生した M 4 以上の地震の 3 月 11 日以降の積算地震発生回数（灰色の実線）．点線は大森宇津公式を当てはめた曲線 $n(t)=500(t+0.03)^{-0.99}$．
（いずれも気象庁データに基づく）

五分に発生したM七・五の地震で代表されるアウターライズ地震で、日本海溝の東側のアウターライズと呼ばれる場所を震源とする（図1-5）。この場所は太平洋プレートが日本海溝から沈み込む際に大きく曲げられるため、プレートがわずかに盛り上がる。その表面には常に東西伸長の力が働き、従来より深さ一〇km程度までの場所で正断層型の地震が発生していた。しかし、本震による応力変化により海洋プレート内の深部まで東西伸張力が卓越するようになったために、四〇kmの深さまで及ぶ正断層型の大きな地震が発生したものである（Obana *et al.*, 2012）。

震源域であるプレート境界面の上盤では、三月一一日以前はあまり地震活動は活発ではなかったが、本震発生後はとても活発になった。これらの地震のメカニズム解はほとんどが正断層型であり、上盤が東西に引っ張られたために起きた（図1-5）。

また、下盤の沈み込む太平洋プレート（スラブ）内では、プレート境界面に平行に二列の地震活動が存在し、浅い列は沈み込み方向に平行な圧縮力、深い列は沈み込み方向に平行な伸長力で発生している。このスラブ内で、四月七日にM七・一の地震が宮城県沖の深さ約七〇kmで発生した。この地震の震源は二列の地震活動のうち深い列に位置するが、メカニズム解はその場所における通常の力とは異なり、沈み込み方向に平行な圧縮力で発生したもので、これも本震による応力変化の影響であろう。この地震は、引き続く余震の分布から東に傾斜した断層面が破壊したと推定されたが、この面に沿って地震波速度が異常な領域が広がっており、流体が存在することが考えられる（Nakajima *et al.*, 2011）。この断層面はプレート境界面とのなす角度が六〇度であり、一般的なアウターライズ地震の断層形状と同様である。つまり、四月七日の地震の断層面の場所は、かつて沈み込む前に海溝軸付近に位置しており、その頃に、正断層型のアウターライズ地震が発生して断層面が形成され、今回はその古傷が再活動した可能性がある。

内陸の誘発地震

東北地方太平洋沖地震の後、内陸の各地で地震活動が活発化した一方、場所によっては静穏化するなど、さまざまな変化が生じた（図1-13、口絵1参照）。東北地方の深さ一〇㎞程度の浅発地震は、従来は東西圧縮による逆断層型のメカニズムが支配的であった。二〇〇八年六月に発生した岩手・宮城内陸地震はその典型であり、しばらく余震活動が続いていたが、三月一一日以降激減した。これは、東北地方太平洋沖地震によって上盤全体が東西に引き伸ばされ、東西圧縮の力が弱くなったことに対応する。

一方、秋田県内の、以前は地震活動が活発ではなかった地域で、群発的地震活動が始まった。この地震活動は、南東―北西に張力軸を持つ横ずれ型のメカニズム解が多く、もともと卓越していた東西圧縮逆断層型とも異なる。これは、応力場と断層面の形状との関係によるもので、従来の応力場では断層が動きにくかったものが、新たな応力場で地震が起きやすくなったのであろう。つまり、断層面をずり動かそうとする応力が増加し、断層を抑えつけようとする応力が減少すると、その断層は動き

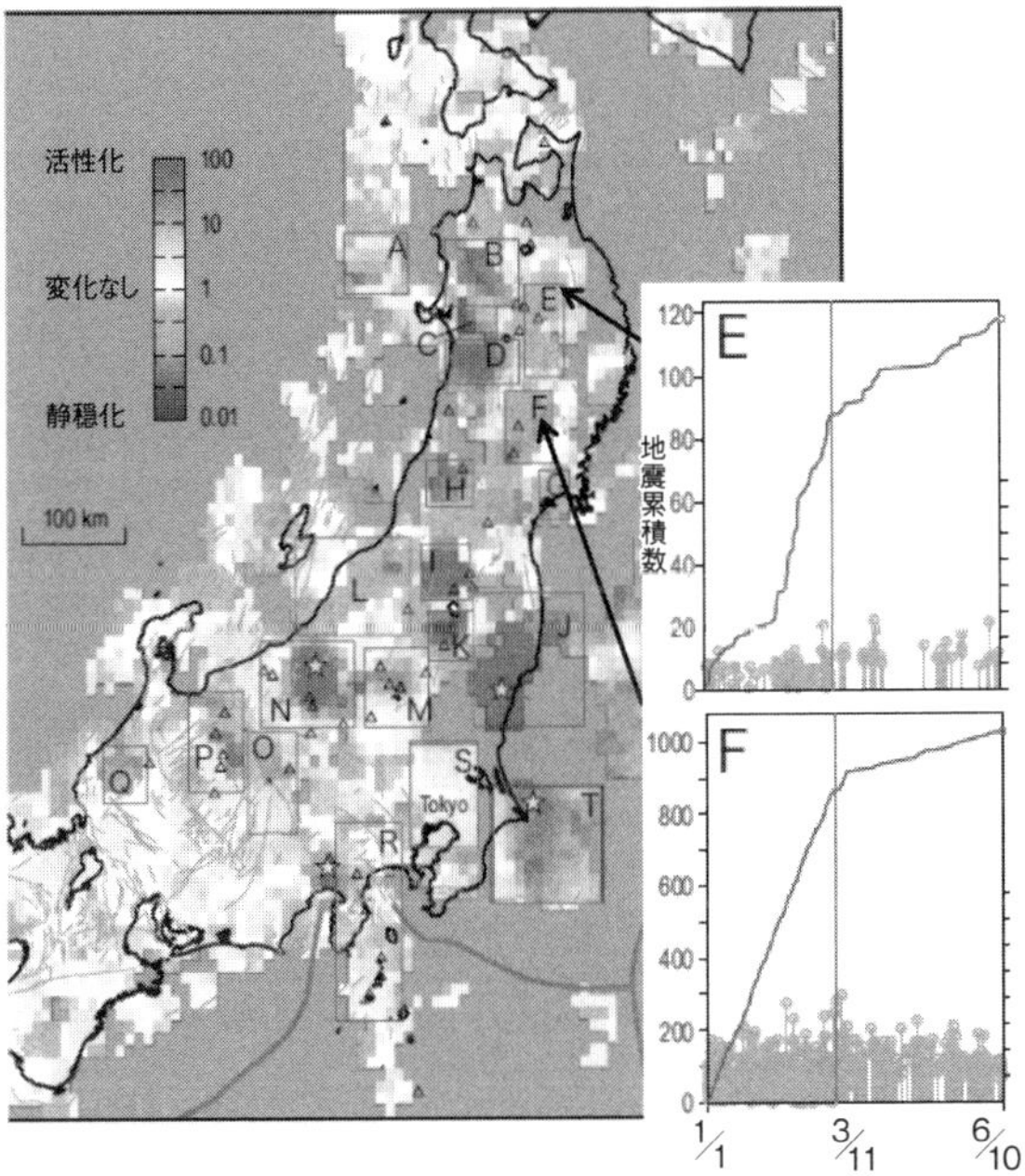

図 1-13（口絵 1 参照）　東北地方太平洋沖地震に伴う地震活動変化（Toda *et al*., 2011 の Fig. 1 より）
赤は地震活動が活発化した領域，青は静穏化した領域を示す．二つの静穏化した地域について，地震活動の時系列を合わせて示す．

やすくなり、地震活動は増加すると考えられる。

以上のように、内陸の地震活動の増減は、おおむね東北地方太平洋沖地震の断層運動による応力変化で説明できるが、それでは説明できない場合もある。たとえば、福島県と山形県の県境付近に発生した地震活動は東西圧縮の逆断層型であり、本来であれば抑制されるセンスである。この地震活動は震源域がゆっくり拡大しており、地殻流体が拡散することによって地震が発生するなどのメカニズムを考える必要があるかもしれない。

常磐地域の地震活動

内陸の誘発地震活動の中では、福島県南東部から茨城県北部にかけての活動が最も顕著である。この常磐地域では、三月一九日にM六・一、三月二三日にM六・〇の地震がそれぞれ茨城県日立市、福島県いわき市東部で発生し、少し離れて地震活動が継続していた。その両者にはさまれた空白域を埋めるように、四月一一日にM七・〇の地震が発生し、南北約五〇㎞の範囲が連続した地震活動域となった。この地震活動の特徴は、深さが約五㎞と非常に浅いことと、メカニズム解のほとんどが東西伸長の正断層型であることで、東北地方太平洋沖地震によって生じた東西伸長場とは調和的である。このM七の地震により、福島県側の井戸沢断層に平行して塩ノ平断層が出現し、地震メカニズム解と整合的な正断層の地表変位が検出された。

東北地方の太平洋沿岸部は、東北地方太平洋沖地震によって東西伸長の歪みを受けたが、とくに地震活動が活発化したのは、この常磐地域のみである。この原因の一つとしては、もともと流体が多く存在するなど、地下構造が異常であったことが考えられる。常磐地域では、東北地方の浅発地震における一般的傾向と違って、正断層型の小規模な地震活動が存在していた。さらに、稠密な地震観測に基づく地下のCTスキャン解析によると、地震活動域の直下に地震波速度が遅い領域が分布しており、流体の存在を支持する。したがって、地下構造の異常が、活発な誘発地震活動を招いたとも考えられる。この地域では、過去にも東北沖の超巨大地震が発生したたびに正断層型の地震が誘発され、その後の東西圧縮の回復に伴って活動度が低下してきたが、今回の地震で再び活性化したのかもしれない。

常磐地域と同様の地震活動は、関東の銚子沖でもみられる。東北地方太平洋沖地震直後から、浅い正断層型の地震活動が活発化し、約一年後の二〇一二年三月一四日に、最大のM六・一の地震が発生した。この地域では、もともと低調であったものの、正断層型の地震活動が存在しており、常磐地域と共通であることから、やはり地下構造の異常が誘発地震と関連する可能性がある。

既存活断層への影響

内陸域での応力変化は、既存活断層にも影響を及ぼしていることが予想される。断層面の形状やすべり方向などがわかれば、断層面をすべらそうとする力の増減を評価することが可能である。地震調査研究推進本部では、長期評価を行っていた一一〇の主要活断層帯のうち、地震発生確率が高くなった活断層帯は、宮城・福島県沿岸部の双葉断層、東京西部の立川断層帯、神奈川県南部の三浦半島断層群、長野県中部の牛伏寺断層、および岐阜県の萩原断層であると発表した（図1-14）。これらの断層では、東北地方太平洋沖地震だけでなくその後の余効すべりも、さらに地震発生を促進する方向で影響を及ぼしているが、評価通りの地震はまだ発生していない。

ただし、牛伏寺断層周辺では、三月一一日以降微小地震活動が活発化していた。さらに六月三〇日に松本市で震度五強の揺れを生じたM五・五の地震が発生した。その余震分布は牛伏寺断層の南北走向とほぼ平行で、メカニズム解も牛伏寺断層で評価されているものと同様であることから、この地震活動が東北地方太平洋沖地震による誘発ともいえる。

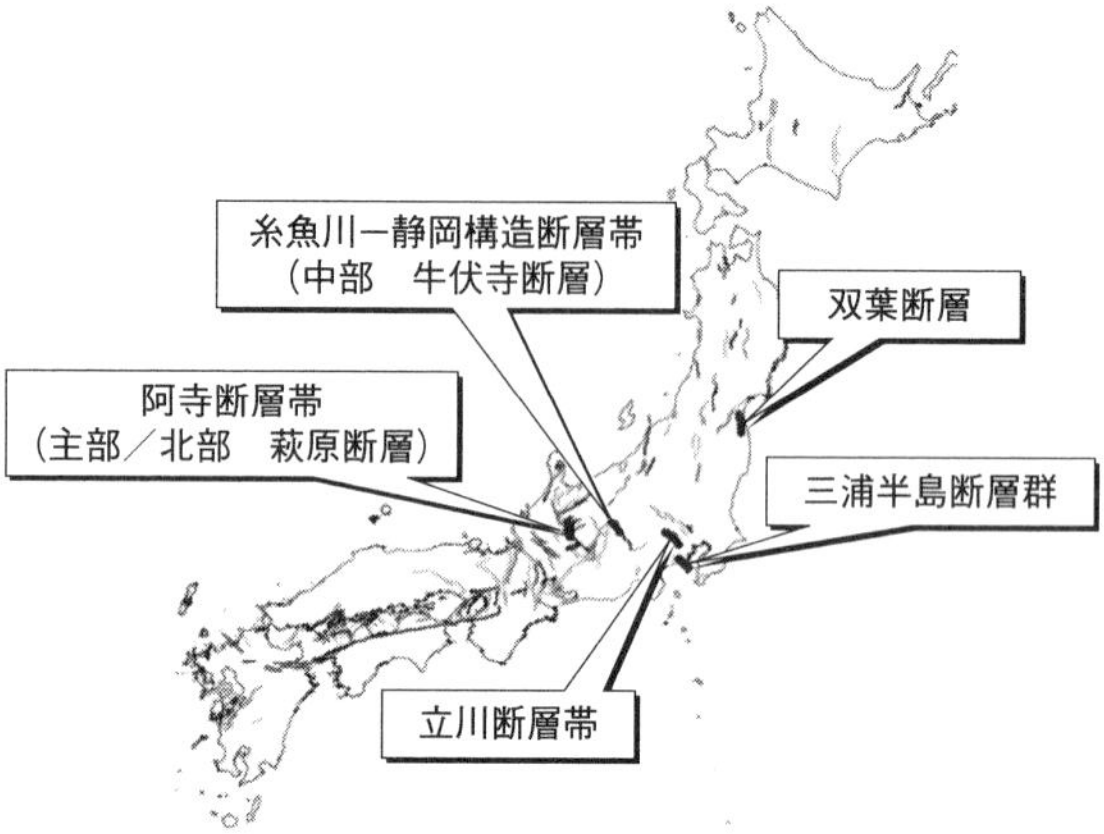

断層	本震によって断層に加わる力	本震とその後の余効すべりによって断層に加わる力
双葉断層	601 kPa	613 kPa
立川断層帯	62 kPa	85 kPa
三浦半島断層群	27 kPa	56 kPa
牛伏寺断層	44 kPa	57 kPa
萩原断層	35 kPa	51 kPa

図 1-14　主要活断層帯に対する東北地方太平洋沖地震の影響（地震調査研究推進本部, 2011）
応力変化が大きいほど，その断層帯における地震発生が促進されていることを示す．なお，1 kPa は 10 hPa.

首都圏への影響

関東地方では、常磐地域以外の地域でも地震活動が活発化した。以前に発生していた地震のメカニズム解に基づいて、それらの地震が東北地方太平洋沖地震による応力変化でより活性化するかどうかを検証したところ、関東地方のほとんどの領域で地震が発生しやすくなるという結果が得られた（Ishibe *et al.*, 2011）。

このことから、東北地方太平洋沖地震による応力変化が、関東地方における地震活発化の要因として考えられる。とくに注目すべきは、フィリピン海プレートと上盤の陸側プレートとの境界である。茨城県南西部などの地域では、プレート境界面上で小繰り返し地震が発生しているが、東北地方太平洋沖地震以降、これらの地震活動が活発化しており、プレート間のゆっくりとしたすべりも加速したことを示している。

さらに東北地方太平洋沖地震から約半年後の二〇一一年一〇月下旬には、房総半島沖でゆっくりすべりが発生した。これは、フィリピン海プレートと上盤プレートとの境界における、通常のプレート間収束速度よりは速く、しかし地震動を伴わないすべり現象である。これまで、過去三〇年間に約六年間隔で繰り返されてきたが、前回二〇〇七年八月の発生から四年しかたっておらず、これまでで最も短い間隔で再発した。プレート境界面に対する応力変化を計算すると、すべりがわずかに促進される傾向にあることから、これも東北地方太平洋沖地震に影響された可能性がある（防災科学技術研究所、二〇一二）。

以上のように、関東直下のプレート境界面上のいくつかの領域で、プレート間すべりが進行していることは、固着域における応力集中をも示しており、首都直下大地震の切迫度を反映しているのかもしれない。

3——前兆はあったか？

東北地方太平洋沖地震は、発生約一カ月前の二月中旬にM五級、二日前の三月九日にM七・三の地震とそれらの余震からなる顕著な地震活動を伴った。これらの活動は、三月一一日の本震破壊開始点付近で起きており、後から振り返れば前震活動とみなすことができる。しかし、これらの前震活動が発生した時点では、前震であることが認識できず、その後にくるM九を予測することはできなかった。では、この前震活動には本震にいたる特別な変化が何も含まれていなかったのであろうか？

*b*値

地震は、規模が大きいほど発生頻度が少なく、小さくなるにつれて発生頻度が増える。これは、グーテンベルグ・リヒターの法則として知られており、横軸をM、縦軸を累積地震数の対数で表したとき、一本の直線で近似される。その傾き（*b*値）は通常一であり、Mが一小さくなると地震数は一〇倍に増えることに対応するが、実際には期間や領域の取り方で*b*値は変化する。

三月九日の前震活動における*b*値を調べたところ、〇・五程度と非常に小さかった（Nanjo *et al.*,

2012)。この低いb値は前震活動期間中に限らず、本震発生の約一〇年前から継続して減少してきたものであるが、本震後は〇・八と、この地域における標準的な値に戻った。

これまでも、大地震とb値変化に関する報告は数多く、岩石破壊実験では、主破壊が近づくにつれて微小破壊のb値が低下するとの結果が得られている。b値の低下は、相対的に大きめの地震の割合が増えたことを意味する。つまり、地震は断層破壊現象であるが、巨大地震発生前に力の集中が進むと近接する断層同士が合体し、短い断層が減少してより長い断層が増えてくる。すると、小さな地震に比べ大きな地震が増えるのでb値が低下する、というしくみである。b値低下がとくに顕著だった領域は、東北地方太平洋沖地震ですべり量が大きかった領域に対応している。つまり、この領域で一〇年前から固着の程度が強くなり、力の集中が顕著となってb値が低下してきた。その状況で、三月九日のM七・三が発生してもまだb値が低かったことは、力が解放されず、さらに大きな地震が控えていたことを示すものであったと解釈される。

このようなb値低下は、二〇〇四年一二月二六日に発生したスマトラ・アンダマン地震(M_w九・一)でも同様であったが、東北地方太平洋沖地震ほどは明瞭ではない。これは、調査に用いる地震カタログの完全性に依存する。つまり、海外では地震の検知能力が低く、スマトラ地震のように、M五以上の地震でなければb値変化の解析が行えない場合が多い。それに対して、日本では基盤的地震観測網の充実により、小さな地震まで含む信頼性の高い地震カタログが構築されている。b値変化が詳細にとらえられた背景には、一九九五年の阪神・淡路大震災以降に、防災科学技術研究所によって整備された、高密度な高感度地震観測網 Hi-net が大きく貢献しており、今後の地震活動の予測に活用できる可能性がある。

地球潮汐応答

地球潮汐とは、海水の干満と同様に、月の引力を受けて地球が伸び縮みすることであるが、さらに海洋潮汐も加わり、海底下の地殻内部に対して数kPaの応力変化をもたらしている。その変化は、通常の地震によって解放される応力に比べ十分に小さいが、断層の応力状態が臨界に近く、すぐにでも破壊しやすい場合には、地球潮汐によるわずかな応力変化も地震を誘発する要因となりえるであろう。

東北地方太平洋沖地震の震源域周辺に発生していたM五以上の地震の発生時刻と地球潮汐との関係を調べたところ、プレート境界での典型的な逆断層型地震の発生は、はじめはランダムであったが、一〇年ほど前から、逆断層地震を促進する潮汐力が働く時刻に地震が発生する割合が増え始めた（Tanaka, 2012）。ところが、三月一一日以降は、再びランダムな状態に戻った。このことは、今回の地震の一〇年ほど前から震源域周辺の固着がより強くなり、応力が集中してきたことを示している。この結果は、先に紹介した*b*値変化とも調和的であり、長期的な巨大地震発生ポテンシャルを評価する指標として、非常に有効である可能性がある。

ゆっくりすべり

二月と三月に発生した前震活動には、いずれも一日数kmの速度で地震活動域が広がる移動現象がみられた（図1-15）（Kato *et al.*, 2012）。相関解析によって、気象庁カタログに含まれた地震の波形とそっくりな波形を有する地震を探索し、ノイズレベルすれすれの微弱な地震や、活発な活動に埋もれた地震を拾い上げたところ、明瞭な震源移動が浮かび上がったのである。では、この移動現象は何を表しているのだろうか？

これらの前震活動の中には、すでに述べた小繰り返し地震が多数含まれていた。つまり、前震活動に伴ってプレートでゆっくりすべりが起きていたことを示す。三月九日のM七・三から本震発生までの二日間に二〇cmものすべりが推定され、ゆっくりすべりのすべり速度は約五〇m／年と、太平洋プレートの収束速度の約六〇〇倍もの速さとなる。この速度は、前述の房総半島のゆっくりすべりや、ほかの大地震後の余効すべりのすべり速度に比べても非常に速い。このような速いすべり速度を有するゆっくりすべりが、すべり伝播方向の先端に対して大きな応力集中を引き起こし、東北地方太平洋沖地震の破壊を誘発した可能性がある。

それでは、このような震源移動、つまりゆっくりすべりの伝播は、必ず巨大地震を引き起こすのであろうか？　そのような対応関係がみつかれば、今後の地震発生直前予測に、非常に有効な情報を提供できるのだが、必ずしもそうではない。巨大地震を引き起こす場の歪みエネルギーの蓄積が十分で

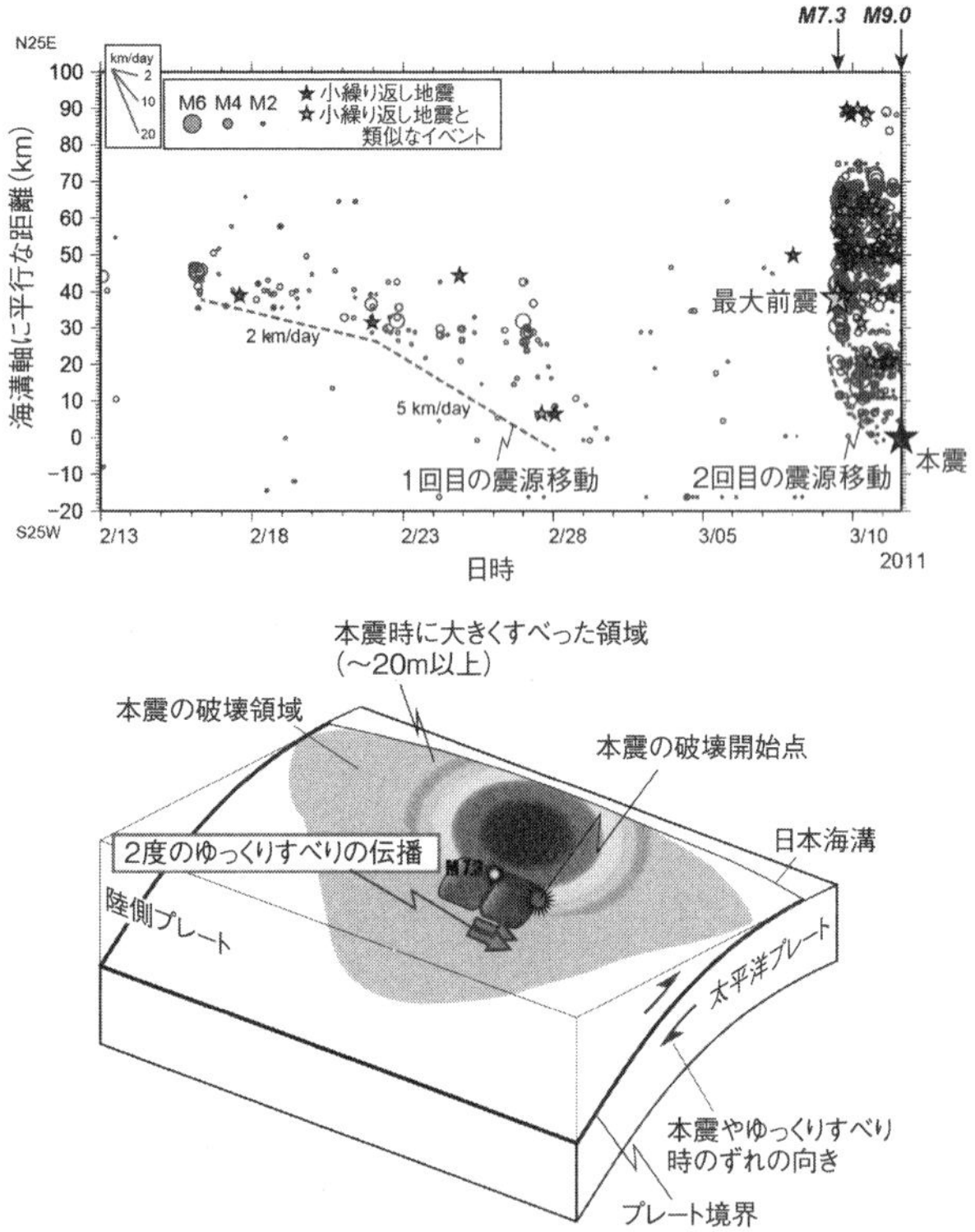

図1-15 （上）前震活動の時空間分布．縦軸は海溝軸に平行な距離，横軸は時間．（下）前震活動に伴うゆっくりすべりと東北地方太平洋沖地震との位置関係の概念図．（東京大学地震研究所HP http://outreach.eri.u-tokyo.ac.jp/2012/01/aitarokato_science/ より）

なく、破壊にいたるまでのギャップが大きければ、ゆっくりすべりによる応力集中があったとしても、その閾値を超えることはできず、破壊にはいたらない。しかし、歪みエネルギーが十分に蓄積され、いつでも地震が発生しうる状態であれば、わずかなきっかけでも地震が発生するであろう。

4—今後の課題

今後備えるべき地震

プレート境界隣接域の誘発地震

二〇〇四年一二月のスマトラ・アンダマン地震は、およそ二〇万人が津波で犠牲になるなど、大きな被害を生じた超巨大地震であった。この地震は、インド・オーストラリアプレートがユーラシアプレートに沈み込みを開始する場所で発生し、破壊域は海溝に沿って一〇〇〇kmにも及んだ。その震源域に隣接する南側で、二〇〇五年三月二五日にM八・六のプレート境界地震が、さらにその南でM八級の地震が相次いで発生した。このように、巨大地震が発生した震源域のプレート走向に沿う両側で、次の破壊が生じる可能性がある。

東北地方太平洋沖地震の場合には南北両側、つまり茨城沖から千葉沖、および三陸北部沖が相当すわれている。

る。南側の領域では、一六七七年の延宝地震によって、房総半島から福島県沿岸部が大きな津波に襲

プレート境界の震源域内で発生する余震については、大きくすべった領域ではしばらく発生しないとも考えられる。しかし、すでに述べたように、モデルによっては一九七八年型宮城県沖地震の領域がすぐに固着し、その周囲の余効すべりによって固着域に歪みが急速に集中するため、従来の繰り返し間隔より短い時間で、M七級の地震が発生してしまう可能性もある。

そのほかに、沈み込む太平洋プレート内に発生する地震としては、すでに述べたスラブ内地震とアウターライズ地震に注意すべきであろう。スラブ内地震は最大でもM七〜八程度であるが、陸域直下で発生するため強震動の励起は強く、建造物に対する備えは必要不可欠である。

アウターライズでは、プレート境界の大地震の後に正断層型地震が発生する場合が多い。二〇〇六年一一月に千島列島で発生したM八・四のプレート境界地震の二カ月後、その近傍のアウターライズでM八・一の正断層型の地震が発生した。また、一八九六年にプレート境界で起きた明治三陸地震(M八・二)に対しては、一九三三年の昭和三陸地震(M八・一)がペアとなるアウターライズ地震と考えられており、今回の地震についても今後M八級のアウターライズ地震が懸念される。アウターライズ地震は、日本海溝東側の海底直下の浅い場所で発生するため、地震動はそれほど大きくないが(一九三三年三陸地震では最大震度五程度)、津波の波高は高くなることが予想される。

内陸の誘発地震

東北日本の数カ所では、誘発とみられる浅発地震活動が活発化しているが、これらの地震活動がいつまで継続するか、あるいは、現在静穏な場所でも今後大きな地震が起きるかどうか、予測は難しい。過去にも、一八九六年の明治三陸地震が発生した二カ月後、秋田・岩手県境付近でM七・二の陸羽地震が発生した。この地震では、秋田県側に千屋断層、岩手県側に川舟断層という二つの逆断層が出現したことで明らかなように、東北地方で典型的な東西圧縮の逆断層型であった。明治三陸地震が今回の地震と同じプレート境界の地震であったとすると、陸羽地震の発生場所に対しては東西圧縮を抑制するセンスであったはずであり、時間をおいて発生する誘発地震には、ほかのメカニズムを考慮する必要がある。

東北以外の地域でも、南海トラフの海溝型プレート境界地震である一九四四年の東南海地震（M七・九）の一カ月半後に内陸浅発地震の三河地震（M六・八）が、さらに四年半後に福井地震（M七・一）が発生しており、今後さらに時間経過してから大きな地震が発生する可能性も否定できない。

これらの地震に対する地震・地殻変動観測の果たすべき役割

東北地方太平洋沖地震に限らず、地震発生予測は非常に困難な課題である。しかし、起きてしまった地震のメカニズムについては、稠密な観測網でとらえられるデータによって、発生直後に精度よく把握できるようになってきた。このことは、今後の余震の活動推移を評価する上で重要である。

また、稠密な観測網は、緊急地震速報（第7章参照）を支える重要な役割を果たしている。これは、地震の発生をすぐにとらえて、各地の揺れの強さや揺れ始めるまでの猶予時間を知らせるしくみであり、地震計が広い範囲に多点に展開されることで、速報性や精度が高まる。とくに、第2章で紹介される海底ケーブル式地震計・津波計は、海域で発生する地震をいち早くキャッチできるため、緊急地震速報の発信が飛躍的に迅速化されることが期待される。さらに、津波の波高や伝播の様子をリアルタイムで把握することができるため、各地の沿岸に津波が到達する時間と、その波高を非常に高い精度で推定することができる。

これらの地震・地殻変動観測データは、シミュレーションによる災害予測（第7章参照）という防災面にも重要な入力となるだけでなく、前節で示したように、高い精度で地殻の状態を長期的にモニタリングすることで、将来の地震発生予測に重要な役割を果たすであろう。

第2章　どんな津波だったのか
——津波発生のメカニズムと予測

佐竹健治

1——東日本大震災の津波

二〇一一年三月一一日の東北地方太平洋沖地震による津波は、北海道から千葉県までの太平洋岸に大きな被害をもたらし、なかでも岩手・宮城・福島の三県では、死者・行方不明者が二万人近くにも上る大災害となった。沿岸における津波被害については、次の第3章で述べられているので、本章では、津波が発生してから沿岸に届くまでのプロセスに注目しよう。

海底水圧計データから読み解く津波の実態

地震が発生したのは三月一一日の一四時四六分だが、津波が三陸沿岸に到達したのは約三〇分後の一五時一〇分以降、仙台平野に到達したのは約一時間後の一六時頃であった。この間の詳細を読み解くためのデータが、三陸海岸の釜石沖のケーブル式海底水圧計に記録されていた（図2-1）（東京大学地震研究所、二〇一一）。

東京大学地震研究所では、三陸沖に海底地震・津波観測システムを設置して、一九九六年から観測を行っている。具体的には、釜石から太平洋へ向けて光ファイバーを利用した海底ケーブルを約一二〇kmにわたって敷設し、三台の地震計と二台の津波計を設置した。津波計は、海底の水圧を約一mmの高分解能で記録するもので、海岸から約七〇km沖合の水深一六〇〇mにTM1、海岸から約四〇kmの水深一〇〇〇mにTM2の二台が設置されている。海底で水圧を測定することによって、津波によって海面が上がったり下がったりする様子がわかるのである（図2-2）。ただ、地震の際には、地面（海底）の揺れによって海底も上下するので、これも水圧変化として記録される。

これらの海底水圧計（TM1、TM2）では一四時四六分、すなわち地震の発生直後から海底の揺れが記録されていた。そして、揺れが収まる前からTM1では海面が上昇し始め、約六分間のうちに二m上昇した。その数分後からは、二分間のうちに三mという勢いで海面がさらに上昇した。つまり、海岸から約七〇km離れた沖合では、初めはゆっくりと、その後、急激に水面が上昇するという二

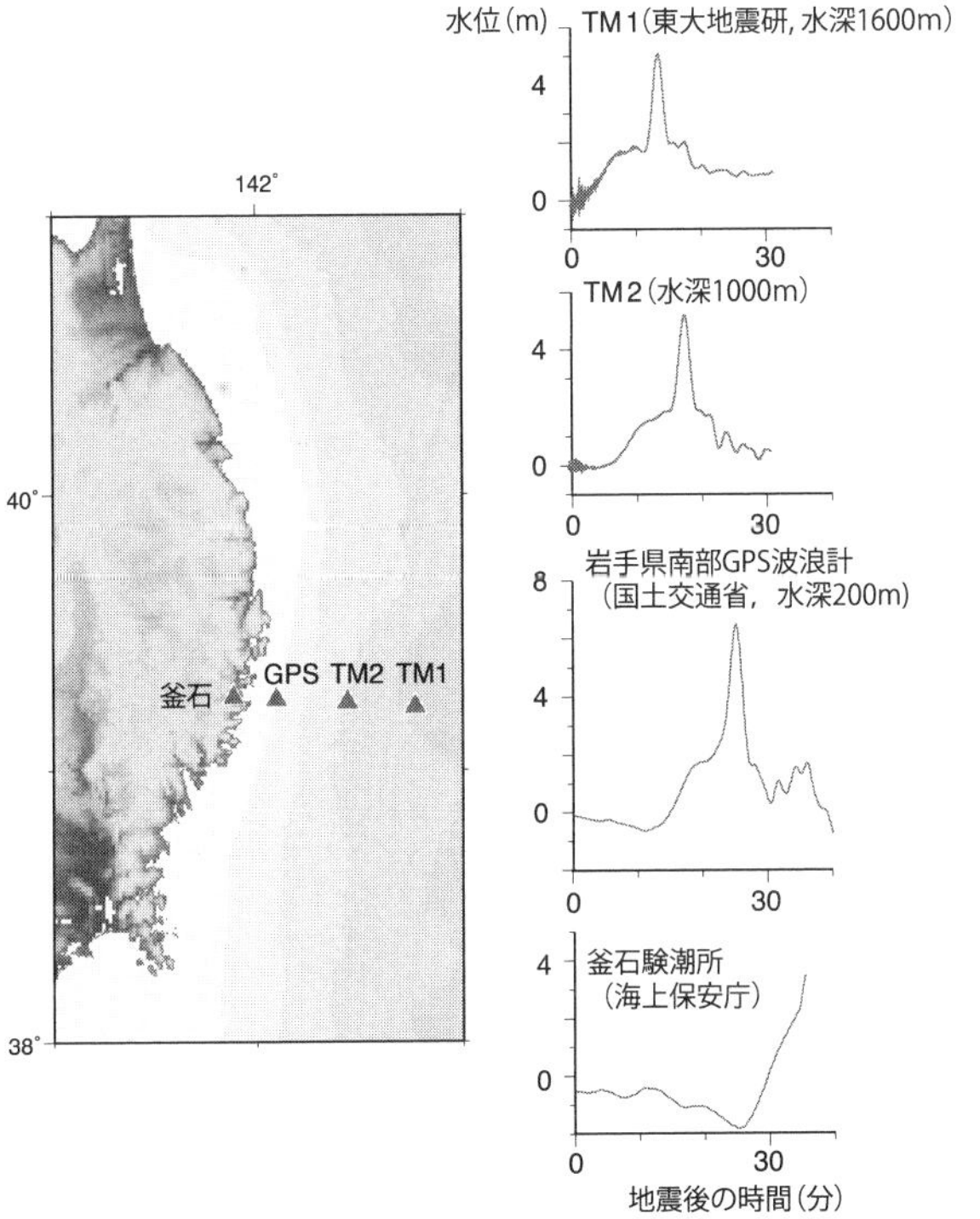

図 2-1　沿岸と沖合の津波計で記録された東北地方太平洋沖地震の津波

段階の津波が、地震発生の直後に記録されていたのである。以下では、この二段階の津波をそれぞれ津波第一波、第二波と呼ぶことにしよう。

　一方、ＴＭ１から約三〇km陸側にあるＴＭ２では、地震発生から約五分後に、海面がゆっくりと上昇し始め、一五分後からは急激に海面が上昇した。すなわち、ＴＭ１と同じような津波の第一波と第二波が、ＴＭ１から約五分遅れて記録されている。

　これらの水圧計より陸に近く、釜石の沖合一〇kmには、国土交通省によってＧＰＳ波

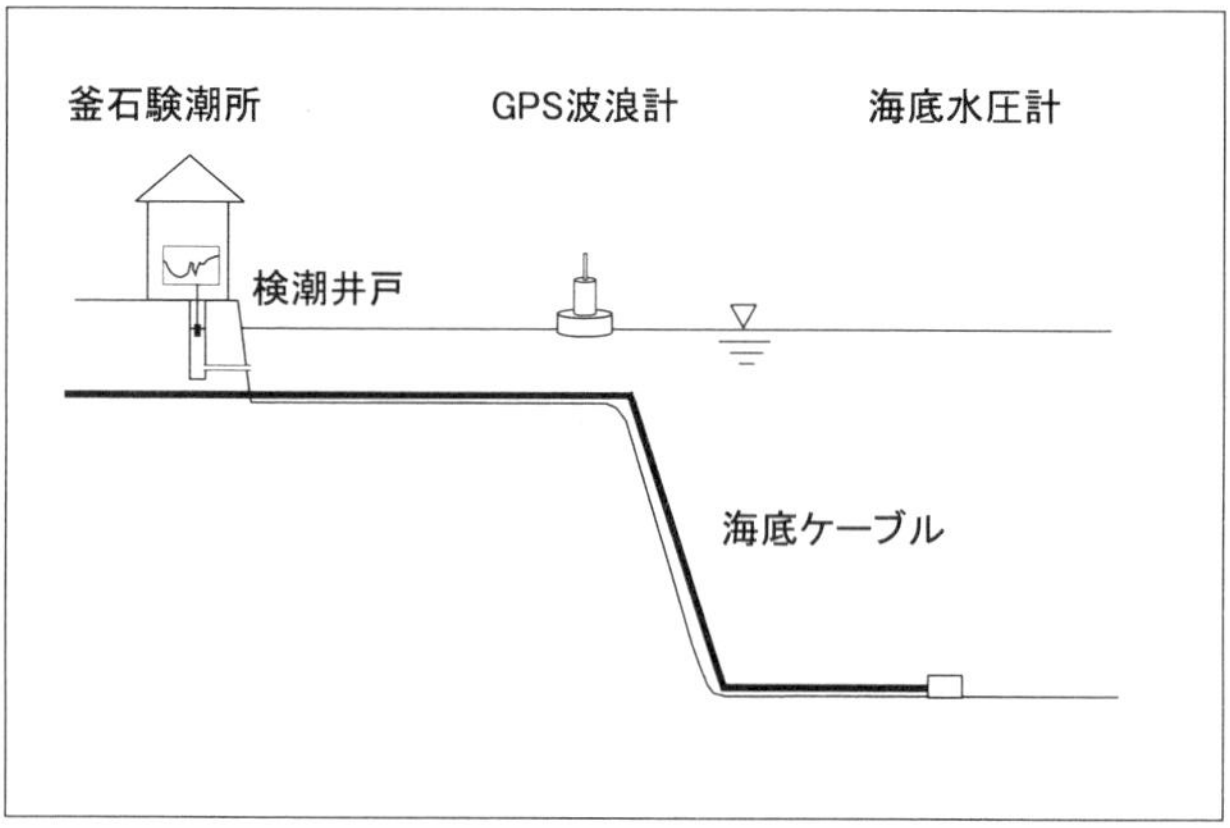

図 2-2　津波観測システム

浪計が設置されている。これはＧＰＳ衛星を使って海面の動きを記録するもので、やはり津波による海面の上下を記録することができる（図２-２）。ＧＰＳ波浪計には、地震発生の約一二分後から似たような津波が記録されていた。ＧＰＳ波浪計は海面に浮かんでいるため、地震による海底の揺れは記録されていない。さらに、ＧＰＳ波浪計では津波の振幅が、海底の水圧計よりも大きくなっていることがわかる。初めのゆっくりとした海面上昇（津波第一波）は約三・五ｍ、続く急激な上昇（津波第二波）は約五ｍにも及んだ。

釜石港内には、海上保安庁による験潮所が設置されていて、水面変化を記録していた。験潮所とは潮の満ち引きを観測するもので、機関によって検潮所（気象庁）、験潮場（国土地理院）、験潮所（海上保安庁）と異なる名称で呼ばれている。釜石験潮所は、海面に浮かべたフロートの上下によって海面の変化を記録するタイプであった（図２-２）。釜石験潮所では地震後約三〇分から海面の上昇、すなわち津波第一波の到着が記録されているが、その後約五ｍまでの海面上昇を記録した後、験潮所自体が津波によって破壊されてしまったため、記録がとだえている。後に実施された気象庁による現地調査では、験潮所周辺における津波の高さは九ｍであったとされている。

津波の性質

この後、津波は沿岸各地に到達して大きな被害をもたらすことになるのだが、以上のような沖合から沿岸にかけての津波データは、津波の二つの性質を表している。一つめは、沖合から陸地に向かって津波の速度が次第に遅くなっていること、二つめは沿岸に近づくにつれて津波が大きくなっていることだ。先のデータに戻って、これらの性質を調べてみよう。

まず速度についてみると、津波は沖合七〇㎞のＴＭ1から沖合一〇㎞のＧＰＳ波浪計まで約一五分で到達しているのに対し、沖合一〇㎞のＧＰＳ波浪計から沿岸までもほぼ同じ時間がかかっている。津波の伝わる速度を計算すると、沖合では時速二四〇㎞、沿岸では時速四〇㎞となる。この違いは、津波が伝わる海の深さに原因がある。津波の伝わる速度は、水深（ｍ）と重力加速度g（九・八ｍ／s^2）の積の平方根で与えられることが知られている。沖合での平均水深が約四五〇ｍ、沿岸では一二ｍ程度だとすると、上で計算した速度と一致する。つまり、沖合では新幹線並みの速度だが、沿岸に近づくと自動車程度の速度に落ちるということである。

さらに深海（たとえば水深四〇〇〇m）では、ジェット機並みの速度となって、太平洋を横断する。東北地方太平洋沖地震の津波は、約一〇時間かかって北米に、約一日かかって南米に到達した。津波の高さは北米では約三m、南米では四mとなり、死者を含む大きな被害をもたらした。また、後で述べるように、東日本大震災の約一年前に発生したチリ地震による津波は、ほぼ丸一日かかって日本まで到達した。

次に、津波の高さについて注目しよう。津波は沿岸に近づくにつれて高くなる。津波第一波による水位上昇量は、水深一六〇〇mのTM1水圧計では約二mだったが、水深二〇〇mのGPS波浪計では約三・五mになった。津波の高さは、ある仮定の下では水深比の四分の一乗に比例することが知られている（第3章で詳しく述べる）。水深一六〇〇mから二〇〇mまで水深が八分の一になると、津波の高さは約一・七倍になる。さらに、水深二〇〇mから一mまでの間には、高さは三・八倍になる。理論的には、GPS波浪計で記録された高さ三・五m、五mの津波第一波、第二波は、海岸付近ではそれぞれ一四m、二〇mになると予想される。実際には海岸付近の地形などの影響も受けるため、津波の高さは最大で一〇m程度であった。それでも、沿岸で観測された津波は、沖合いの津波の数倍の高さになっていた。

津波の性質について、もう少しみてみよう。津波が通常の波（波浪）と決定的に異なるのは、その波長である（図2-3）。波長とはその名の通り波の長さであり、波のピークから次のピークまでの距離である。上空から観察しない限り、この距離を測定するのは難しい。海岸のように一カ所に留まっ

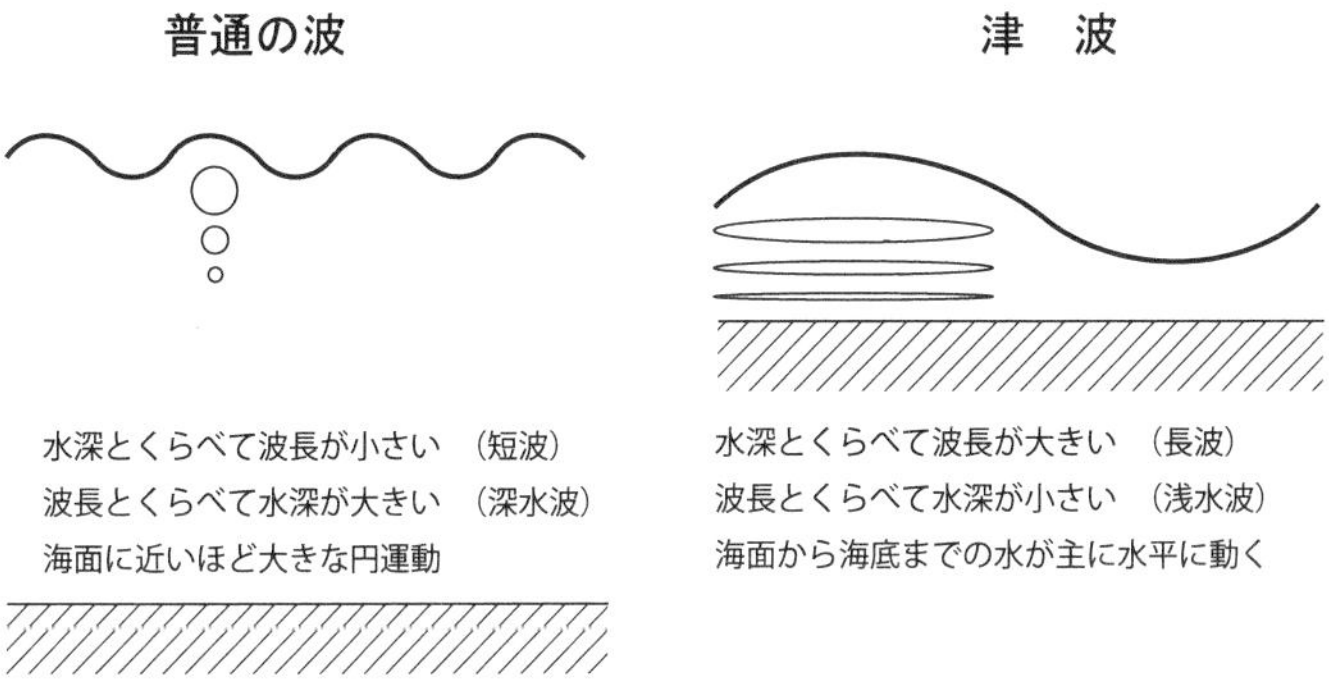

図 2-3　普通の波と津波との違い

て波の通過を観察する場合には、波のピークから次のピークまでの時間（周期）を測定することになる。通常の波の場合、その波長は一〇〇m程度で、周期は一〇秒程度であるが、津波の波長は数十km、周期は数分〜数十分と、両方とも大きい。通常の波は一〇秒程度で押したり引いたりするのだが、津波の場合は数分間も海面が上昇し続けるのだ。波というよりは洪水というイメージである。

流体力学的には、通常の波浪は波長が水深よりも小さく、主に風によって水の表面付近だけが運動するため、表面波あるいは深水波と呼ばれている。一方、津波は波長が水深に比べてずっと大きいため、海面付近から海底までの水が同じように運動することから、長波あるいは浅水波と呼ばれている。

津波の高さは、海岸付近の地形によっても大きく変化する。津波が大きくなるのは、湾の奥や岬の先端である。湾の奥では、湾の海岸で反射を繰り返した波が集中するほか、湾に入ってくる津波の周期が湾の固有の周期と一致すると、共鳴現象によって大きくなる。また、岬の先端では、海底の地形の影響で津波が集まるため大きくなる傾向がある。三陸海岸などリアス式海岸では、大小の湾が数多くあるため、津波の高さが局所的に大きく変化する。

津波の伝わる様子は、コンピュータシミュレーションによって再現することができる。津波の伝わる速度は水深によって決まるので、実際の水深を格子点で与えて、流体力学的な基本式（運動方程式と連続の式）を差分法や有限要素法などの数値的な解法によって解くというシミュレーションをするのである。津波は海面から海底までが同時に動くので、深さ方向には一つの格子でよいが、水平方向には細かい格子を用いる。通常、深海では数百mから数km、海岸近くでは数十m程度の格子を用いる。コンピュータの発達により、スーパーコンピュータでない通常のパソコンでも、津波のシミュレーションを行うことができるようになってきた。

2―津波警報の成功と失敗

三月一一日の地震発生の三分後、一四時四九分に、気象庁は青森県から福島県の沿岸に津波警報を発表した（気象庁、二〇一一）。予想される津波の高さは、宮城県で六m、岩手・福島両県で三m、青森県の太平洋岸では一mというものであった。この津波警報は、テレビ・ラジオのほか、専用回線で沿岸の自治体に伝えられ、防災無線などで住民に周知された。地震による強い揺れを体験し、津波警報が出たことから、多くの住民が高台などへ避難した。これによって多くの人命が救われたのは津波警報の成功である。一方、予想された津波の高さが三〜六mであったことから、防波堤が津波を防ぐことを信じて避難しなかったり、海岸近くの標高の低い避難所へ逃げたりして、その後の津波に襲われて命を落とした人が多かった。また、大船渡で振幅〇・二mの津波第一波が観測されたという気象庁の情報が、避難の遅れや中断につながったという指摘もある。

気象庁では、前節で述べたGPS波浪計のデータに基づき、地震発生から二八分後の一五時一四分に、予想される津波の高さを宮城県で一〇m以上、岩手・福島県で六m、青森県で三mに引き上げた。さらにその一六分後の一五時三〇分には、岩手県から房総半島までの太平洋岸で一〇m以上とした。最初の警報更新は、三陸沿岸に津波第一波が到達する直前であったが、地震の揺れによって広い地域で停電したこと、またすでに避難を始めていたためラジオなどの情報が届かなかったことから、この津波警報の更新情報は沿岸住民には十分に伝わらなかった。

津波警報のしくみ

ここで津波の発生と警報のしくみをみておこう（図2-4）。

気象庁では全国数百カ所の地震計のデータを常時監視しており、地震が発生するとすぐにその位置（震央）、深さ、規模（マグニチュード、M）を決定する。津波は、地震によって生じる海底の変動が

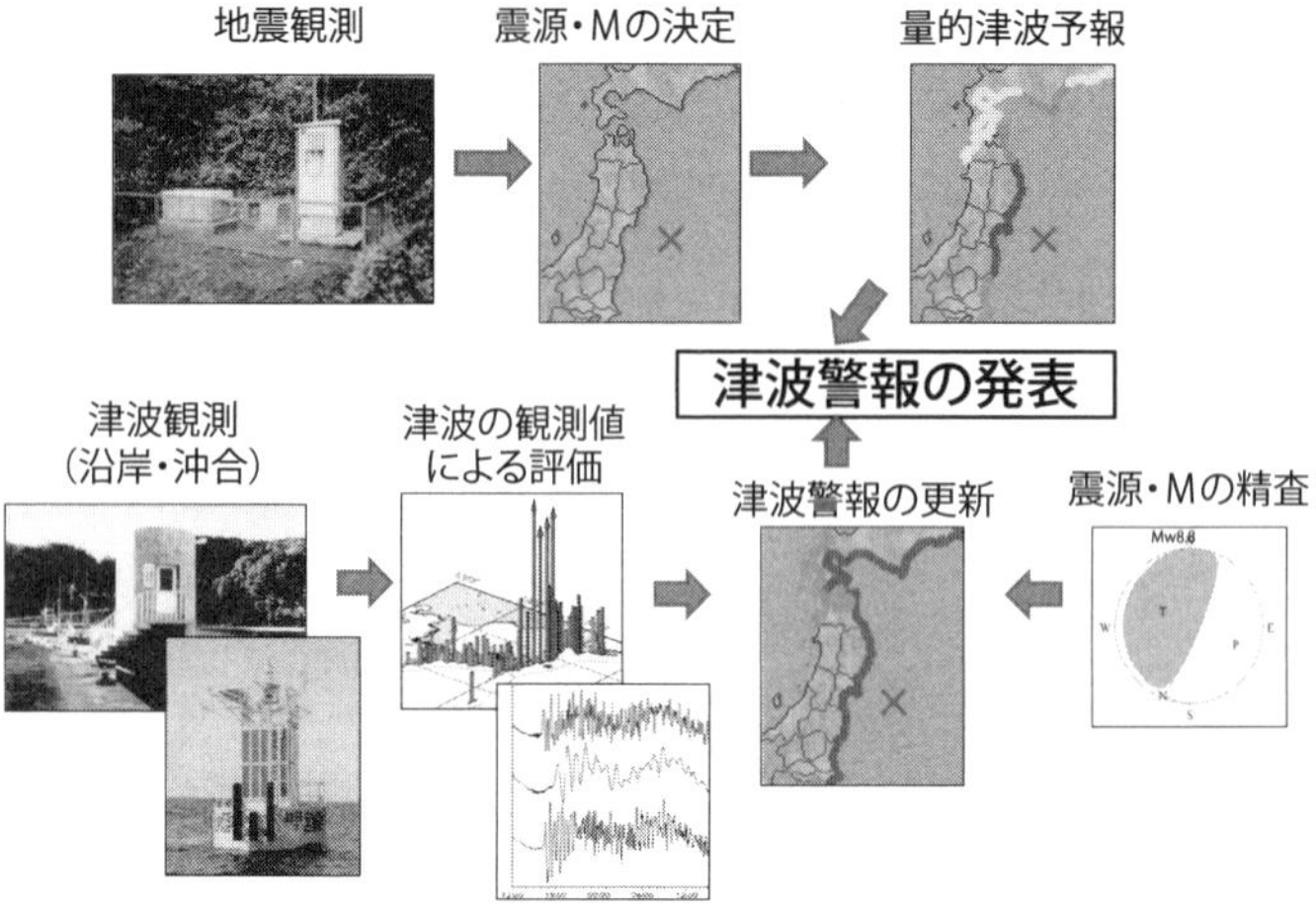

図 2-4　気象庁の津波警報システム

原因なので、陸域で発生した地震や、海域でも震源が一〇〇㎞より深い場合、あるいは地震の規模（M）が小さい場合には、海底の変動が小さく、津波は発生しない。一般に震央が海域にあり、深さがおよそ六〇㎞より浅く、規模がM六・五以上であると、津波が発生する危険性がある。

　津波の可能性があると判断された場合には、地震の深さと規模に応じて海底の地殻変動量を計算し、それを初期条件として前節で述べた津波シミュレーションを実施すれば、沿岸での津波の到達時刻や高さを予測することができる。実際には、地震が起きてからシミュレーションを行っていたのでは間に合わないので、あらかじめシミュレーションを行っておく。気象庁では、日本周辺について、震央・深さ・マグニチュードを変えて一〇万通りものシミュレーションを行っていて、その結果がデータベースとして収められている。地震発生直後にデータベースを検索して、震央・深さ・マグニチュードが最も近いケースの結果を使うことにしている。

日本沿岸は六六の予報区に分けられており、そこで予想される津波の高さが〇・五m程度の場合は津波注意報、一〜二mの場合は津波警報、三m以上の場合は大津波警報として発表することとなっている。このようなシステムは一九九九年から採用されており、量的津波予報と呼ばれている。量的津波予報は地震観測による情報のみに基づいているが、津波警報発表後に沖合の水圧計・波浪計や沿岸の水位計によって海面変動を監視し、実際の津波を確認・計測することによって津波警報を更新するしくみとなっている。三月一一日の津波警報を更新したのも、沖合のGPS波浪計に数mの津波が記録されたためである。

なぜ最初の予想は小さかったのか

気象庁が最初の津波警報で予想した津波の高さ（宮城県で六m、岩手・福島両県で三m）は、なぜ実際の津波よりも小さかったのだろうか？

気象庁が地震発生後三分で津波警報を出した際、量的津波予報に用いた地震の規模M（マグニチュード）は七・九であった。実際の地震の規模はM九・〇であったが、地震発生直後にはそれがわからなかったのである。M九クラスの巨大地震の場合、数百kmに及ぶ広い範囲の断層面が破壊するために、その断層運動が終了するまでに二分以上かかる。地震波の最初の部分（揺れ始め）は、断層運動（断面上の破壊）が始まったところからの情報しか持っていないため、巨大地震の全体像を把握するのには適していないのだ。とはいえ警報はできるだけ早く発表したい。結果、第一報は過小評価した数字となってしまったということになる。

巨大地震の全体像をつかむには、地震の始まりから一〇分程度の地震波を解析する必要があり、地震発生から一五分程度を要する。気象庁では、津波警報の第一報を地震発生後三分程度で出した後、すでに述べた水位計の監視のほかに、地震波の解析による震源やMも精査し、津波警報を更新するしくみとなっている。東北地方太平洋沖地震の際には、その規模があまりに大きかったため、規模推定に用いる日本国内の地震計のほとんどが振り切れてしまって、一五分以内に地震の規模を推定することができなかった。そのため、地震の規模をほぼ正確に（M八・八と）推定できたのは、外国の地震計記録の解析を終えた地震発生後一時間近くたってからであった。

これからの津波警報

気象庁では、東北地方太平洋沖地震の際に発表した津波警報の第一報が過小評価であったという反省から、津波警報と情報の出し方を改善することにしている（気象庁、二〇一二）。

新しい津波警報システムでは、地震直後（三分以内）に警報を出すという迅速性は確保したうえで、地震観測によって巨大地震の可能性があると判断された場合には、暫定的な推定結果を数値として出すのでなく、「巨大な津波、高い津波」などという定性的な表現を用いることとした。また、詳細な地震規模・シミュレーションによって推定された津波の高さに応じて、津波注意報の場合は一m、津波警報の場合は三m、大津波警報は五m、一〇m、一〇m以上と、五段階に分けることにした。これは、予想される津波の高さの誤差が大きいことと、警報を聞いた後の避難行動に結びつけやすくするためである。さらに、沖合や沿岸で観測された津波の第一波の情報について、大きな津波が予測される際には、数値を出さず、「観測中」などの表現にとどめることとした。

今回の津波警報が過小評価であったという反省から、津波警報は安全側（過大評価気味）に出せばよいと考えがちであるが、これは正しくない。実際、三月一一日に避難しなかった人の中には、大津波警報が出ているが、実際にはそれほど大きな津波はこないと思った、という人もいた。約一年前の二〇一〇年三月一日のチリ津波の際、気象庁は岩手・宮城・福島県の沿岸に三m以上の大津波警報を発表したが、実際の津波は最大一・二m程度であった。このため、二〇一一年三月一一日にも、「気象庁の津波警報はまた大きめに出しているのだろう」と思わせてしまったのだ。いつも安全を見込んで大きめに警報を出すと、小さい地震は大きい地震より頻繁に発生するため、「狼少年」になってしまうのだ。津波警報の精度を上げて、小さい津波が予想される場合には、その通りに予測する必要がある。

文部科学省と防災科学研究所では、日本海溝に全長数千kmの海底ケーブルを敷設し、一五〇台の海底水圧計を二〇～五〇km間隔で設置する計画を実施している。これが完成すれば、シミュレーションによる予測に加えて、実際に沖合で発生した津波を直後に検知し、津波警報に役立てることができると期待されている。

3——過去にも発生していた津波

二〇一一年の津波は三陸沿岸で最大四〇m近い高さとなり、また仙台平野では海岸から五km近くも浸水した。東北地方太平洋沖地震は、日本で記録されたことのない「想定外」のM九クラスの巨大地震であったが、津波もそうだったのだろうか？　実は、三陸沿岸でも、仙台平野でも、過去に似たような津波に襲われていた。

三陸地方の津波

三陸地方はもともと津波の常襲地帯とされてきた（山下、二〇〇八）。一八九六年（明治二九年）六月一五日には、明治三陸津波が三陸沿岸を襲い、その高さは今回とほぼ同程度であったことが知られている。この津波によって岩手県を中心に二万二〇〇〇人もの犠牲者が出た。これは、東日本大震災の死者を上回る数であった。明治三陸津波は、地震の規模はそれほど大きくなく（Mは七・四程度）、揺れも小さかった（震度は最大で三〜四程度）にもかかわらず、大きな津波を発生した。このような地震は、「津波地震」と呼ばれている。この地震について、当時の津波記録の解析から、日本海溝のごく近傍で、幅五〇km程度の断層面上で六〜一〇m程度のすべりが発生したことがわかっている。「津波地震」は、アリューシャン列島でも一九四六年に発生し、最近では一九九二年ニカラグア地震、二〇〇六年インドネシアのジャワ島沖、二〇一〇年にはインドネシアのメンタワイ諸島（スマトラ島の西側）でも発生しており、いずれも海溝軸付近の狭い領域で発生した断層運動によるものであることが明らかにされている。

一九三三年（昭和八年）三月三日には、昭和三陸津波が再び三陸沿岸を襲った。この津波の規模は明治三陸津波や東日本大震災ほどではなかったものの、三陸沿岸で最大二〇m以上の高さとなり、約三〇〇〇人の犠牲者が出た。この津波は、日本海溝の東側で発生したM八・一という大地震によるものであった。日本列島からみて海溝の反対側で発生する地震は、アウターライズ地震と呼ばれている。

一九六〇年にチリで発生した巨大地震（M九・五）による津波は、約一日後に日本の太平洋沿岸を高さ四〜六mで襲い、三陸沿岸を始めとして日本沿岸で一四二名の死者を生じた。二〇一〇年にもチリでM八・八という巨大地震が発生し、気象庁が三陸沿岸に大津波警報を発表したが、実際の津波は最大一m強であったことは、前節で述べたとおりである。

仙台平野の津波

明治・昭和三陸津波は、岩手県を中心とする三陸海岸には大きな被害をもたらしたものの、仙台平野ではそれほど被害は大きくなかった。ところが、仙台平野でも約一〇〇〇年前の八六九年に大きな地震・津波が発生していた。六国史の一つである『日本三代実録』には、貞観一一年五月二六日（八六九年七月九日）に、陸奥の国で大きな地震が発生し、家屋の倒壊や地割れが発生したこと、津波が城下（仙台市の北にある多賀城）まで達し、平野が海のようになってしまい、千人が溺死したことが記録されている（平田ほか、二〇一一）。

この津波の物的証拠として、仙台平野で津波堆積物が発見されている。津波堆積物とは、過去の津波によって陸上に運ばれた砂などが地層として残っている堆積物（図2-5）である。仙台平野では、

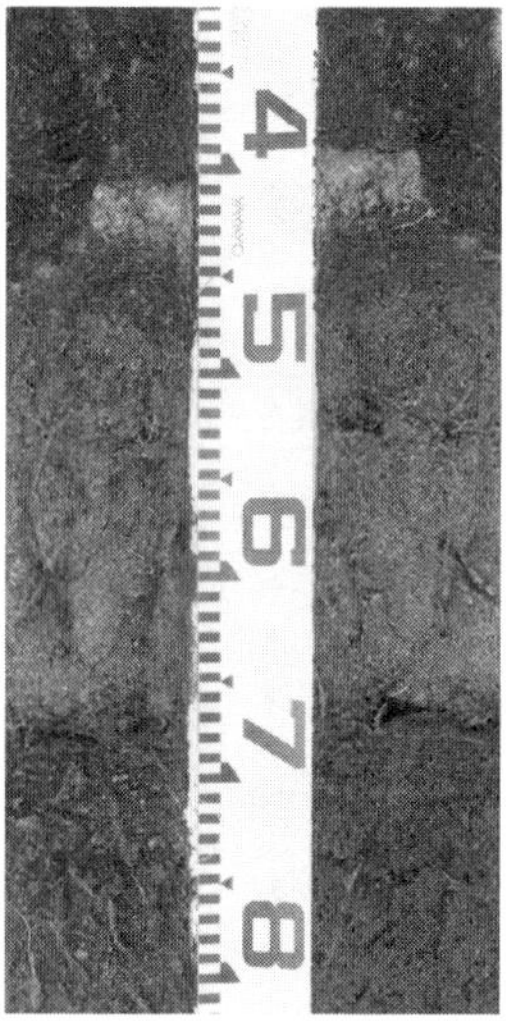

図 2-5　仙台平野における津波堆積物の写真（産業技術総合研究所による）
縦のスケールは地表からの深さ（小さい目盛が 1 cm）．地表下 40-43 cm の層は西暦 915 年十和田火山からの火山灰層．45-66 cm の灰色の層が津波によって運ばれた砂層．ほかは土壌層．

地表下五〇cm程度の深さに、海を起源とする砂層が発見されている。この砂層の数cm上には、西暦九一五年に噴火した十和田火山の火山灰層があることから、この砂層は貞観津波の堆積物と考えられている。東北大学や産業技術総合研究所の研究者たちは、貞観地震の津波堆積物が仙台平野で現在の海岸線から数km内陸まで分布していることを、東日本大震災の前に明らかにしていた。さらに、仙台平野では、貞観津波よりも古い津波によると考えられる堆積物も発見されており、貞観津波と似たような津波が繰り返し発生していることがわかっていた（ただし、具体的な防災対策には、この知見がまだ生かされていなかった）。このような津波堆積物などの地質学的なデータに基づく過去の地震の研究を、古地震学と呼んでいる。

過去に発生した地震のモデルに基づき、津波シミュレーションを実施して、沿岸の浸水域を計算することができる。逆に、津波堆積物の分布から、過去の津波の浸水域を推定し、これを再現するための津波シミュレーションを実施し、過去の地震の断層モデルを推定することもできる。貞観地震については、太平洋プレートの深い部分が長さ一〇〇kmにわたって七m以上すべり、M八・四以上の地震が発生したというモデルが、二〇〇八年に発表されていた（図2-6）（佐竹ほか、二〇〇八）。

地震の断層モデルから推定した浸水域は、津波ハザードマップとして利用される。岩手県や宮城県では、津波ハザードマップが作成され、ホームページで公表されたり、各家庭に配布されたりしていた。三陸沿岸では今回の津波の浸水域はハザードマップとほぼ同程度であった。これは、過去に発生した明治三陸地震を想定して津波浸水域を計算したためである。

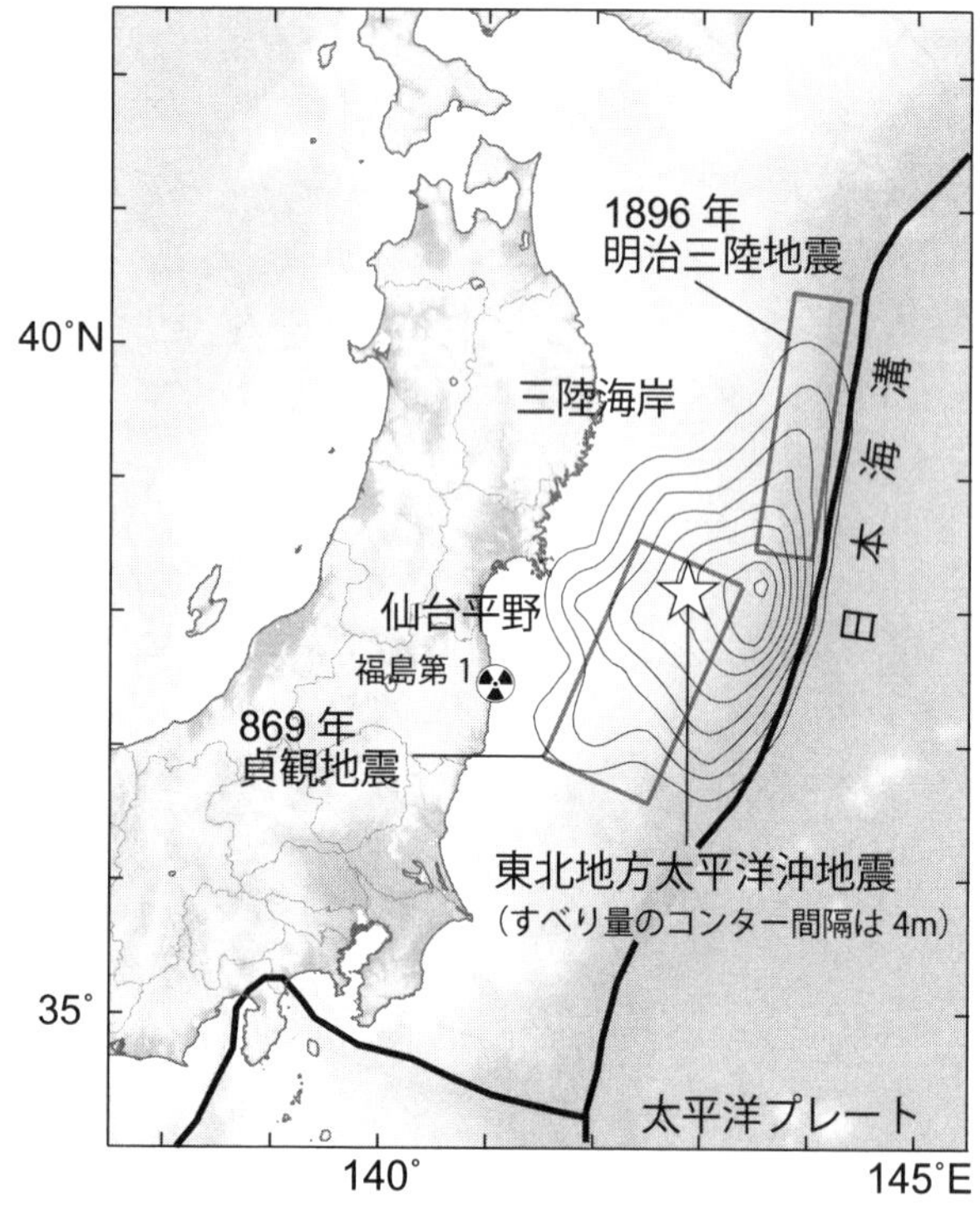

図 2-6　明治三陸地震，貞観地震のモデル（四角の枠）と，東北地方太平洋沖地震の震源（白星印）とすべり分布（曲線）（Satake *et al.*, 2013 に基づく）

一方、宮城県（石巻市や仙台市など）では、今回の津波の浸水域はハザードマップの予想浸水域を大きく超えたものであった。宮城県では、次節で述べる今後三〇年以内に発生する確率が九九％とされた宮城県沖地震（Ｍ八・〇）を想定してハザードマップを作成していたためである。東北地方太平洋沖地震は、ずっと大きなＭ九の地震であったため浸水域も大きくなった。そして、東北地方太平洋沖地震による仙台平野における津波の浸水域は、津波堆

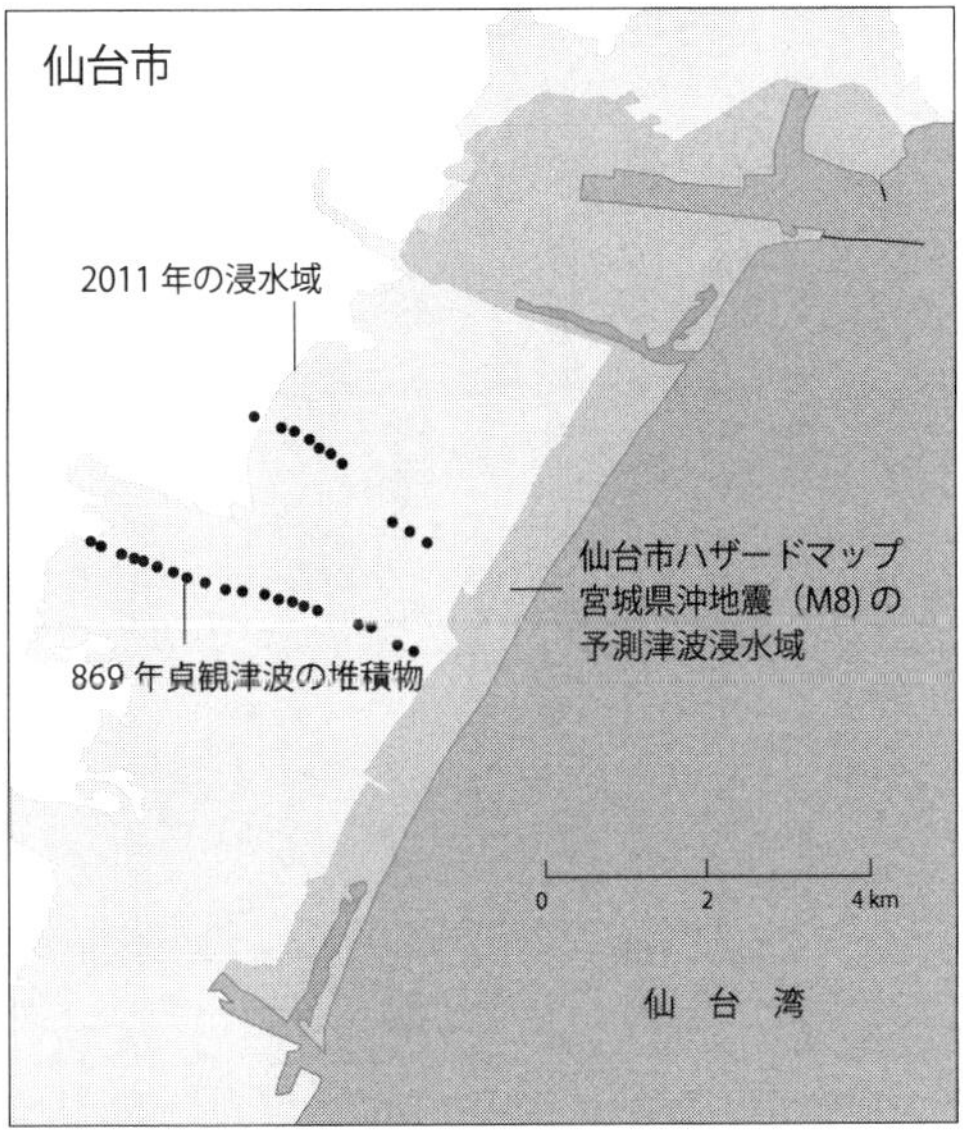

図 2-7　仙台平野における 2011 年津波の浸水域と，仙台市のハザードマップによる予想浸水域（中央防災会議，2011 および澤井ほか，2007 に基づく）
古地震調査により貞観地震の津波堆積物が確認された個所の分布を黒丸で示す．

積物から推定された八六九年貞観津波の浸水域とよく似ていたのである（図2‐7）。

4――東北地方太平洋沖地震のモデル

津波波形データの解析から、東北地方太平洋沖地震の津波を発生したすべり分布が明らかになった。沈み込む太平洋プレートと陸側のプレートの境界面に断層を仮定し、図2‐1に示したような津波波形の解析から、断層面上のすべり量の分布を推定することができる（図2‐6）。図をみると、四m以上のすべりは長さ四〇〇km、幅二〇〇kmにも及んでいる。すべりは震源の東側の海溝軸近くで最も大きく、三〇m以上にも及んだ。一方、震源を含むプレート境界のやや深部でも一〇m以上すべった。第1章でも述べたように、地震波形の解析や陸上のGPSデータの解析からも同様なすべり分布が得られている。海底におけるさまざまな観測データから、すべり量は最大で五〇m近くあったという結果も報告されている。

津波地震タイプと貞観地震タイプの連動

東北地方太平洋沖地震のすべり分布を、前節でみた過去の津波を起こした断層モデルと比較してみよう。海溝軸付近の大きなすべりは、明治三陸地震の断層モデルとよく似ている。明治三陸地震の断層モデルを日本海溝に沿って南へのばすと、今回の地震の海溝軸付近のすべりを説明することができる。一方、プレート境界深部でのすべりは、貞観地震の断層モデルと位置が似ている。すなわち、二〇一一年東北地方太平洋沖地震は、一八九六年明治三陸地震と同様な津波地震タイプと、八六九年貞観地震タイプの地震が同時に発生し、連動することによって規模が大きくなったと考えられる（Fujii *et al.*, 2011）。

図2–8は東北地方から日本海溝にかけての模式断面図である。沈み込む太平洋プレートに沿って、海溝付近がすべるのが津波地震タイプ、より深いプレート境界がすべるのが貞観地震タイプである。プレート境界面が逆断層運動によってすべると、断層の直上の海底は隆起し、その陸側では沈降する。

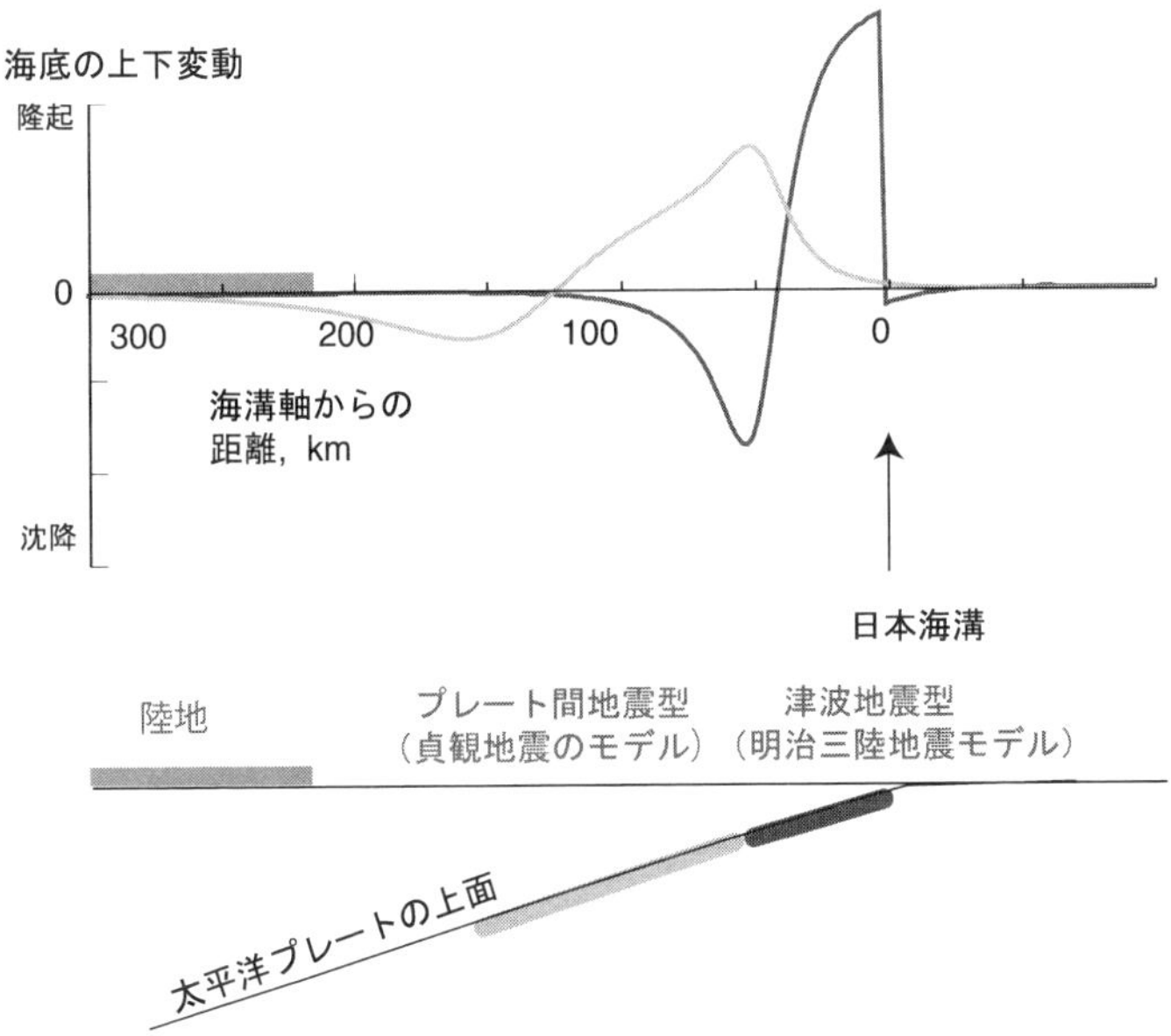

図 2-8　東北地方から日本海溝にかけての模式断面図（佐竹ほか，2011）
上は計算された海底変動を，下はプレート境界と断層運動の位置を示す．

津波地震タイプの場合、断層は海溝軸付近に位置して幅が狭いことから、海溝軸付近のみが大きく隆起する。これが、明治三陸津波や東北地方太平洋沖地震の際に三陸を襲った大きな津波の原因である。一方、貞観地震タイプの場合、プレート境界の深部により幅の広い断層があるため、隆起域が大きく広がる。このため、津波は波長が長く、周期も長くなる。

図2−1で紹介した津波第一波（水面がゆっくりと上昇する）は、貞観地震タイプの断層運動によるもので、その後に観測された津波第二波（急激な水面の上昇）は、津波地震タイプによるものであると考えられる。貞観地震タイプの津波は周期が長いため、仙台

平野でより遠くまで浸水するが、津波地震タイプだと周期が短いため、海岸付近では津波が大きいものの、平野に浸水することはない。

以上では、プレート境界深部の地震を貞観地震タイプと呼んできたが、八六九年の貞観地震の際に、海溝軸付近が大きくすべったかどうかは現時点では不明である。すなわち、貞観地震が東北地方太平洋沖地震と同様に津波地震タイプと連動したかどうかはわかっていない。津波シミュレーションによると、仙台平野における津波堆積物の分布は、津波地震タイプと貞観地震タイプの連動でも、貞観地震タイプのみでも説明できる。貞観地震の際に、海溝軸付近が大きくすべったかどうかを調べるには、三陸海岸で津波堆積物調査などを実施する必要がある。

大地震の長期評価

政府の地震調査研究推進本部は、平成一四年（二〇〇二年）までに、三陸沖から房総沖にかけての大地震の長期評価を発表していた（地震調査委員会、二〇〇二）。これは、過去に発生した大地震の履歴に基づいて将来の地震を予測したものである。

まず、主に江戸時代後半以後の歴史文書などから、大地震の起きた場所と規模を推定した。宮城県沖では、一七九三年以降、M七～八の地震が六回発生しており、平均発生間隔は三七年であった。また、三陸沖の日本海溝付近では一六一一年と一八九六年に、房総沖の日本海溝付近では一六七七年に

M八クラスの津波地震が発生していることが知られていた。これらのデータに基づき、各地域における大地震の発生間隔を推定した。

宮城県沖のように地震の繰り返しがわかっているところでは、固有の地震がほぼ一定の間隔で発生する（更新過程）という仮定に基づいて、今後一定期間に次の地震が発生する確率を計算できる。津波地震のように、繰り返し間隔が不明の場合は、地震はランダムに発生する（ポアソン過程）という仮定に基づいて、やはり今後一定期間内の発生確率を計算できる。このようにして推定された今後三〇年間の大地震の発生確率は、宮城県沖地震については九九％、津波地震については二〇％とされていた。また、それらの規模は、宮城県沖地震についてはM七・五〜八、津波地震についてはM八・二とされていた。日本付近ではこれまでM九クラスの地震の発生は知られていなかったことから、M九クラスの巨大地震や異なるタイプの大地震の連動は想定されていなかったのである。

スーパーサイクルモデル

では、これまでの長期予測の基礎となった大地震の繰り返しのモデルは間違っていたのだろうか？たとえば宮城県沖でM七クラスの地震が約三七年間隔で繰り返していたのはまったくの偶然なのだろうか？

この疑問に答える一つの仮説は、スーパーサイクルモデル（図2-9）である（佐竹、二〇一一）。

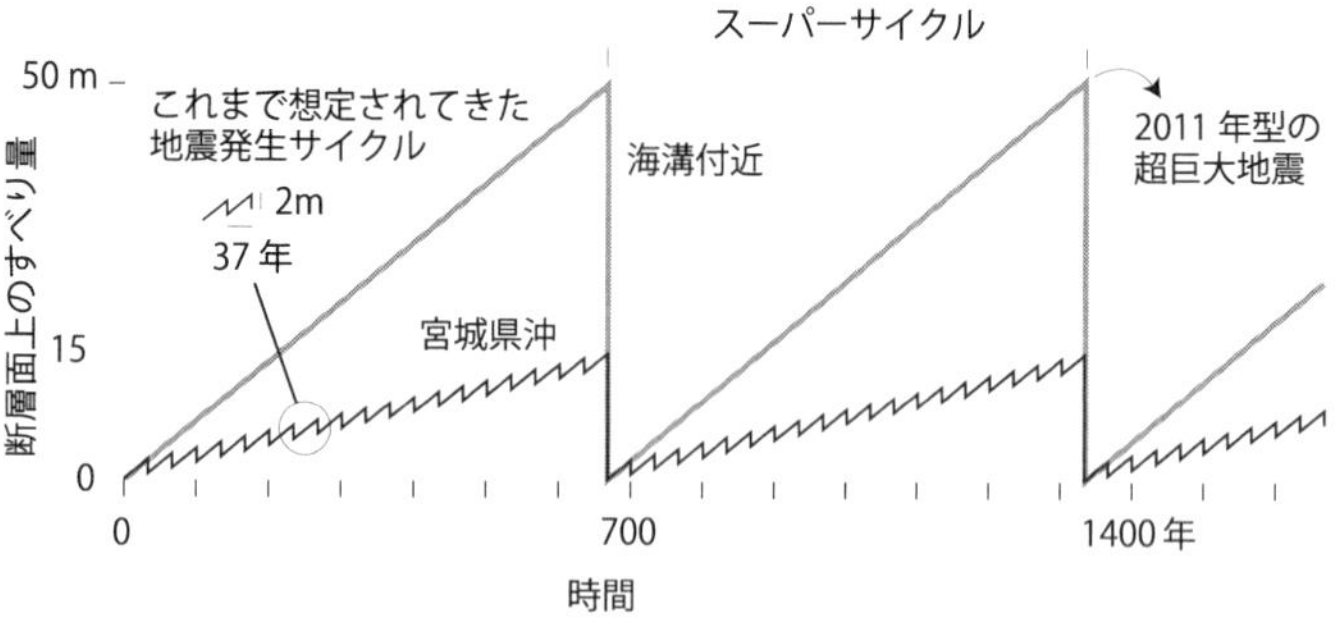

図 2-9　日本海溝における地震発生のスーパーサイクルモデル（佐竹，2011）

これまでの宮城県沖地震はおよそM七・五で、一回の地震によるすべり量は最大二m程度である。平均発生間隔が三七年なので、一〇〇年間にはほぼ三回発生し、すべり量の合計は約六mになる。一方、太平洋プレートは年間およそ八cmの速度で沈み込んでいるため、一〇〇年間には八m分の歪みを蓄積している。これまでは、この差（一〇〇年で二m程度）は、地震を起こさずに沈み込んでいる分である、と解釈されてきた。しかし、そうではなく、一〇〇年に三回程度の地震サイクルでは開放されていない歪みが少しずつ蓄積していたとすると、七〇〇年間では一五m程度のすべりが蓄積することになる。これが一気に開放されることによって二〇一一年のような巨大地震が発生すると考えることができる。すなわち、これまで考えられてきた地震サイクルの上に、スーパーサイクルが存在するというモデルである。

仙台平野などの津波堆積物の調査結果によれば、貞観地震タイプの繰り返し間隔は五〇〇〜八〇〇年程度とされている（地震調査委員会、二〇一〇）。貞観地震が発生した八六九年から二〇一一年までは約一一〇〇年あるが、この間に貞観地震と似たタイプの地震が発生したらしいことも、最近の津波堆積物調査からわかってきた。

一方、宮城県沖地震の東側の海溝軸付近ではこれまで津波地震が発生したことは知られていなかった。そのため、海溝軸付近では歪みの蓄積はないと考えられてきたが、もし七〇〇年間歪みをため続けてきたとすれば、五〇mという大きなすべりを説明することができる。

5—原子力発電所と津波

東京電力福島第一原子力発電所は、強い地震の揺れならびに高さ約一五mの津波によって全電源を失い、原子炉の冷却が不能となり、炉心溶融、水素爆発、そして放射性物質の放出という大事故をもたらした。福島第一原発では、施設の設計の際に想定する最大の津波高さ（設計津波高さと呼ぶ）を六・一mとし、主要施設を海抜一〇mに設置していた。先に述べた政府の長期予測に基づき、二〇世紀に福島県沖で発生した一九三八年の地震（M七・四）と同程度の地震を想定して、津波の高さを計算したのである。

一方、政府の長期予測では、明治三陸地震のような津波地震が日本海溝沿いのどこでも発生する可能性があるとしていたが、福島県沖では過去に津波地震が発生したことは知られていなかった。東京電力は、明治三陸地震のような津波地震が福島県沖で発生した場合、福島第一原発における津波高さが最大一五mになると試算していたにもかかわらず、その可能性自体は低いと考えていた。東京電力はまた、先に述べた貞観地震モデルによる福島第一原発における津波の高さは九m程度になることも試算していたが、これはあくまでモデルであるとして、福島第一原発の防災対策には生かされていなかった(東京電力、二〇一二)。

福島第一原発の事故は、原子力発電所において、ひとたび事故が発生するととりかえしのつかない事態になることを示した。地震や津波に対しては、発生頻度の低い地震や津波を想定する必要があるとともに、想定を超えた地震や津波が発生しても、大きな事故にいたらないようにする多重防護の備えをより一層強化することが重要であることを示している。

6——世界のM九地震

日本の巨大地震

日本ではこれまでM九の巨大地震の発生は知られていなかったが、近年の津波堆積物などの調査・研究から、過去にそのレベルの巨大地震が発生したことがわかってきた。仙台平野の津波堆積物と貞観地震についてはすでに述べたが、これ以外にも、北海道や本州・四国の太平洋岸などでも古地震学的な調査が行われている。

北海道東部では海岸付近の湿原などで津波堆積物が発見されており、これは千島海溝沿いの巨大な地震（M八〜九程度）によるものとされている。その発生間隔は約五〇〇年で、最近では一七世紀に発生したことがわかっている（Nanayama *et al.*, 2003）。

西南日本の南海トラフでは、歴史記録からは九〇〜一五〇年程度の間隔で大地震（M八クラス）が繰り返し発生してきたことが知られている（第7章参照）。沿岸の湖沼などにおける津波堆積物調査から、津波堆積物を残すほど巨大な地震は三〇〇〜五〇〇年に一回程度発生したことがわかってきた。すなわち地震サイクルの二、三回に一回は、津波堆積物を残すほど、より大規模な地震であったようだ。現在から二〇〇〇年前には、さらに規模の大きな津波が発生したという調査報告もある。

海外の巨大地震

目を外国に向けてみよう（図2-10）。二〇世紀以降、M九クラスの超巨大地震は、一九五二年にロシアのカムチャツカ（M九・〇）で、一九六〇年にチリ南部（M九・五）で、一九六四年にアラスカ（M九・二）で発生した。これらの記録から、M九クラスの地震は環太平洋でしか発生しないと考えられていた。ところが、二〇〇四年にはインド洋のスマトラ〜アンダマン諸島でM九・一の超巨大地震が発生し、インド洋に大津波をもたらし、死者二三万人という史上最悪の津波災害となった。スマ

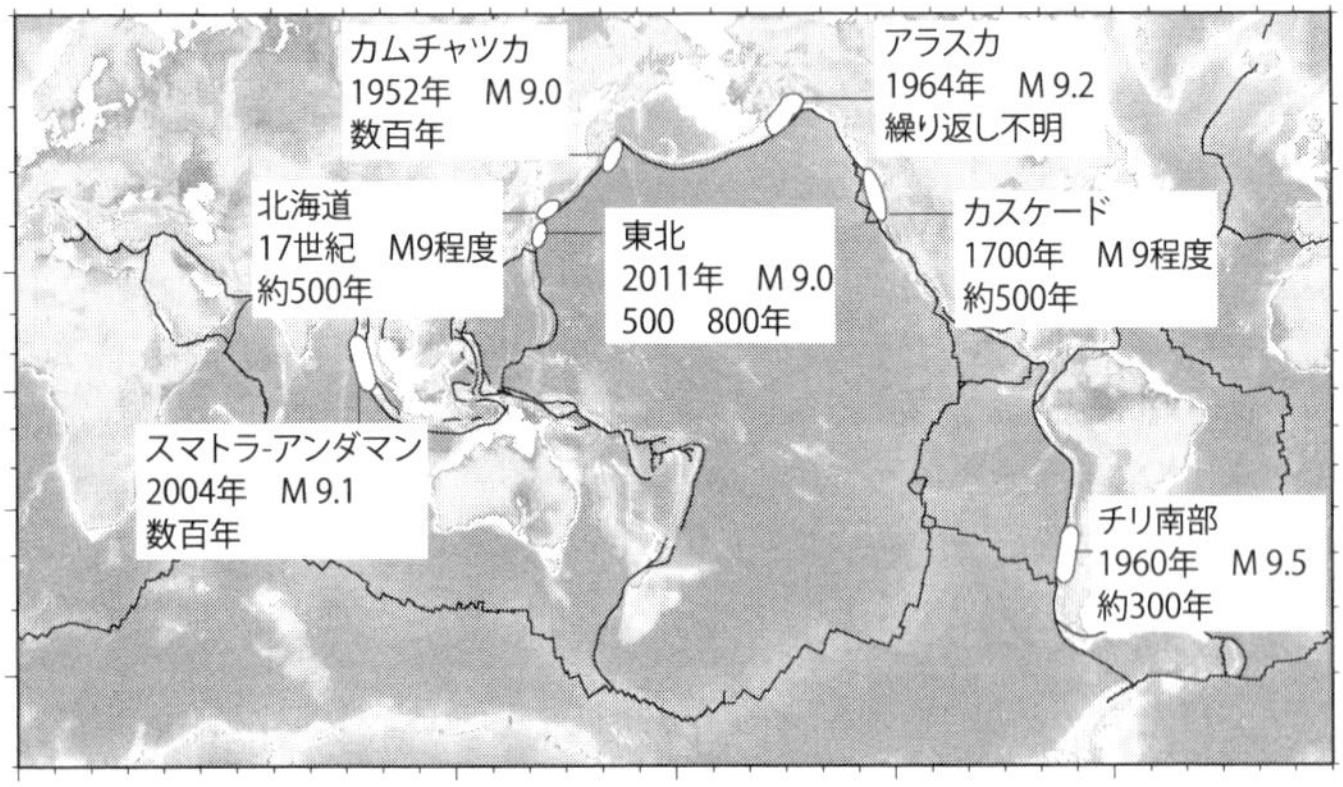

図 2-10　世界で発生したＭ９クラスの超巨大地震
最新の発生年，マグニチュード，繰り返し間隔を示す．

トラ〜アンダマン諸島では、それまではM七クラスの大地震しか記録に残っておらず、二〇〇四年の地震は「想定外」であった。

南米のチリ南部では、歴史記録から一九六〇年の地震以前にも一八三七年、一七三七年、一五七五年と約一三〇年間隔で大地震が繰り返したことが知られている。最近の津波堆積物の調査によれば、このうち津波堆積物を残すほど巨大な規模だったのは、一九六〇年と一五七五年のみで、このクラスの巨大地震はそれ以前も含めておよそ三〇〇年間隔で発生してきたとされている（Cisternas *et al.*, 2005）。そうだとすると、一九六〇年の地震は、一七三七年や一八三七年の地震に比べて「想定外」に大きかったことになる。

北米のカスケードでは、歴史記録が一八五〇年以降の約一五〇年分しか残されていないため、津波堆積物などの地質学的な調査が行われてきた。海岸付近の地層を調べると、過去の地震によって海岸が沈降したり、海の砂が津波によって運ばれたりしたことがわかるのである。その結果、約五〇〇年間隔で巨大地震が発生してきたと推定されている。最新のものについては、地質調査（放射性炭素年代測定）からは約三〇〇年前とされていたが、この地震による津波が太平洋を越えて日本に被害をもたらしたことが日本に残された歴史記録からわかり、地震の発生は一七〇〇年一月二六日であったと特定することができた（Satake *et al.*, 1996）。米国北西部やカナダ南西部の太平洋岸では、このような古地震調査に基づいて過去の地震像が明らかになり、さらに将来の津波への防災対策もとられている。

このように見てくると、M九クラスの地震は発生するたびに「想定外」とされてきたようである。その理由は、M九クラスの超巨大地震の発生間隔が長いことにある。地震の規模を正確に決めることができる地震計データは過去一〇〇年程度しかなく、それ以前の地震を調べるには歴史記録に頼るしかないが、日本のように過去一〇〇〇年以上の歴史記録が残っているところは世界中でも珍しい。世界各地で津波堆積物などの古地震調査が行われてきた結果、超巨大地震はいずれの地域でも数百年間隔で発生することがわかってきた（Satake and Atwater, 2007）。特定の地域のみをみれば超巨大地震は数百年に一度しか発生しないが、世界全体をみると一〇〇年間に数回は発生している。したがって、M九クラスの超巨大地震について、その詳細を解明するためには、日本のみでなく世界各地の大地震を調べることが必要である。

7――まとめ――低頻度の津波に備える

東北地方太平洋沖地震は、これまで日本で記録されたことのなかったM九クラスの超巨大地震であった。地震の直後に津波が発生し、津波が速度を下げると同時に高さを増しながら海岸へ近づいてきた様子が、ケーブル式津波計やGPS波浪計によって記録されていた。また、多くの海底・陸上での観測データから、海溝付近で大きなすべりが発生したことが明らかになった。

気象庁は地震発生の三分後に津波警報を発表し、これによって多くの人が高台などへ避難して助かった一方、津波警報第一報が地震と津波の大きさを過小評価していたことから、避難しなかったり、標高の低い避難所へ避難したために命を落とした人が多数いた。気象庁は津波警報の改善を実施しているが、海辺で大きな揺れを感じたらすぐに高台へ逃げるという教育をすることも重要である。

三陸地方では約一〇〇年前に、仙台平野では約一〇〇〇年前に、東日本大震災と同規模の津波が発生していた。これらの過去の津波についての研究は進められていたが、繰り返し間隔や将来の発生予測まではいたっておらず、原子力発電所も含めた防災に生かされていなかった。また、仙台平野に津波があったという事実も、住民に十分には伝えられていなかった。

東日本大震災のような津波は、発生する頻度は低いが、ひとたび起きると、原子力発電所の事故も含めて、大きな影響を及ぼす。このような低頻度大規模災害については、その認知・評価・周知が重要である。

まず、津波堆積物などの古地震調査・研究を行い、各地における過去の地震・津波の発生履歴を調べる。津波シミュレーションなどと組み合わせることによって、過去に発生した地震の断層モデルや規模などを推定することができる。それぞれの地域では数百年に一度しか発生しない超巨大地震についてのデータを得るためには、日本のみならず世界中の地震を対象として調査・研究が重要である。このようにして認知された後には、それらのデータに基づいて将来の発生を予測することができる。

将来予測は、一般的には確率論的な評価になる。すなわち、今後三〇年あるいは一〇〇年などの一定の期間に発生する確率を計算する。確率の数字をどう取り扱うかは難しいが、たとえば日本全国で確率を計算したら、確率の高いところから防災対策を重点化するなどの措置が可能となる。そして、これらの知識を地域の住民や国民一般に周知する必要がある。発生の頻度や確率は低いこと、しかしいったん発生した場合には大きな被害がでる可能性があることを、住民に周知することが重要である。

第3章 津波の被害調査と津波防災
——被害の実態と今後の防災対策

佐藤愼司

1——津波の沿岸での増幅と遡上・氾濫

津波の高さ

津波は水深に比べて波長がきわめて長い長波なので、沿岸における変形も長波としての性質に依存することになる。沿岸における長波の波高は、地形の影響を受けて変化し、図3-1に示すように、湾の海域幅や水深を用いて、グリーンの法則と呼ばれる次式で予測することができる。

＊津波の増幅

$(Ec_g b)_0 = (Ec_g b)_1$　　$c_g = cn = \sqrt{gh}$

$\rightarrow \frac{1}{8}\rho g H_o^2 \cdot \sqrt{gh} \cdot b_0 = \frac{1}{8}\rho g H_1^2 \cdot \sqrt{gh \cdot b_0}$

$\rightarrow \frac{H_1}{H_o} = \left(\frac{b_1}{b_o}\right)^{-\frac{1}{2}} \left(\frac{h_1}{h_o}\right)^{-\frac{1}{4}}$（グリーンの法則）

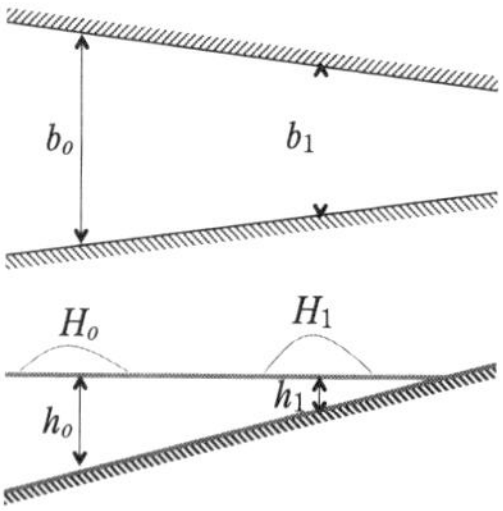

図 3-1　沿岸における津波高さの増幅

$$\frac{H_1}{H_0} = \left(\frac{b_1}{b_0}\right)^{-\frac{1}{2}} \left(\frac{h_1}{h_0}\right)^{-\frac{1}{4}}$$

ここで、添字の0と1は津波の伝播方向における二地点を表し、Hは波高、bは津波が湾内を進行する際の海域幅、hは水深である。

　グリーンの法則によると、津波の高さは、海域幅の平方根に反比例し、水深の四乗根に反比例する。すなわち、ほかの条件が同じであれば、海域の幅が四分の一になると津波の高さは二倍になり、また、水深が一六分の一になると津波の高さが二倍になる。湾の地形がV字形になっているところでは、津波が幅の狭い湾奥に侵入するほど、海域の幅が小さくなり、水深も浅くなるので、湾奥近くでは津波はきわめて高く増幅される。リアス式海岸などで入り組んだ地形の沿岸では津波が増幅されるのはこのためである。

　入り組んだ地形の湾奥部は、通常の波はそこまで到達しないため、穏やかで天然の良港として利用しやすい場所となる。このような場所は古来港町として栄えたため、「港」を表す「津」と呼ばれることが多い。津波は、このような場所でとくに大きな被害をもたらすため、「津波」

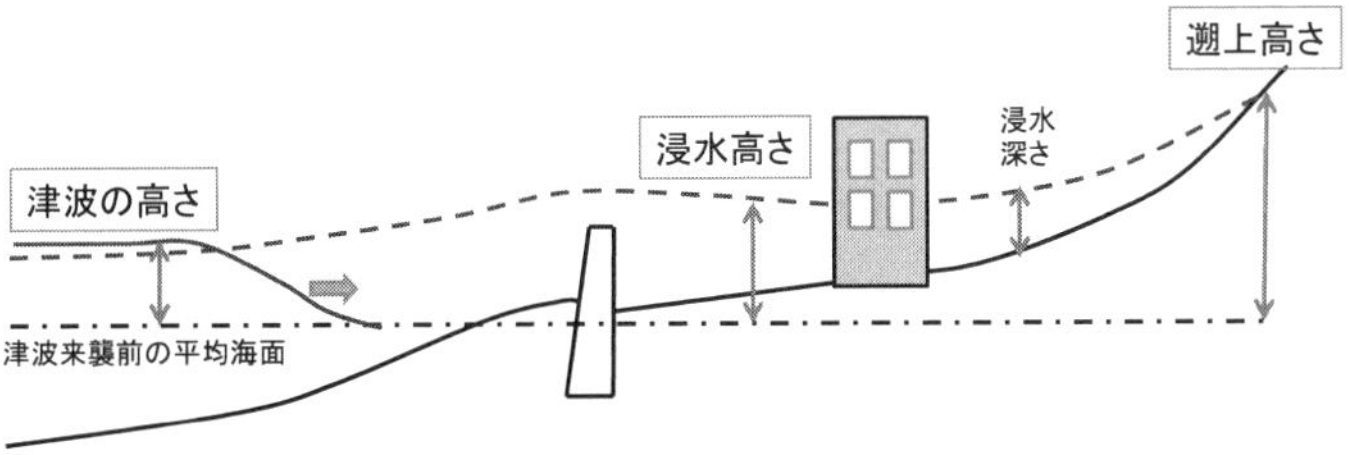

図 3-2　海岸における津波の高さ（気象庁の図をもとに修正，http://www.jma.go.jp/jma/kishou/know/faq/）

と呼ばれるようになり、その意味が長波としての津波の特性を正しく反映するものであるため、国際的にも「tsunami」が学術用語として用いられるようになっている。

「津波の高さ」については定義によってその値が大きく異なるので、注意が必要である（図3−2）。津波警報などで用いられる「沿岸の津波の高さ」とは、海岸線付近で津波によって海面が上昇するその高さのことである。これに対し、津波が堤防を乗り越えて図3−2の破線のように陸上に氾濫した場合には、建物や地盤上にさまざまな浸水痕跡を残すことになる。津波の調査では、現地における痕跡を精査したうえで、波しぶきなどの影響を受けておらず、その地点を代表し得ると判断された浸水痕跡に対して、その位置と基準面からの高さ（「浸水高さ」）、地盤面からの高さなどを計測する。津波痕跡の中で、最も陸地の奥に入った場所の痕跡は、浸水域境界を示すデータともなるので、とくに「遡上高さ」と呼ばれる。津波の被害を受けやすい谷あいの地形では、海岸線における「津波の高さ」に比べて、「遡上高さ」が大きくなる傾向があり、今回の東北地方太平洋沖地震による津波では、遡上高さの最高値は約四〇mにも達した。

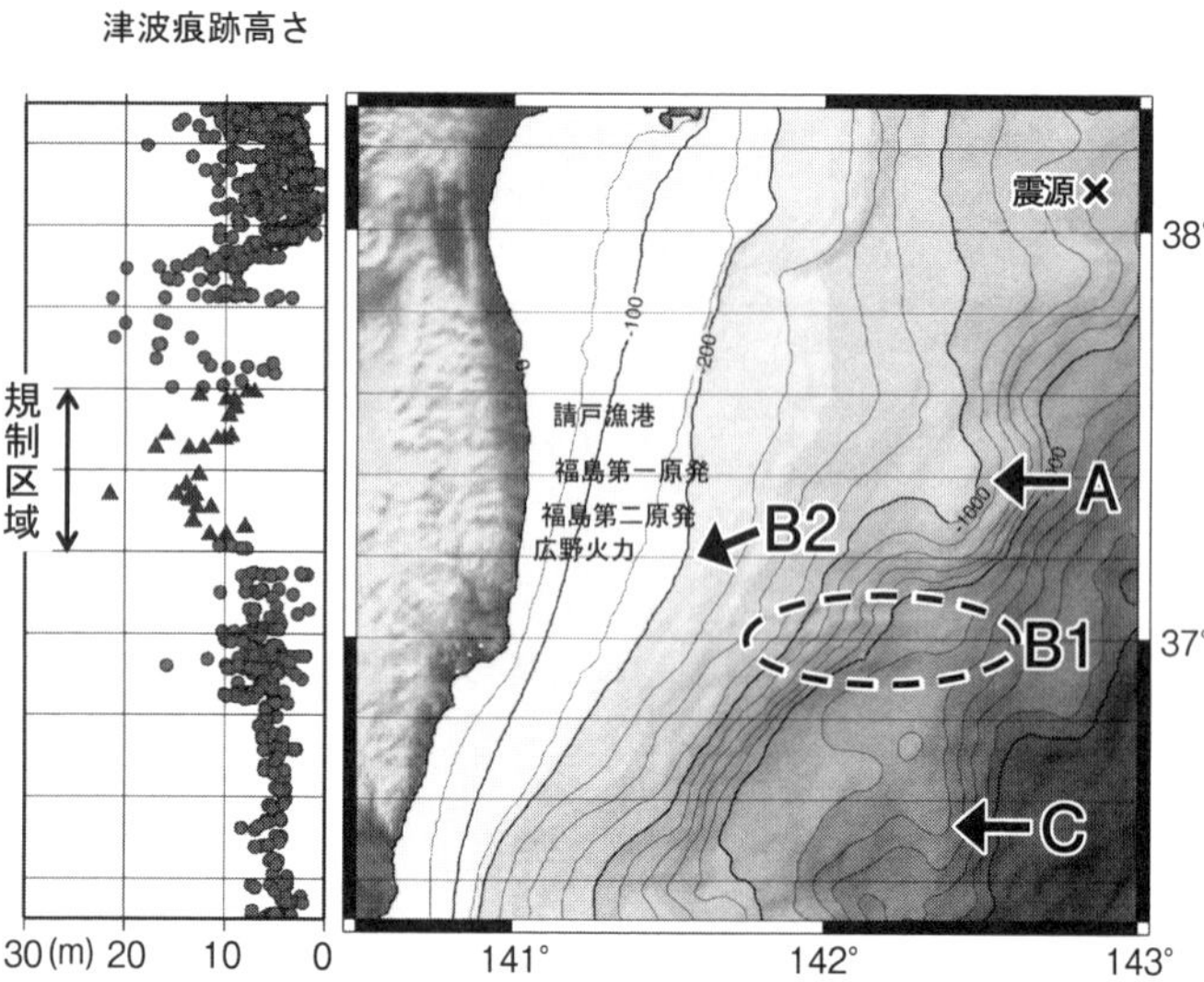

図 3-3　福島県沿岸の海底地形と海岸付近の津波痕跡高さ

津波の高さへの海底地形の影響

津波の高さが海底地形の影響を受けて変化することを示す事例として、福島県沿岸の津波の挙動について紹介する（佐藤ほか、二〇一二）。図3-3は、福島県沿岸の海底地形を、佐藤ほか（二〇一二）および東北地方太平洋沖地震津波合同調査グループ（二〇一一）による海岸付近の津波痕跡高さの計測値とともに示したものである。図中のA〜Cの記号は海底地形が海に向かって張り出している領域を示しており、これらの領域では、波の屈折で浅瀬の背後に波が集中する、いわゆるレンズ効果により波のエネルギーが集中し、津波の高さが増幅されることが予想される。今回の地震による津波の波源域では、海底地盤の変動が大きい領域は宮城県沖からその北部にかけて存在するため、福島県沿

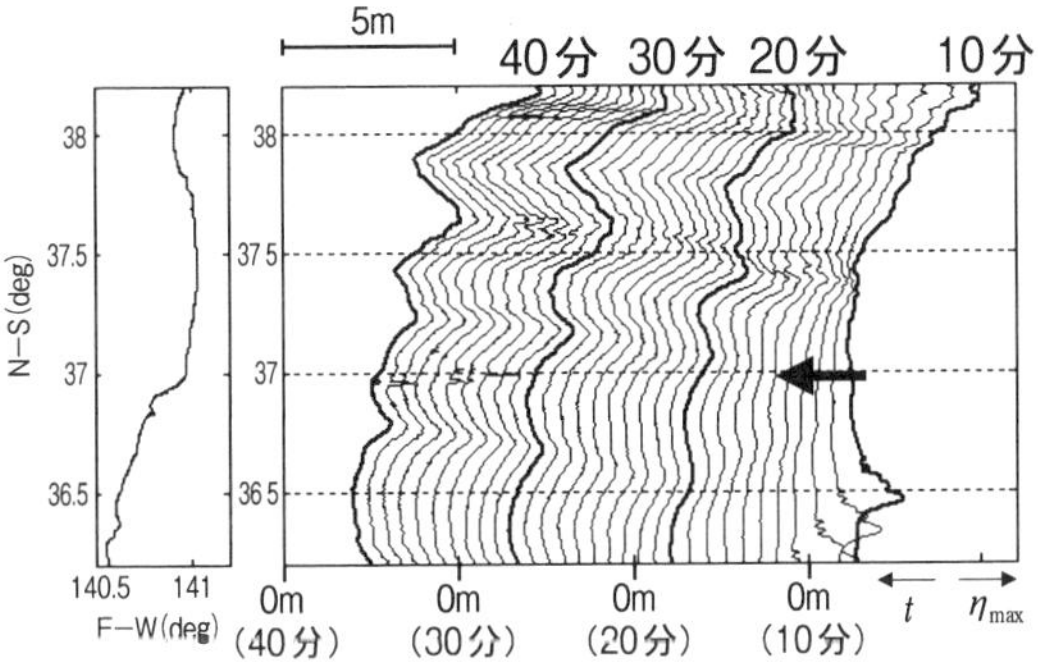

図3-4　福島県沿岸における津波高さの沿岸分布
数字は地震発生からの経過時間．海底地形の影響で津波エネルギーが集中する領域が3カ所出現する．これらはそれぞれ，福島県の南部，中部，北部に来襲する．

岸における津波の痕跡高さは、図3-3の左欄に示したように、南から北に向けて高くなる傾向があるが、その沿岸分布は単調でなく、南部や中央部付近でも局所的に高くなる地点が認められる。

図3-4は、福島県沿岸における今回の津波の数値計算結果を示したものである。図では地震後一〇～四〇分の時間帯において、緯線に沿う東西断面における最大波高の分布を示してある。最大波高の分布は右向きを正として描いてあるので、線が右側に張り出した部分で波高が高い。図3-3中のB1の位置と合わせみると、地震後一五分から二〇分にかけて、津波がB1付近を通過する際、波高が高くなることがわかる。矢印で示したB1付近で高さを増幅した津波は、その後海底地形の傾斜に垂直になるように北上していく。そして、さらに浅い海域でのB2による波高増幅と相乗しながら、福島県中部に到達することになる。図3-3中のAおよびCの位置にも等深線が張り出した海底地形がみられるが、これらの地形による波の収束効果は、それぞ

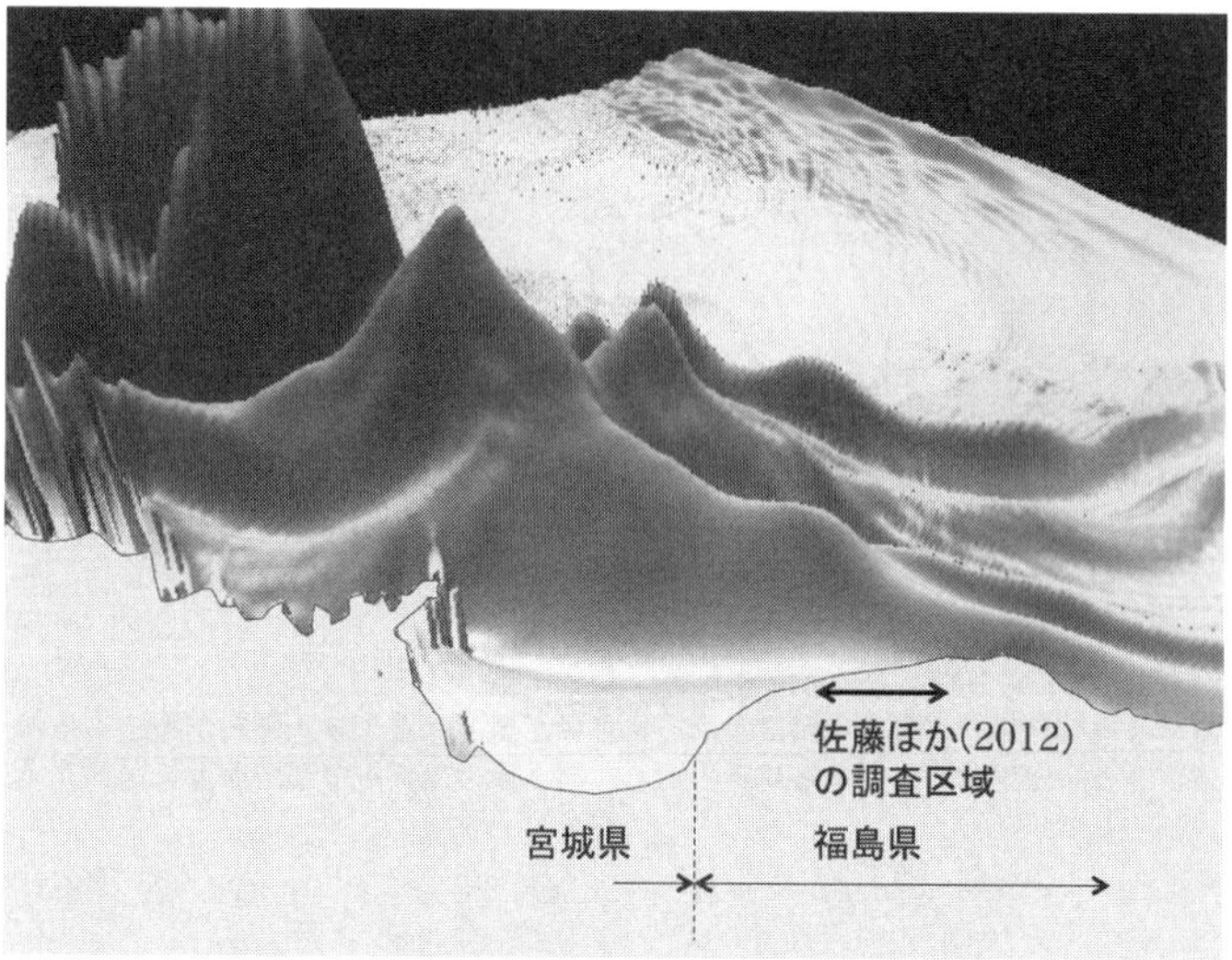

図 3-5　福島県沿岸に来襲する数値計算津波の鳥瞰図

れ相馬市近辺、いわき市近辺に影響していることが確かめられている。すなわち、水深一〇〇〇m程度の沖合地形が津波エネルギーの集中に影響しており、福島県沿岸では、南部、中部、北部のそれぞれで、とくにエネルギーの集中した津波が来襲することが確認された。

図3-5は、福島県南部に第一波が来襲する直前の時刻における数値計算による津波水位の鳥瞰図である。津波の波峰は、沿岸の等深線に平行になるように向きを変えるとともに、波峰の高さは波源域での初期波形の特性や沖合の海底地形の影響を受けて波峰線方向に複雑に変動しており、これが海岸での津波痕跡の高低をもたらす一つの要因となっている。海岸で氾濫する津波の高さは、後述するように、陸上地形の影響を受けてさらに複雑に変化する。

2——津波痕跡調査の重要性

東北地方太平洋沖地震の津波災害から抽出される課題や教訓は数多いが、津波の挙動と被害の実態を科学的に記録して、今後の津波対策に活用することが重要である。しかしながら津波の科学的な記録は、数カ所の潮位計や、近年導入が進んだGPS波浪計などによるものしかなく、地震の揺れの記録に比べてきわめて不足している。これを補完するものとしては、津波の痕跡調査が有効で、過去の津波災害においても、津波の全体像を把握し、津波の数値計算を検証するためのデータとして、効果的に活用されてきた。

津波の浸水痕跡は、被災直後の各種情報が混乱する状況の中で、津波来襲地域を効率的にカバーするように速やかに実施する必要がある。そのためには、個々には自発的な調査であるが、共通の調査手法と統一フォーマットでのデータ蓄積をベースとした上で、ウェブやメーリングリストによる情報共有が有効となる。二〇〇四年インド洋津波などでも、国際的な情報共有が、津波の俯瞰的な特性把握にきわめて有効に機能した。

今回の津波においては、津波発生の翌日に土木学会や地球惑星科学連合など複数の学会が合同で情報を共有する場が設けられ、統一的な情報共有のもとで効率的な調査が実施されることとなった（東

図 3-6　津波痕跡調査の実施
岩手県釜石市箱崎白浜（2011 年 4 月 11 日撮影）.

北地方太平洋沖地震津波合同調査グループ、二〇一二）。津波の来襲範囲は、北海道から九州に及ぶきわめて広大な地域であったため、調査（予定）地の即時的な情報共有はとくに重要であった。震災直後の物流が混乱する状況の中で、余震や原発事故の情報に注意しつつ、被災者の救援活動の障害とならないことを最優先しながら、現地での計測チームから、調査許可申請・データやウェブの管理などを担当する後方支援チームまで、津波挙動と被害の全容解明という共通した目標のもとで自律的な調査が進められることとなった。

痕跡調査では、図3-6に示すように、陸上の構造物や地表面に残された津波浸水痕跡の位置と高さを計測する。計測には、オートレベル、レーザ距離計、トータルステーション、GPSなどが用いられる。高さの基準面

図 3-7　福島県富岡町下小浜海岸海食崖上のレストランにおける津波痕跡（2012年 2 月 7 日撮影）
最も海側の岩が倒壊したローソク岩.

としては、図3-2に一点鎖線で示したように、津波が来襲しなかった場合の平均潮位を取るものとされており、調査地点周辺の潮位計の記録などから津波の水位が最高となった時刻における仮想的な潮位を推定し、これを高さの基準面とする。現地調査において津波来襲時の潮位を推定することは困難である上、同一地域を複数のチームが調査している場合に潮位基準面が異なると混乱するため、合同調査グループの公開データでは、津波シミュレーションに基づく統一的な潮位推定値が用いられている（Mori *et al.*, 2011）。

原子力発電所事故の影響で、福島第一発電所から半径二〇kmの領域は立ち入りが規制されたため、津波痕跡調査は、同規制区域を除く地域で網羅的に実施され、調査結果は速やかにウェブで公開された。立ち入り規制区域についても、二〇一一年末から公益目的の立ち入りが許可される枠組が整えられたため、二〇一二年二月に痕跡調査が実施された（佐藤ほか、二〇一二）。

図3-7は、立ち入り規制区域である福島県富岡町における津波痕跡計測地点の一例である。立ち入り規制区域の沿岸における海底地形は、先述のように沖合の海底地形に海に向かって張り出している部分でレンズ効果

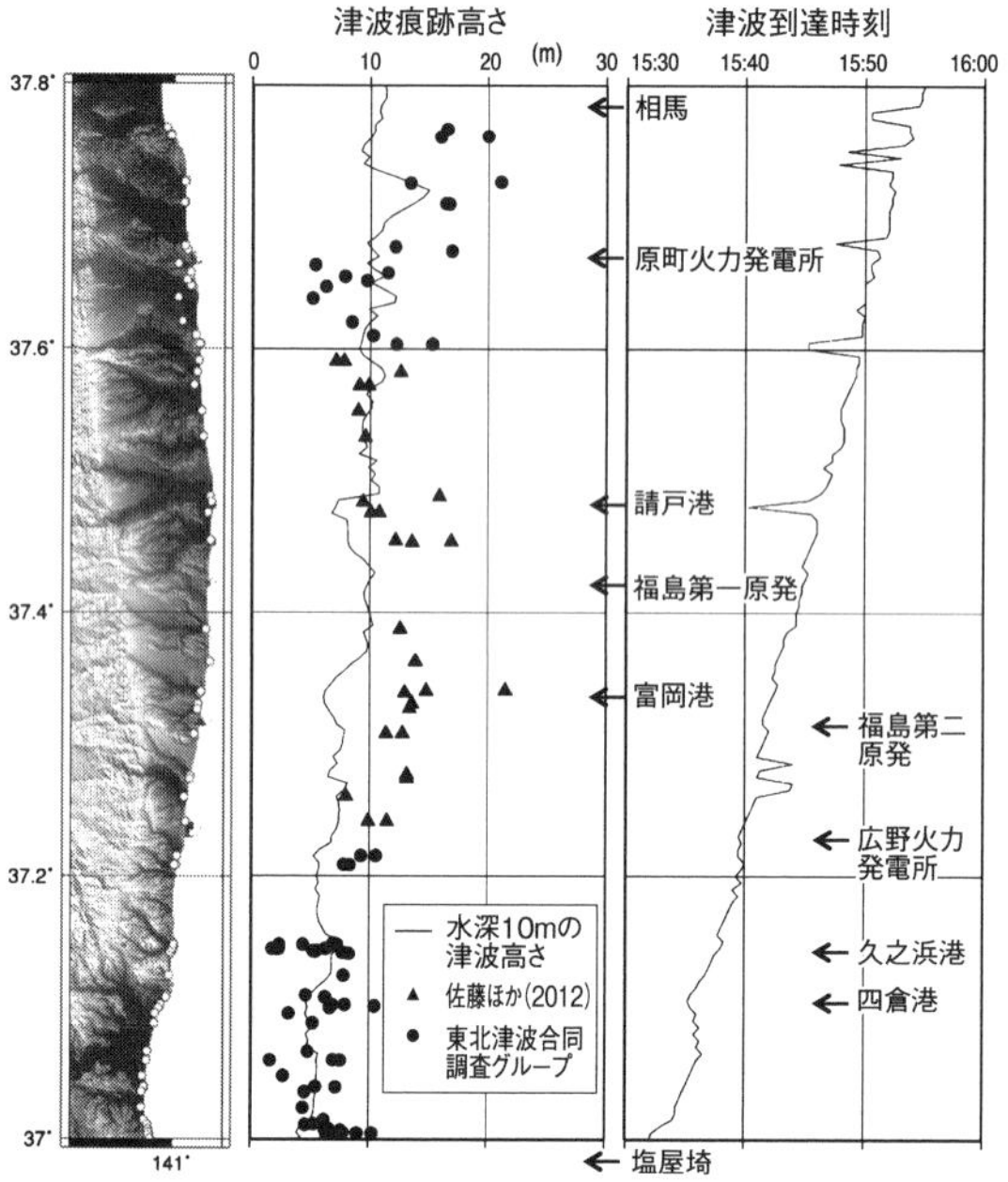

図3-8　福島県沿岸における海岸地形，津波痕跡高さ，水深 10 m 地点における数値計算による津波高さ，津波第 1 波の到達時刻

により波が集中するため、沿岸部でも津波エネルギーが集中する地域が認められる。福島県中部では、図3-7に示した富岡町の例のように、海岸地形として海食崖が連続する地域があり、このような場所では、崖面で津波が反射され、これが沖から来襲する津波と重なるため、波高がさらに高くなるものと推察される。一方、海岸地形が平野の低平地となっている地域では、津波はその高さを減じながら陸地奥深くまで遡上していくので、海岸部における津波の高さは、それほど高くはならない。

図3-8は、福島県中部の海岸地形と津波痕跡高さ、および数値計算で求めた水深一〇m地点の最大水位

の沿岸分布を示したものである。中央の図を見ると、実線で示した最大水位は調査区域の南部で五m、北部で一〇m程度であり、北へいくほど高くなるが、局所的な増減を繰り返していることがわかる。また、記号で示した津波痕跡の高さは、南部で約一〇m、北部で二〇m程度であり、一〇m水深地点の最大水位とほぼ同程度であるが、海岸が海食崖となっている地域では痕跡の高さが高いことが確認できる。たとえば、中部の広野から請戸までの領域（北緯三七・二度から三七・五度）や、北部の原町から相馬にかけての領域（北緯三七・七度付近）である。すなわち、津波痕跡高さは海底地形に加えて海岸や陸上の地形によっても、さらに変動していることが確認できる。

高い津波痕跡が計測された図3-7に示した地点では、沖合海底地形により津波が集中した上、海岸が高さ二〇m弱の海食崖地形となっているため、海岸における津波の高さはきわめて高くなり、痕跡の高さは標高二一・一mに達した。海食崖の前には「ローソク岩」と呼ばれる柱状の岩が立っていたが、津波来襲前の地震動により根元部のみ残して倒壊したことが、住民の証言で確認されている。

なお、図3-8右欄には、数値計算で求めた一〇m水深地点における最大水位の発生時刻を示しているが、最大波の到達時刻は塩屋埼付近が一番早く、地震発生から約四五分後である。北へ向けてほぼ単調に遅くなり、相馬では約六五分後となる。潮位計の記録では、小名浜（塩屋埼より六km南）で一五時三九分に三・三m、相馬で一五時五一分に九・三m以上の津波が観測されており、計算結果はこれらと整合していることが確認されている。

3—防護構造物の機能と限界

津波の高さは地震の規模や特性によっても、海底や海岸の地形によっても、大きく変動するため、その対策は、構造物によるハード対策と、警報・早期避難などによるいわゆるソフト対策を組み合わせて、総合的に進められてきた。ある高さの津波を設計対象津波とし、その高さまでの津波に対しては海岸堤防などの構造物で防護し、それを超える規模の津波に対しては、予警報に基づく早期避難により被害の最小化を図る、というものである。

東北地方太平洋沖地震の津波の規模は、場所によっては構造物の設計条件をはるかに上回るものであったため、全壊・流出した施設も多く、構造物による防護の限界を指摘する声も多い。今後の施設の復旧と地域の復興に向けて、今回の津波において施設が果たした役割については詳細な分析が必要であるが、ここでは主として筆者らがこれまでに実施した調査に基づいて、構造物防護の効用と限界について議論することとする。

千葉県九十九里浜の例

千葉県九十九里浜から福島県いわき市にかけての二〇〇kmを超える延長の海岸では、来襲した津波の海岸線での高さと、主として高波を対象に設計された海岸堤防の高さがほぼ同程度であったため、多くの海岸で浸水被害を軽減することができた（下園ほか、二〇一一）。

千葉県九十九里浜においては、後浜に土堤（天端高さ標高六・二m）が設置されている地域がある。津波は海浜に設置されている標高四mの堤防を乗り越えて、一部が土堤も乗り越え、陸側の松林の柵が一部倒れるなどの被害が生じたが、被害は軽微であった。海岸堤防と土堤が二重の防御となっており、高さが十分な土堤が海水の侵入を軽減した例と考えられる。

人工的な土堤だけでなく、自然に形成された後浜部分の砂丘は津波を防護する効果があることが、千葉県九十九里浜から茨城県波崎海岸にいたる広い範囲で確認された。その一方で、後浜の砂丘列が切れている河口や海浜への進入路付近では、津波の集中的な侵入がみられた。

九十九里浜の木戸川河口周辺の浸水被害は、河口から津波が侵入した典型的な例の一つである。木戸川河口部は沼地が点在する低湿地帯であり、河道と沼地を分離する形で河川堤防が築かれている。この後背低地は五mを越える砂丘によって浜から隔てられているが、木戸川を始めとする河川によってほぼ直角に砂丘が寸断されている。河道から侵入した津波は、河川堤防を破壊しながら両側に広がる低地に氾濫するとともに、河川堤防を越流する形で海岸に平行に走る道路に沿って氾濫し、道路沿いの民家等を中心に床上浸水被害をもたらした。河口部に到達した津波の高さは、海岸での津波痕跡の計測結果から五〜六mと推定される。また、河道以外にも砂丘が津波高さより低いところがみられ、そのような個所からも津波は砂丘を越流する形で後背地に侵入した。

これに対し、九十九里浜の新堀川河口部には、水門が設置されているため、浸水被害が小さく抑えられた。河口部の水門は、内水氾濫を防ぐ目的で設置された排水機場の一部である。河口部に来襲した津波の高さは海岸部での痕跡から五~六mであり、木戸川の場合とほぼ同規模であった。水門の天端は、最大津波痕跡高よりも一m程度低かったため、津波は下ろされていたゲートを越流したが、河道周辺の浸水深は小さく、近隣家屋の被害の多くは床下浸水にとどまった。

九十九里浜におけるこれらの事例は、後浜に形成される十分な高さの自然地形が海岸堤防と合わせて防護機能を果たすこと、および、中小河川の河口部では、海岸堤防に比べて相対的に強度が弱い河川堤防が破壊され、浸水被害が拡大すること、さらに、河口部の水門は、越流を許容する場合でも浸水被害の軽減に効果があること、などを示す貴重な事例である。

福島県いわき市の例

茨城県北部から福島県いわき市にかけては、風波を対象として設定された設計波高が高くなるため、海岸堤防の天端高さも標高五~六m程度と高く設定されている。今回の津波の堤防付近における浸水高は五~九m程度であり、堤防を越流している区間が多くみられた。

福島県いわき市の勿来《なこそ》海岸では、河口部や堤防天端高の不連続部などで被災の程度に明瞭な差異が

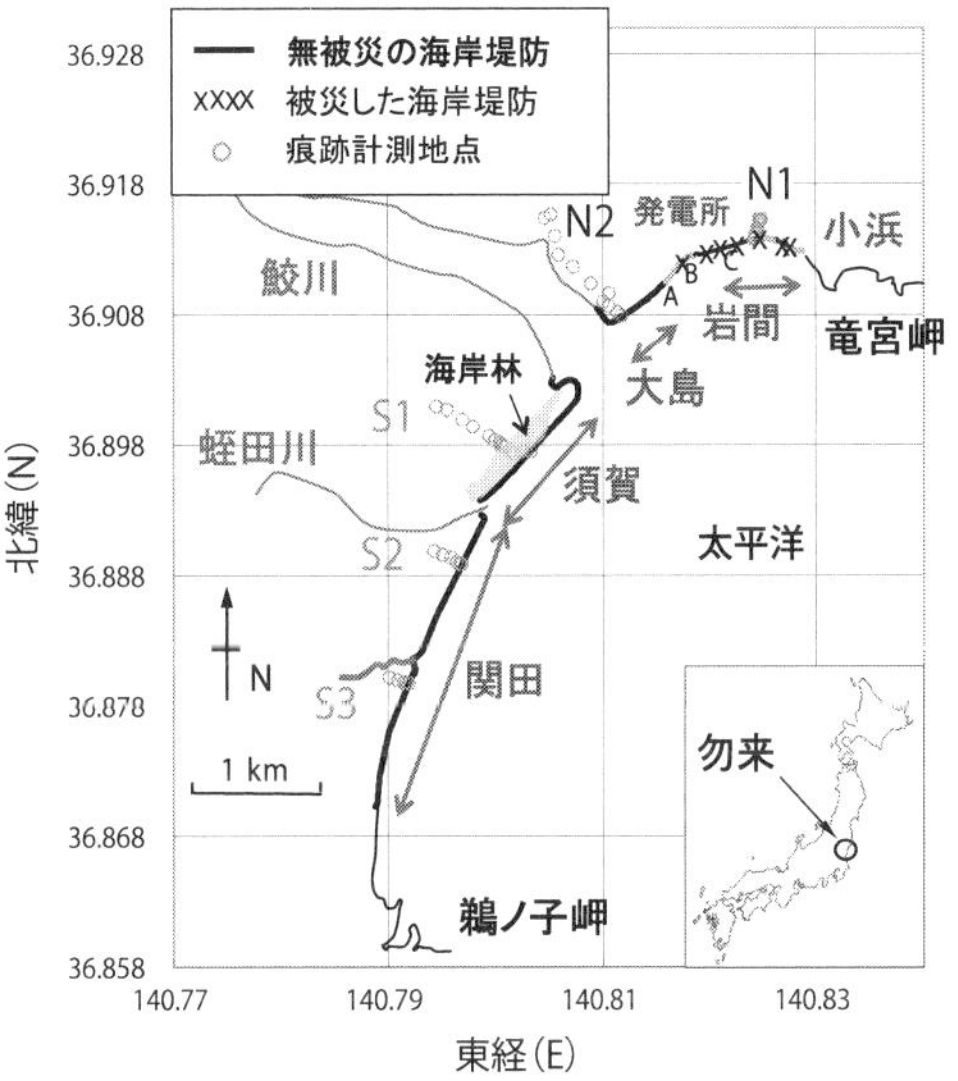

図 3-9　福島県いわき市勿来海岸における津波被害

みられたため、佐藤ほか（二〇一一）を参照しながらその特徴について紹介する。勿来海岸は図3-9に示すように全長約七kmのポケットビーチであり、来襲した津波の高さはほぼ標高七m程度であると考えられる。堤防の線形や天端高さに不連続な部分があり、これらによって被災の程度に明確な差がみられた。

図3-10は鮫川河口左岸の大島地区における海岸堤防背後の状況である。地盤高は標高約二mであり、天端高標高六mの海岸堤防が整備されている。堤防位置での津波の浸水高は標高七m程度であるので、約一mの深さで越流していることになる。海岸堤防裏法面に繁茂していた蔓植生が剥落していることから、越流した津波の流れの強さを確認できるが、背後の民家は玄関までしか浸水しておらず、玄関脇に駐車していた自動車も浸水を免れて

図 3-10　越流したものの浸水被害を軽減した海岸堤防
福島県勿来海岸大島地区.

いる。堤防の効果により、浸水量が大幅に軽減されたうえに、海岸部の標高が高い、いわゆる逆勾配地形であるために、越流水が陸地奥の標高の低い部分に急速に流れていったためであると考えられる。

勿来海岸では、河川堤防と海岸堤防の接続部などに被害が集中した。鮫川河口右岸では、海岸堤防（標高五・五m）が水門を介して河川堤防（標高五m程度）に接続している箇所で、河川堤防が破壊されて氾濫が広がった。河川堤防は表法側だけがコンクリートで被覆されており、水門取り付け部は天端高さが海岸堤防に比べて約一m低かった。津波は水門ゲートを越流するとともに、土堤である河川堤防の天端から裏法を洗掘し、海岸背後の低地の広域を浸水させた。

河川堤防からの津波の越流は、河川合流部でもみられた。鮫川の支川である渋川が鮫川と合

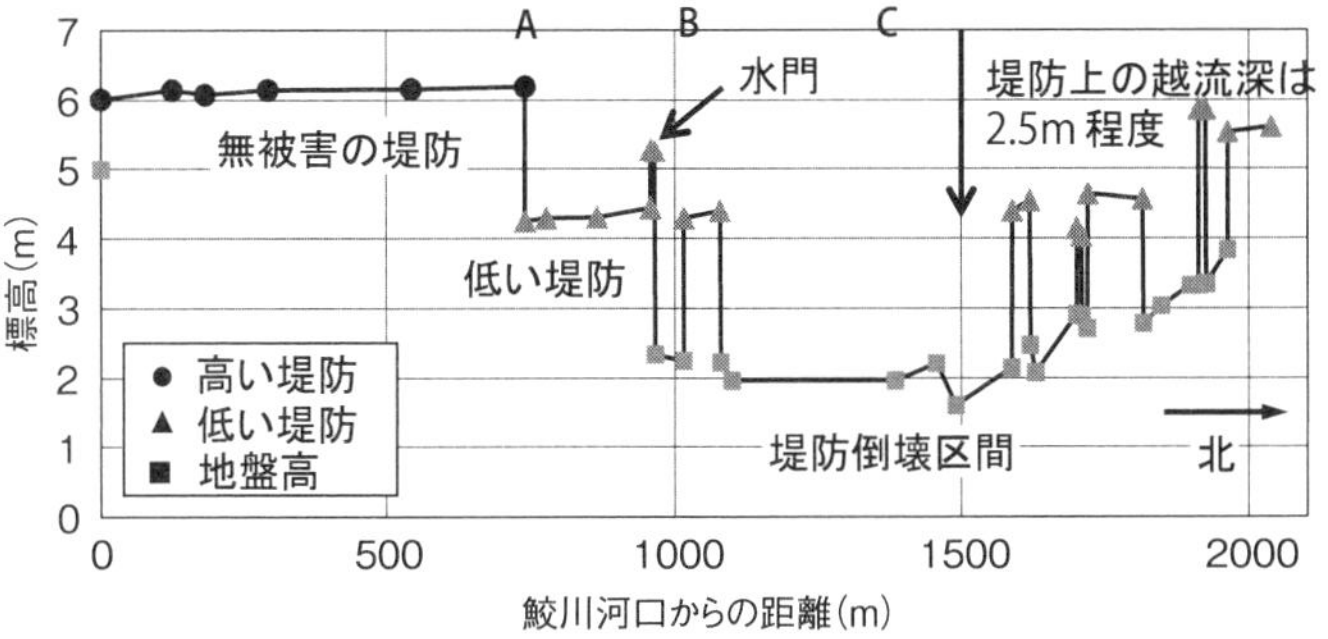

図3-11　勿来海岸北部における海岸堤防天端高さと堤防の破壊状況（佐藤ら，2011）

流する地点では、渋川では堤防大端高さが標高五mであり、鮫川の堤防天端高より約五〇cm低い。そのため河川を遡上した津波は、天端高の低い渋川区間で越流量が大きくなったものと推察された。

以上のように、福島県いわき市勿来海岸の南部地域では、堤防を一m程度越流する規模の津波に対して、海岸堤防と河川堤防の接続箇所や小河川との合流部などで集中的な浸水被害が生じた。俯瞰的な視点で構造的な弱点を補強する総合的な対策が重要であると思われる。

鮫川河口から北部の海岸では、堤防の損傷と倒壊が多くみられた。図3-11は鮫川河口部から北側約二kmの区間の海岸堤防の天端高さの分布を示したものである。倒壊区間では地盤高をプロットしてある。河口から北へ約七〇〇mのA地点までは、天端高標高六mの高い堤防が整備されているが、それより北部では天端高さが不連続に低くなり、標高四・一m～五m程度となる。高さが低い区間の堤防は、ほとんどの区間で倒壊していることがわかる。図3-12は堤防がほとんど倒壊した岩間地区

図 3-12　いわき市勿来岩間地区における海岸堤防の倒壊

の堤防の状況を示したものである。
津波の浸水高が標高七m程度であることを考慮すると、堤防が倒壊しなかった大島地区では、堤防上の津波の越流水深は一m程度であるが、ほとんどの堤防が倒壊した岩間地区では、堤防上の越流水深は二・五m以上と推定される。海岸堤防の被害は、津波の越流水深によって大きく変わり、越流水深が三m近くなると転倒する堤防が多くなる貴重な事例として注目できる。

福島県北部から三陸地方にかけては、堤防上の津波の越流水深がさらに大きくなり、大規模な倒壊にいたっている海岸堤防が多くみられた。一方で、千葉県から福島県南部までの調査において、堤防が倒壊を免れた場合には、越流量を軽減する効果が実証的に確認されたため、今後はある程度越流した場合にも倒壊までにはいたらない粘り強い堤防構造の具体化を検討することが有効である。そのためには、詳細かつ網羅的な事例分析を通じて、堤防の破壊形態を類型化するとともに、破壊メカニズムと堤防の補強対策を検討する必要がある。

4――今後の津波防災のあり方

津波痕跡高からわかる津波の特性

図3-13は東北地方太平洋沖地震津波の痕跡高の分布を示したものである（東北地方太平洋沖地震津波合同調査グループ、二〇一一）。痕跡の信頼度が高いもののみをプロットしてある。また、地図中の×印は、過去の津波を引き起こした地震の震央位置である。

図3-14は過去の津波の痕跡高（津波痕跡データベース、二〇一二）を図3-13と同じ形式で図示したものである。チリ地震津波は痕跡高さが低いため、ほかの津波とスケールを変えて表示した。津波の痕跡高は、チリ地震津波、昭和三陸津波、明治三陸津波の順に高くなり、図3-13と見比べると、今回の津波痕跡が最大値となっているところが多いことが確認できる。また、明治、昭和の三陸津波の痕跡は岩手県から宮城県北部に集中しているのに対し、チリ地震津波は東北地方から関東地方までの広い範囲に影響しており、分布が異なることも確認できる。

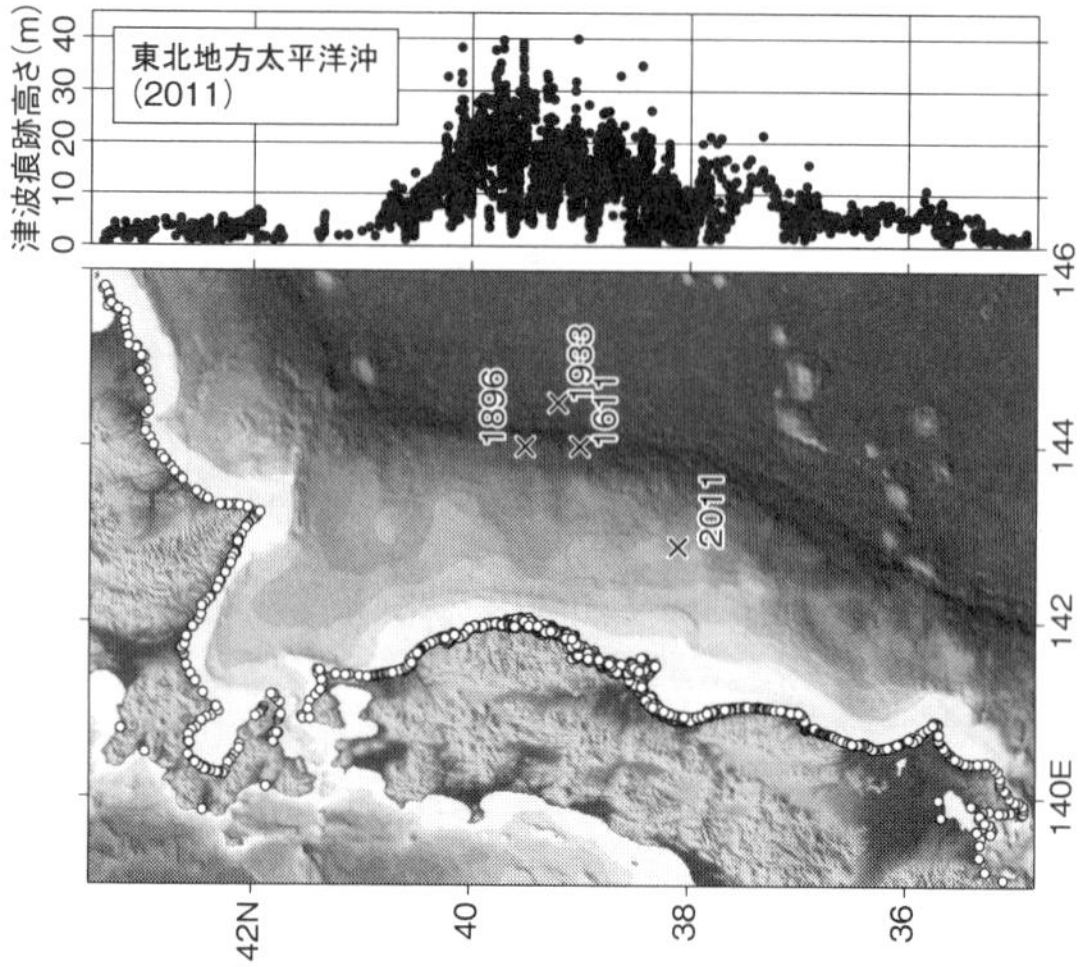

図 3-13　東北地方太平洋沖地震津波の痕跡高さ（東北地方太平洋沖地震津波合同調査グループ，2012）

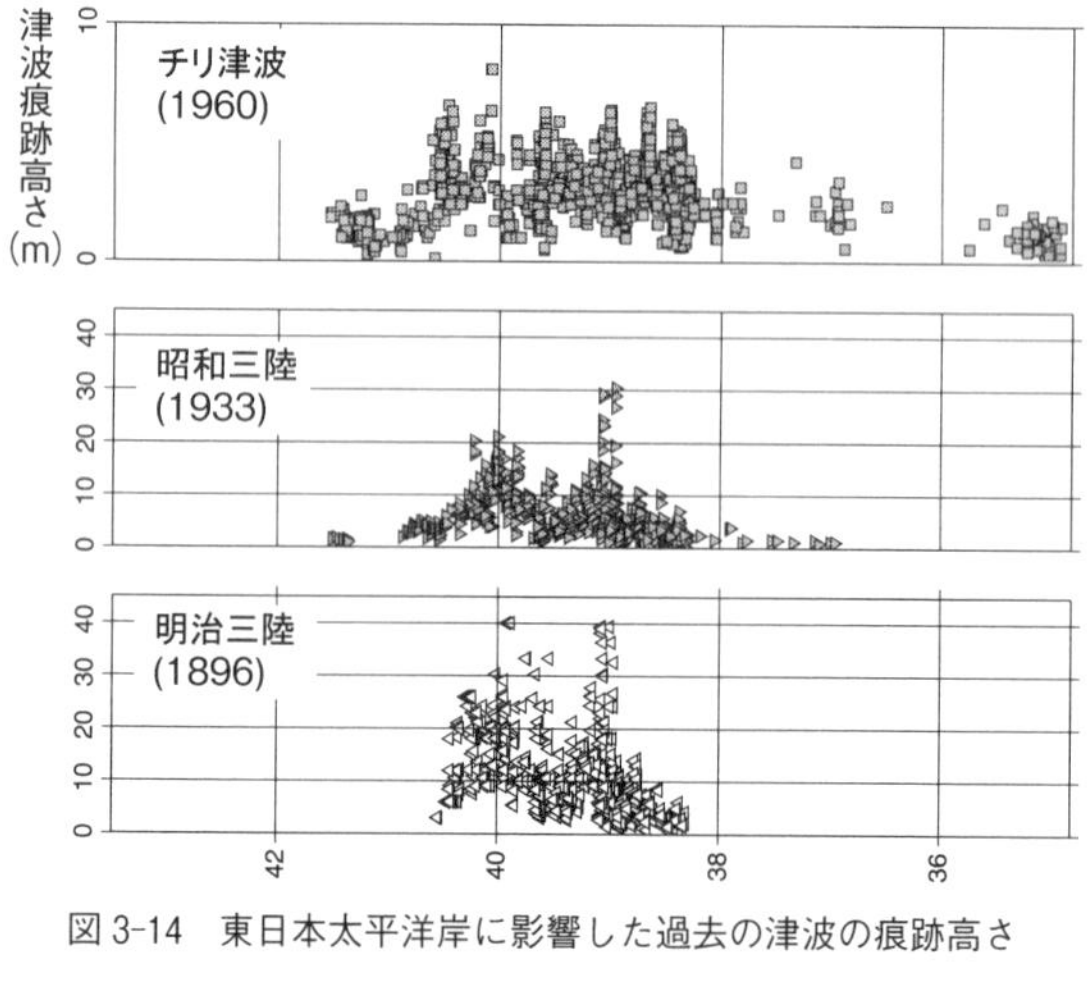

図 3-14　東日本太平洋岸に影響した過去の津波の痕跡高さ

佐竹ほか（二〇一二）は、岩手県釜石市沖の三地点の津波波形記録を数値計算と比較することにより、東北地方太平洋沖地震津波の特性は、三陸沖の日本海溝付近の狭い領域を波源とする明治三陸タイプと、もう少し浅い海域で広い領域を波源とする貞観タイプの地震による津波が同時に発生したことにより説明できることを示している（図2‐6参照）。昭和三陸津波も地震のメカニズムは異なるものの、日本海溝付近の狭い領域を波源とする津波である。釜石沖の計測器でとらえられた津波の波形は、高さ二m程度まで緩やかに水位が上昇・下降する三〇分程度の長い周期の津波をベースとして、その上に、高さ三mを超える周期が五分以下の鋭い波形の津波が重なり合っている。津波の数値計算結果と比較すると、ベースとなる緩やかな津波の波形は、貞観タイプの広域の波源域により発生する津波であり、鋭いピークを持つ津波は、いわゆる三陸津波と呼ばれる三陸沖の日本海溝付近の狭い波源域により発生する津波である。

図3‐13および図3‐14に示した津波痕跡高の沿岸分布からも、東北地方太平洋沖地震津波の特性を推量することができる。明治三陸津波や昭和三陸津波は、北緯三八・二度から四〇度付近のいわゆる三陸海岸に主として来襲するのに対し、チリ地震津波は北海道から房総半島までの広域に影響している。今回の津波の影響域は、東日本の太平洋側の広域に及んだので、影響範囲が広いという点でチリ地震津波に類似する特性を有していると考えられる。図3‐13に示した痕跡高の沿岸分布でも、北海道から房総半島までの広域にわたる高い痕跡高が確認できる。

しかしながら、チリ地震津波の痕跡分布と比較すると、今回の津波の痕跡分布は、広域的に高い痕跡が確認されるのに加えて、三陸地方にさらに高い痕跡が集中していることがわかる。三陸地方に集中する津波痕跡は、図3-13において日本海溝付近に震央を有する地震によって引き起こされるいわゆる三陸津波によってもたらされるものである。すなわち、東北地方太平洋沖地震津波は、広域タイプの波源による津波と三陸タイプの波源による津波の両者が同時に発生したものとして理解することができる。

低頻度・最大クラスの津波に備える

両者の津波の発生頻度は異なり、広域タイプの津波の発生頻度は五〇〇年から一〇〇〇年程度に一度ときわめて低頻度であることが、津波堆積物の調査から判明しているのに対し、三陸津波の発生頻度は数十年から百数十年に一度である。人間の寿命が数十年であることや、コンクリート構造物の耐用年数が五〇年程度であることを考慮すると、再現期間が一〇〇年程度の外力に対しては構造物で防御することが合理的であるが、数百年以上の再現期間の低頻度の事象に構造物で対応するのは非現実的である。つまり、構造物の耐用年数が飛躍的にのびない限り、構造物の設計外力には一〇〇年程度の再現期間の事象を選ぶことが適当であり、それより低頻度の事象に対しては、構造物以外の対策を検討することが合理的である。すなわち、設計津波のレベルを二段階に設定し、頻度の高い津波に対しては堤防などの構造物で陸域を防護するとともに、さらに低頻度であるが最大クラスの津波に対しては、科学的にその規模を予測・設定し、地域の防災計画や、とくに重要な防災施設等の設計に活用するのが望ましい。

また、今回の津波では多くの海岸堤防が破壊されたが、堤防の存在が越流する津波の破壊力を弱めた事例も多く報告されている。海岸堤防は、越流を生じる条件までを念頭にして設計されるものではないが、天端を越えて大量の水塊が越流した事例においても、堤防が限定的ながら減災機能を果たしたことは注目すべきである。

同様の事象は、高波に対するコンクリート被覆の海岸堤防の事例でも確認されている。一九五三年の台風一三号では、土堤として整備されていた海岸堤防が大きく破壊されたため、復旧にあたっては、堤防の表法面だけでなく、天端面や裏法面もコンクリート被覆とするいわゆる三面張りの堤防が採用された。三面張りの堤防は、その後の一九五九年の台風一五号（伊勢湾台風）において被害を抑える効果が確認されたため、それ以降海岸堤防の構造は三面張りを標準とすることとされている。これは、ある程度の越波が生じる条件に対しても堤防の破壊を防ぐという考え方であり、粘り強い堤防構造が導入された先駆的な事例ととらえることができる。同じ堤防でも、変動の大きい波浪の存在を考慮する必要がない河川の堤防では、土堤が標準であるが、津波に対してある程度の越流が生じてもすぐには全壊しない、粘り強い堤防構造の開発を進めることが肝要であると考えられる。

ハード対策とソフト対策の組み合わせ

堤防などの構造物によるハード対策と、適切な情報提供に基づく早期避難を中心とするソフト対策を組み合わせた総合的な津波防災の重要性は、従前から指摘されており、北海道南西沖地震津波やスマトラ沖地震津波の経験を経て、その重要性がますます認識されていたところである。

図3-15および図3-16は、ハード対策とソフト対策の組み合わせによる総合的な津波防災の概念を示す模式図である。津波防災では、図3-15に示すように、既往最大津波の記録などをもとにハード対策で対象とする津波のレベルを決定し、これに基づいて設計される海岸堤防により津波から陸地を防護する。さらに、それを超える規模の津波に対しては、早期避難を中心とするソフト対策で被害の最小化を図るという総合的な津波防災が実施されてきた。従来においては、ハード対策において構造物の設計に用いられてきたのは既往最大値であり、ソフト対策では想定すべき津波高さに具体的な基準は示すまではいたっていなかった。

今回の津波災害では、いくつかの避難場所が浸水するなどの被害が生じ、ハード対策、ソフト対策それぞれの計画規模を具体的かつ科学的に設定することが重要であることが認識された。今後の津波防災では、図3-16に示すように、ハード対策では、一〇〇年に一度程度の生起確率を標準として、頻度が比較的高い津波の規模を計画対象とし、津波の数値計算により波源からの伝播・変形計算を実施し、各地の津波の高さを決定する。そして、堤防を設置すると堤防海側で津波が反射され、津波の

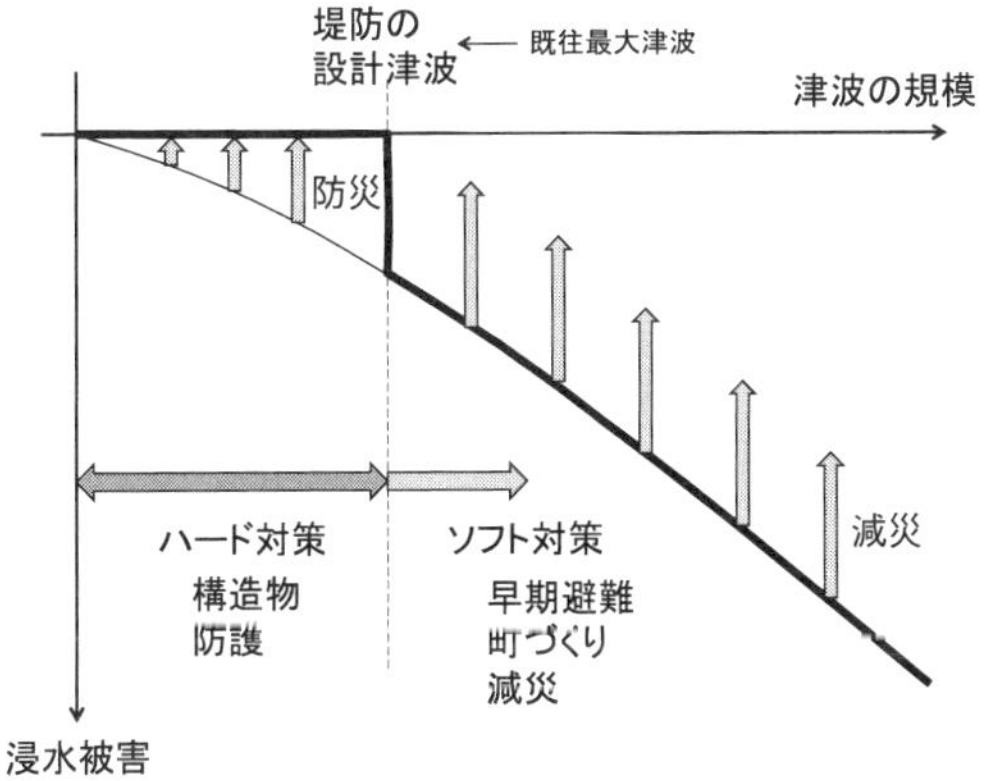

図 3-15　総合的津波防災の概念図
上向きの矢印は，防災または減災対策により，被害が抑止または軽減されることを表す．

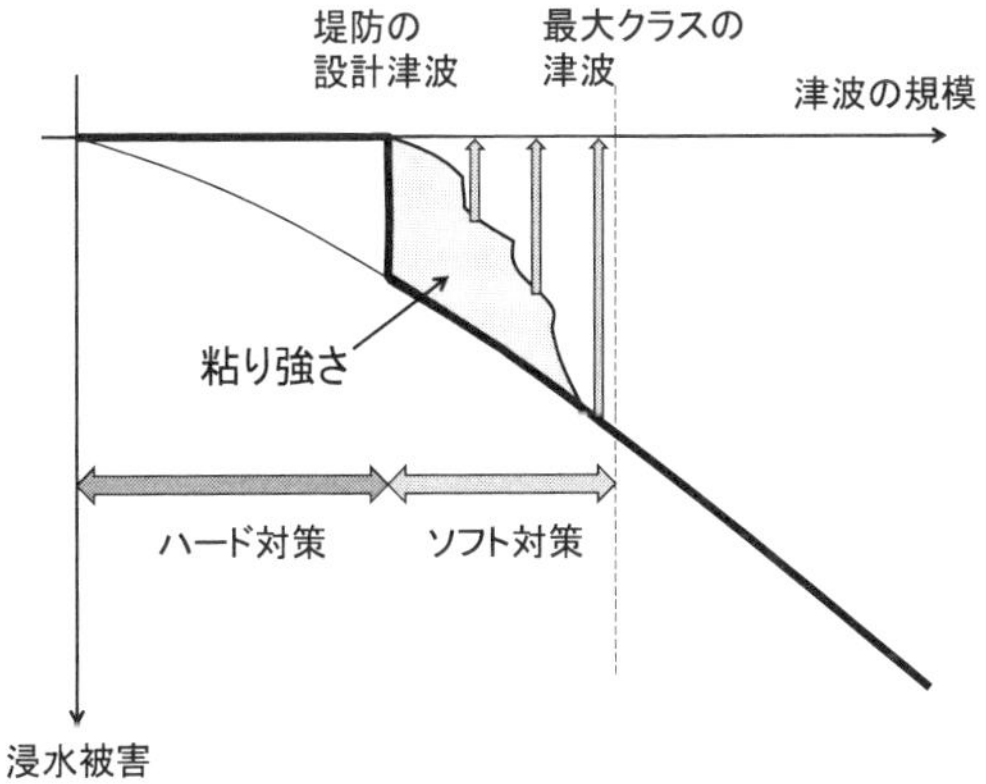

図 3-16　総合的津波防災の概念図
今回の津波災害を受けて２段階の津波規模を設定．

高さが局所的に高くなることも考慮した上で、その規模に耐える堤防などの防災構造物を設計し、これにより陸域を防護する。これを超える規模の津波に対しては、科学的な根拠で決定できる最大クラスの津波を、地震の発生メカニズムや津波の数値計算などをベースとして具体的に示すとともに、堤防などの構造物も一定程度の粘り強さを発揮するように技術開発を進めることが重要である。

津波の数値計算技術が進み、地球科学や津波堆積物研究の進展により、低頻度であるが巨大な津波の科学的な分析が進みつつある現在では、科学的な根拠に基づく想定津波の二段階の設定と、来襲頻度に応じた合理的な対応策の組み合わせにより、長期にわたって持続できる津波防災を実現することが重要である。

第4章 災害情報をいかに早く正確につかむか
――空間情報技術による被害調査

布施孝志

震災発災後、災害情報を早く正確に把握することは、その後の対応に大きな影響をおよぼす。本章では、とくに物理的な被害状況を把握するため、空間情報技術が果たした役割を示す。避難などに対する情報提供や、その情報に対する行動などの人的な部分については、次章で扱うこととする。

まず、空間情報の一般的な定義を確認したい。「地理空間情報活用推進基本法」（二〇〇七年公布法律六十三号、同年施行）によれば、空間情報の定義は、「空間上の特定の地点又は区域の位置を示す情報（位置情報）（時点に関する情報を含む）、位置情報に関連付けられた情報」とされている。高度情報化社会の到来により、多様かつ膨大な情報を得ることが可能になり、それらの情報を課題解決に有効利用することが必要である。すでに、利用可能なデータ量は人間の処理能力を超え、それらを位置や時間という基準の下に整理することが、ますます重要となっている。位置情報と関連付けることにより、一元的に扱うことができ、また情報と現実空間が結び付くのである。災害時には、現実に起こっている事象を素早く知る必要があり、空間情報の取得とそれによる整理が欠かせないものとなる。

災害時に重要となる空間情報技術は、「災害情報の取得」と「災害情報の分析・共有」に大きく分類される。災害情報の取得においては、いかに早く情報を取得できるかがポイントになる。たとえば、空中写真や衛星画像などの画像情報を取得するリモートセンシングや、地殻変動を観測できるGPS（Global Positioning System）などが災害情報取得技術として挙げられる。これらの技術により取得された情報に対して、緯度・経度・高さや時間などの位置情報に基づき統合・管理する地理情報システムGIS（Geographic Information System）が、その後の分析や情報共有に資する。近年では、インターネット上におけるウェブGISも普及しており、多様な情報が公開されている。早い段階で災害情報を取得・分析・共有することにより、現地調査の計画などにも大きく貢献することができる。

1――初動調査における被害情報の早期取得

東日本大震災においては、被災範囲の広さから、いかに早く広く状況を把握するかが重要となった。それらの要件を満足するものとしては、GPSと空中写真や衛星画像が挙げられる。GPSについてはほかの章でも扱われているため、ここでは主に空中写真や衛星画像による観測や、それらから作成した浸水範囲図などに焦点をしぼる。

空中写真による情報把握

空中写真による観測では、広域における地表面の様相を迅速に記録でき、さらに、人間の近付き難い場所でも観測可能であるという特徴を有している。空中写真によれば、災害情報を視覚的かつ空間的に把握することが可能なため、これまでの災害調査においても中心的な役割を果たしてきた。その歴史は古く、関東大震災（一九二三年）において、陸軍参謀本部陸地測量部により、最初に災害調査に用いられたともいわれている（高橋ほか、一九六九）。

近年の技術進展においては、航空カメラがアナログからデジタルへ移行したことが注目に値する。航空カメラは三次元計測を行う写真測量用であるため、その精度面などの関係から、デジタル化が実現されたのはここ十数年のことである。災害調査にデジタル航空カメラが本格的に利用され始めたのは、二〇〇四年の新潟県中越地震からであり、以降その効果を発揮してきた。

ここで、災害時の一般的な写真処理過程を説明する。アナログ写真の時代には、空中写真を撮影した後、現像・スキャニング、位置合わせ、写真判読、その結果の地形図への移写の順で作業を行うことにより、災害状況図などが作成されていた。位置合わせにおいては、場合によって、中心投影[1]である空中写真を正射投影[2]に変換したオルソ画像の作成、複数の写真を接合し、つなぎ目がないよう合成処理したモザイク画像の作成も含まれる。

アナログからデジタルへの移行により、この工程のうち現像・スキャニングと地形図への移写が省略され、迅速性が向上した。より重要な点は、デジタルカメラではフィルタを通して、多数の波長帯のデータを同時に取得可能なことである。たとえば、近赤外線などの可視光以外の画像撮影により、写真判読を効率化することができる。写真判読については、後述の浸水範囲図の作成において述べる。

前述の位置合わせの工程においては、カメラの位置と姿勢（カメラの傾き）を求めなくてはならない。現在では、GPSと慣性計測装置IMU（Inertial Measurement Unit）を搭載し、それぞれにより位置と姿勢を直接取得することができるようになり、格段に効率性が向上した。また、オルソ画像においては、GPS／IMUデータと既存の地形データを用いて作成した簡易オルソ画像、写真測量による三次元計測の結果を用いて作成した精密なオルソ画像の二種類が存在する。さらに、オルソ画像に地図情報を重ね合わせた正射写真地図も作成されるようになっている。

東日本大震災においては、国土地理院および協定会社により、発災翌日の三月一二日には仙台周辺部、一三日には三陸海岸沿いの広範囲において、空中写真が撮影された。その後、四月五日までには津波被災地域（福島第一原子力発電所の事故による飛行制限区域を除く）の撮影が完了した（長谷川ほか、二〇一二）。先に示した通り、デジタル化により早急にデータ処理がなされ、関係機関や一般に公開することが実現し（表4-1）、その被災状況把握に役立った。

これらの空中写真を被災前後で比較すれば、状況をより明確に理解できる。陸前高田周辺の比較例

表 4-1　空中写真の撮影とデータ提供の経緯

	3/12	3/13	3/14	3/15	3/16	3/17	3/18
空中写真	撮影	撮影 3/12撮影分提供	3/13撮影分提供				
モザイク写真			HP公開				
簡易オルソ画像						HP公開	
オルソ画像							HP公開

を図4-1に示す。陸前高田市では、建造物の多くが津波被害を受け、高田の松原の半分以上が壊滅した姿が被害の甚大さを印象づけた。以上は垂直写真の例であるが、斜め撮影写真も多数撮影された。斜め写真では、垂直写真以上に立体感を得ることができ、その様子の理解を助ける（図4-2）。このように、空中写真により被災状況の概略を早期に把握することが可能である。

衛星リモートセンシングによる情報把握

広域の情報把握のためには、宇宙からの観測も多用される。その代表である光学衛星によるリモートセンシングも、空間分解能の高解像度化が進み、デジタル航空カメラと同じく、新潟県中越地震から高分解能衛星が利用されてきた。また、合成開口レーダーSAR（Synthetic Aperture

（1）投影中心に光線が集まるよう投影したものであり、高さのあるものは倒れてみえる。
（2）平行光線を投影したものであり、地図などと重ね合わせることができる。

被災前(1982年10月撮影)　　被災後(2011年3月13日撮影)

図 4-1　空中写真による陸前高田周辺の被災前後の比較（国土地理院　平成 23 年（2011 年）東日本大震災に関する情報 http://www.gsi.go.jp/BOUSAI/h23_tohoku.html）

図 4-2　斜め空中写真による陸前高田周辺の被災状況の把握（2011 年 5 月 25 日撮影）（出典は図 4-1 と同じ）

Radar）衛星による地殻変動の観測も行われており、これは阪神・淡路大震災（一九九五年）における活躍に端を発している。今回の東日本大震災においては、地殻変動とともに浸水範囲の抽出にも貢献した。浸水範囲の抽出については後述する。

光学衛星の特徴は、先に見たデジタル航空カメラと同様である。空中写真と比較してその詳細度は劣るが、今回のような広域における被災地域の観測には有用である。商用高分解能衛星としては、一九九九年に打ち上げられたＩＫＯＮＯＳ衛星から始まり、空間分解能にして一ｍの画像を取得できる。その後、多数の商用高分解能衛星が打ち上げられ、現在では、GeoEye-1衛星（二〇〇八年打ち上げ）が空間分解能四一㎝と最高の分解能を誇っている。

これらの高分解能光学衛星は、その軌道特性から、午前一〇時三〇分頃に日本周辺域の上空を通過する。被災前後に撮影された名取周辺の例を図4-3に示す。

一方の合成開口レーダーは、衛星搭載のアンテナから放射するマイクロ波を用いて、対象物からの散乱波を観測するものである。以下、合成開口レーダーの概略を示すが、詳細は参考文献（大内、二〇〇九）にゆずる。

空中写真や光学衛星画像で主に観測される可視光、近赤外、熱赤外は、大気中の分子（水蒸気・炭酸ガス）やエアロゾル（水滴・スモッグ）によって吸収・散乱されやすいため、雨大時や曇天時には観測できない。より波長の長いマイクロ波は、この吸収・散乱が起こらないため、天候に左右されず観測可能である。また、自らマイクロ波を照射するため、夜間においても観測できることが特徴であ

図 4-3　高分解能衛星画像による名取周辺の被災前（上，2009 年 8 月 14 日撮影）と被災後（下，2011 年 3 月 12 日撮影）の比較（© GeoEye/ 画像提供：日本スペースイメージング株式会社）

る。

一方で、空間分解能は波長に比例するため、マイクロ波によるレーダーは、光学衛星画像よりも空間分解能が低くなる。空間分解能を高くしようとすれば、アンテナを大きくする必要があり、それには物理的に限界がある。このため、合成開口レーダーでは、衛星の移動とともに受信したデータを、いくつものアンテナを並べた仮想的に大きなアンテナからの受信とみなし、ドップラー効果を用いて合成し、空間分解能の向上を図っている。同じ地点に対して二カ所から、あるいは二時期に観測し、観測されたマイクロ波を干渉させることにより（波の行路差を分析する）、地形やその変化を抽出することができる。

今回は、二時期の干渉縞を分析することにより、地殻変動の観測が行われた。GPSによる地殻変動モニタリングに対して、干渉合成開口レーダーを用いれば、面的な観測が可能になる。

わが国の陸域観測技術衛星ALOS（Advanced Land Observing Satellite）（日本語名「だいち」）は、光学センサであるパンクロマティック立体視センサおよび可視近赤外センサ、さらに合成開口レーダーを搭載した衛星であり、上記の観測に活躍した。

地球観測衛星は各国で開発されており、宇宙機関を中心とする災害管理に関わる国際協力枠組みが構築されている。この取り組みは、「自然または人為的災害時における宇宙設備の調和された利用を達成するための協力に関する憲章」であり、通称「国際災害チャータ」とも呼ばれ、二〇〇〇年から運用が開始されている。本震災においては、発災当日の午後三時二四分（日本時間）に、内閣府から国際災害チャータの発動がなされ、翌日からは、協定している各国から五〇〇〇以上の衛星画像が提供された。アジア太平洋域においても、「センチネルアジア」と呼ばれる、自然災害の監視を目的とした国際協力プロジェクトが行われている。

浸水範囲図の作成

空中写真や衛星画像により迅速に被災状況を把握できることは、すでにみた通りである。今回の震災では、津波による広域での被害が大きな特徴となっていたため、空中写真や衛星画像を判読・解析することにより、浸水範囲図の作成が行われた。浸水高さなども含めた浸水被害状況の最終成果は、前章で示されたように、現地調査により作成されることになる。ここでは、空中写真や衛星画像の特徴を活かして、早急に浸水範囲図を作成する技術を述べる。

三月一八日には、宮城県、岩手県の地域の浸水範囲図が公開された。図4-4は、浸水範囲を二〇万分の一地勢図上で示したものである。これにより、広範囲において浸水範囲の広さや分布を把握することができ、被災状況の概略把握や、現地調査計画への貢献がなされた。より大縮尺の二万五〇〇〇分の一地形図で示したものが図4-5である（石巻周辺）。石巻市は浸水面積が最大であり（図4-8参照）、本図からも低地のほぼすべての範囲が浸水域になっていることがわかる。後述するが、浸水範囲における土地利用は、地域の相違があり、今後の再建を考える上で注意が必要である。

ここで、空中写真から浸水範囲図を作成するために利用された技術をみてみたい。デジタルカメラは、物体が反射あるいは放射する電磁波の強さをセンサにより記録する。その反射・放射電磁波の強さは波長によって異なり、この性質を分光特性と呼ぶ。分光特性は、物体ごとに異なっている。この分光特性を用いて地物の分類などが行われる。浸水範囲図の作成にも分光特性が利用された。たとえ

図 4-4　空中写真判読による石巻周辺の浸水範囲図（20 万分の 1）（出典は図 4-1 と同じ）

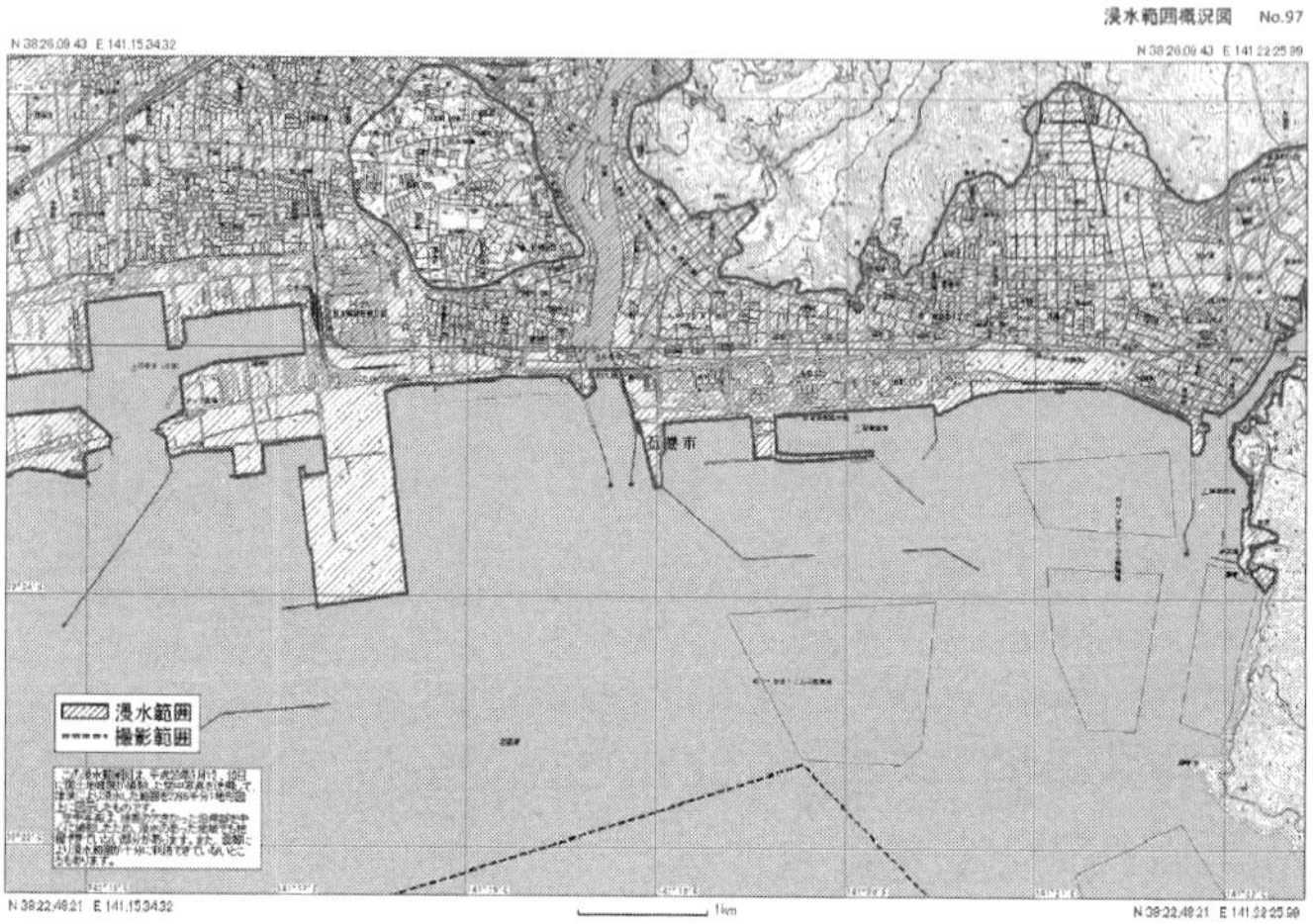

図 4-5　空中写真判読による石巻周辺の浸水範囲図（2.5 万分の 1）（出典は図 4-1 と同じ）

ば、近赤外領域の電磁波は、クロロフィルに強く反射するため、植生の把握に用いられているものである。津波により浸水した範囲は、植物の活性度が大きく低下する。そして、近赤外などの赤外領域の電磁波は、水に対しては反射が弱い（画像では暗くなる）という分光特性から、近赤外線の強度を見ることにより、浸水範囲の判別を効率的に行うことができる。古くは、伊勢湾台風（一九五九年）でアナログ赤外線写真により水害状況の撮影が行われ、その効果が確認されている。

さらに、目視判読による精査が行われる。湛水域・浸水域の目視判読では、海岸に近い低地で耕地のほとんどが水田になっている場所や、砂州や河川堤防に囲まれ排水されず、家屋や耕地、道路が海水で覆われる区域をみることになる。そのほか、家屋などの損壊に対しては、建物が破壊されてその跡をとどめていない点や、あるいは、瓦礫や車、船舶が集積している区域を特定する。また、土砂（砂・泥）の堆積は、海岸のコンクリート岸壁、工場敷地、駐車場、舗装された路面上に泥や砂が堆積し、灰色から黒灰色の色調となっている部分を判読する。国土地理院は浸水範囲の判読を行い、六県六二市町村において、計五六一㎢の広大なものとして報告している（国土地理院、二〇一一）。

一方の合成開口レーダー画像の判読は、マイクロ波の反射強度（入射角を考慮して変換した後方散乱強度を利用）や、二時期の干渉データの相関性を表す指標であるコヒーレンスも用いて行われた。マイクロ波は、水域において後方散乱強度が低くなる（画像では暗くなる）特性を有している。位相情報であるコヒーレンスは、その値の大小が、それぞれ二画像間の相関性の大小に対応する。水域では、受信信号に対するノイズ成分の影響が大きくなり、ノイズのランダム性からコヒーレンスは低下する。すなわち、先の後方散乱強度が低く、コヒーレンスが低い箇所を抽出することにより、浸水域を特定する。明らかに水域・非水域とわかる箇所を標本として、後方散乱強度およびコヒーレンスの値を用いて統計的に画像分類を行う（吉川ほか、二〇一一）。

合成開口レーダー衛星による浸水範囲の観測は、二〇〇四年のスマトラ島沖地震において利用された。当時から衛星数が増加するとともに空間分解能も向上し、本震災では高頻度の撮像や撮像から数時間で公表されるような浸水域のモニタリングが実現した（図4-6、口絵2）。とくにTerraSAR-XやCOSMO-SkyMedなどのXバンド（波長が約三㎝）合成開口レーダーは、空間分解能として最高で一m（撮影モードにより異なる）と高いものであり、抽出精度も高いことが確認された。

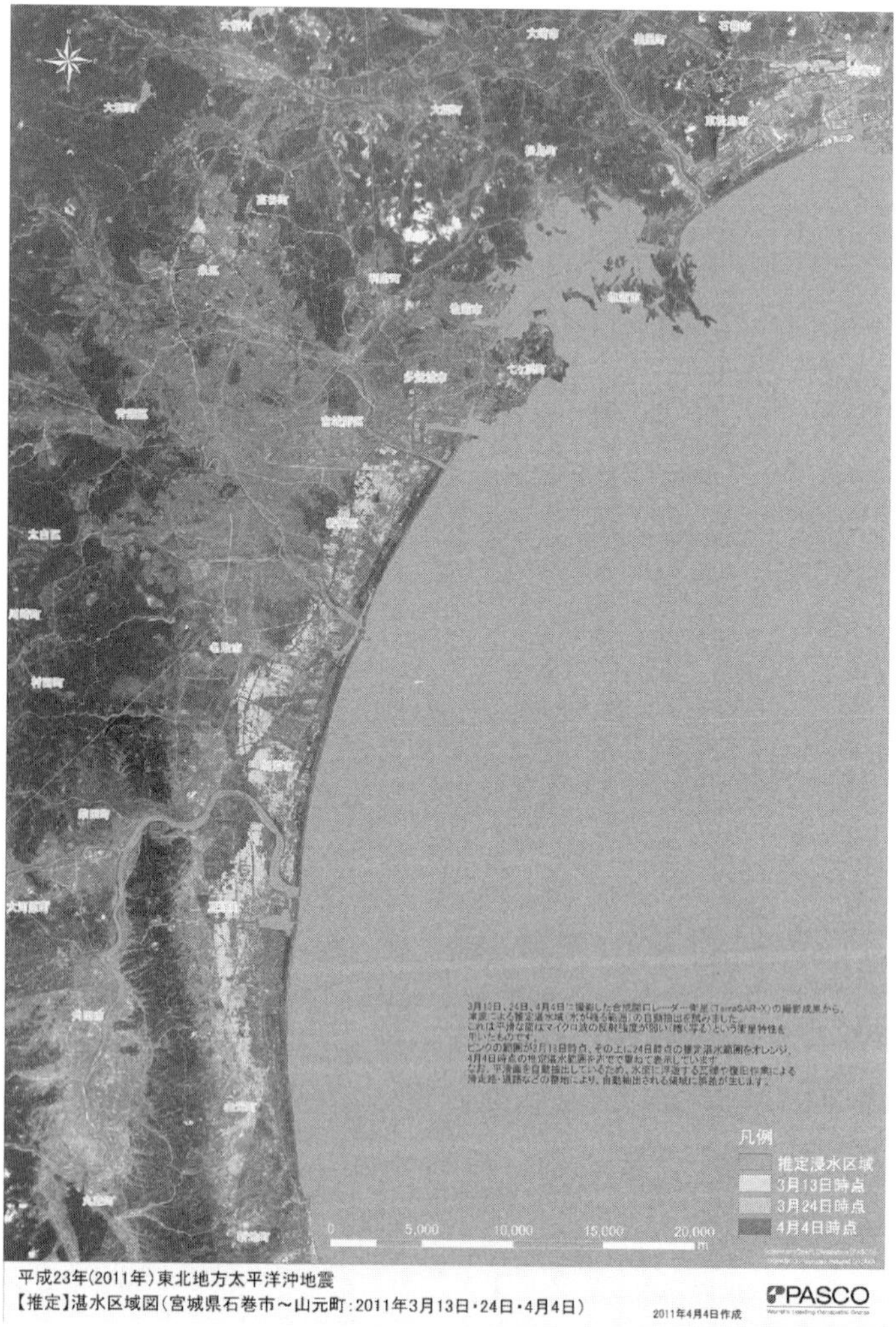

図 4-6（口絵 2 参照） 合成開口レーダー画像分析による浸水範囲図（株式会社パスコ提供）

2——詳細調査による被災状況の把握

空中写真や衛星画像による早期の概略把握に加え、より詳細なデータの取得も行われている。本節では、主に詳細三次元計測について述べる。

平時においても、詳細な地形データを取得するため、航空レーザ計測が活用されている。災害調査への本格利用は、二〇〇〇年有珠山噴火まで遡る。今回の震災においては、沿岸域での地盤の沈降などが確認され、正確な地形データへの要請が高まった。航空レーザ計測は、航空機に搭載したレーザ測距装置を用いて、地表の水平方向の座標、高さを三次元で計測する。前述のGPS／IMUによりセンサの位置と姿勢を求め、レーザ測距装置からレーザ光を発射し、地表から反射して戻ってくるまでの時間差（正確には位相差）を計測する。このレーザ光を連続的に発射し、走査することにより、地表面の三次元計測が可能になる。

従来も空中写真による三次元計測が行われてきたが、複数写真間の対応点を求める必要がある。これに比べレーザ計測では直接三次元座標が取得でき、各段に効率がよい。近年では、レーザ光の一秒間の発射回数も飛躍的に増大し、グリッド間隔で、二mから五mといった高精度の地形データの取得が可能になった。高さ精度も±一五cm程度であり、微細な地形をとらえることができる。詳細な地形

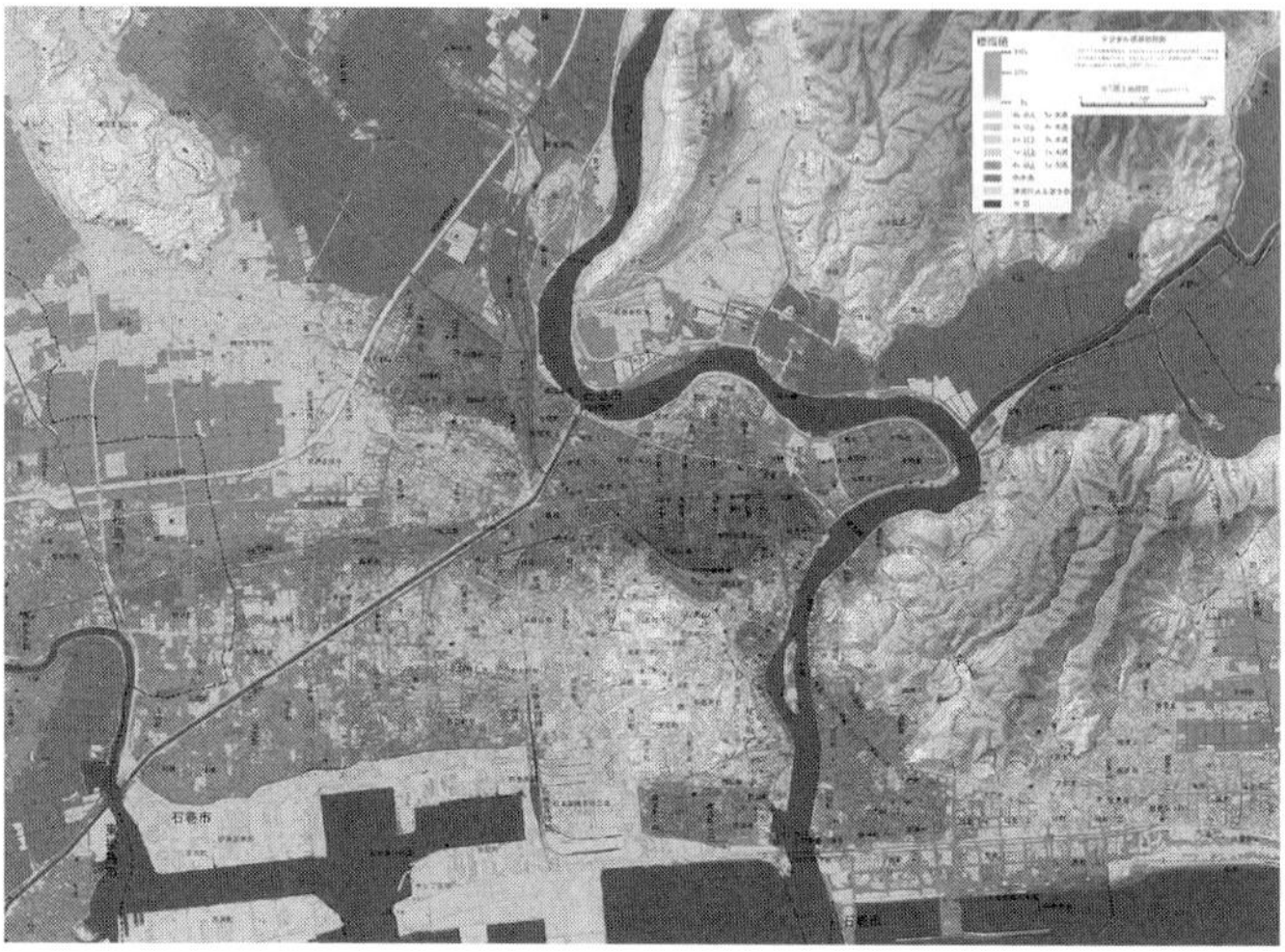

図 4-7　石巻周辺のデジタル標高地形図（出典は図 4-1 と同じ）

データを段彩陰影表現し、地形図と重ね合わせたデジタル標高地形図は、その地域を読みとる助けになる。

図4-7は石巻周辺のデジタル標高地形図である。モノクロ画像だと判別が難しいが、低地の微地形までとらえられている。後述するが、とくに低地での微地形データは、水害時には重要な情報となる。さらに、震災前の地形データと比較することにより、隆起・沈下の判読が可能になる。これにより、液状化発生状況の把握、たとえば、液状化による地盤沈下や吹出した噴砂の集積箇所の確認に用いられた。そのほか、瓦礫の分布状況の把握にも適用された。

航空レーザ計測により、陸上だけでなく、浅い海底も計測が可能である。海底計測には、二種のレーザ光が用いられる。赤外レーザ（レーザ光の波長、一〇六四nm）は海面で反射し、緑レーザ

（五三二nm）は水中を進んで海底で反射するため、両者の計測時間差から水深を求めるものである。しかしながら、航空レーザ計測では、水深五〇m程度までの計測と限定的である。

より深い部分の計測には、音波を用いたマルチビーム測深に頼らざるを得ない。マルチビーム測深は、船舶に測深機を搭載し、音波を発射して海底での反射波をとらえ、その時間差を計測することにより海底の三次元計測を行う。ここでも、GPS、ジャイロなどを用いてセンサの位置・姿勢を求めている。従来は、船舶の直下にのみ音波を発射し（シングルビーム）、線状に計測していたが、指向角の狭い音波を進行方向と直角に複数発射することにより（マルチビーム）、面的な計測が可能になった。本震災においては、津波による海底地形の変化、防波堤・防潮堤の水中部の状況、水中落下物の把握のために大きく活躍した。

上空からの観測のみでなく、地上からの観測にも新たなセンサの導入がみられる。現在では、全方位カメラやレーザを車両に搭載し計測を行うモバイルマッピングが活況を呈しているが、全方位カメラにより地上からの災害状況を詳細に把握したのは、能登半島地震（二〇〇七年）からである。この技術が東日本大震災でも活用された。上空からではとらえきれなかった被災状況を、より正確に把握することが可能になる。モバイルマッピングは、平常時には路面状況調査などに用いられているため、震災時の液状化調査や瓦礫調査にも有用であった。また、全方位カメラは六台（水平五台、上空一台）のカメラで構成され、合成することにより全方位画像を作成する。異なるカメラで撮影された画像を用いれば、写真測量による三次元計測も可能である。画像により津波痕跡を確認し、そこから三次元計測を行って浸水深を試行的に求めた。計測結果は、前章で紹介された津波合同調査グループのとりまとめた結果とおおむね一致していたことが報告されている。

なお、参考文献（写真測量学会、二〇一二）には、本章1、2節で取り上げた計測技術により取得されたデータとして、①垂直写真、②斜め写真、③航空レーザ測量による標高データ、④車載測量によるデータ、⑤光学衛星画像、⑥合成開口レーダー衛星画像の別で、取得日時、地区、所有者などがまとめられているので参考となるであろう。

以上、被災状況把握について記したが、その役割は、初期段階の概略把握が中心になる。当然のことながら、今後の現地調査による詳細情報の取得は必要であり、その結果をＧＩＳなどにより統合管理すれば、より効果的な議論につながるものと期待される。

3―ＧＩＳによる情報の分析・共有

さまざまなセンシング技術から得られた災害情報に対し、位置と時間の基準の下に、統合管理・利用する環境を支える技術がＧＩＳである。一般にＧＩＳとは、空間情報を系統的に構築、管理、統合・分析、表示する要素からなるシステムとされる。空間情報は位置情報と関連付けられているため、ＧＩＳにおいて、多様な災害情報を重ね合わせて分析することが可能である。

GISによる情報の組み合わせ

ここでは、前記の通り作成された浸水範囲図とほかの情報との組み合わせで読み取ることができる内容をみてみたい。まずは、浸水範囲と土地利用の関係である。土地利用の情報は、「国土数値情報、土地利用細分メッシュデータ」として、一〇〇mメッシュごとの各利用区分（建物用地、幹線交通用地、農用地、河川地など）が全国で整備されている。このデータと浸水範囲図を重ね合わせることにより、その関係性を考察できる。

たとえば、気仙沼市では、建物用地のみでなく、農用地においてもほぼ同程度の浸水が確認できる。一方で、女川町や塩竈市は、その大部分が建物用地の浸水となっている。このように、市町により浸水した土地利用の構成が大きく異なる。

市区町村別に津波浸水範囲の土地利用別面積を示したものが、図4-8である。土地利用別にみると、地域により特徴がわかれる。仙南地区においては、農用地の浸水面積の比率が高く、宮城県北部や岩手県南部の地域では、建物用地と農用地の浸水が同程度であるという傾向がうかがえる。

その地域を特徴づける地形も重要な情報である。たとえば、南三陸町東側には広い高台が存在し、その場所は避難地として利用された。同町では市街地から近い高台もあり、この場所も緊急避難場所として機能している。広い高台を有し、また市街地付近に避難場所となる高台が存在することが、特徴的である。一方の陸前高田市では、市中心部から東側に存在する台地は、市街地中心部からは距離

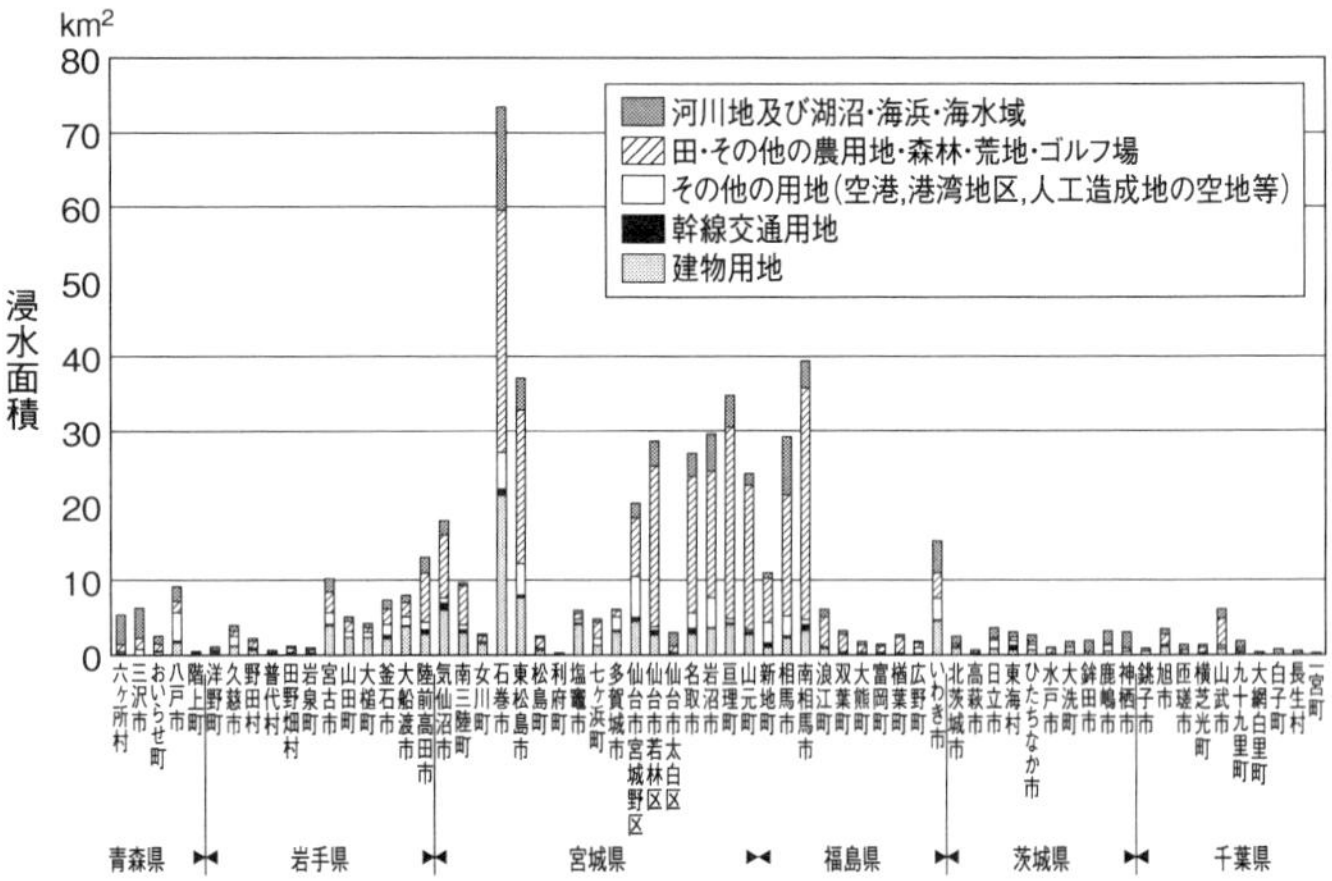

図 4-8　浸水範囲と土地利用（出典は図 4-1 と同じ）

があり、南三陸町とは様相を異にする。今回の浸水範囲図との組み合わせにより、今後の避難計画については、地形の相違も考慮するべき視点となるであろう。

微地形と水害履歴は、その地の被害状況と関係が深い。そこで、防災対策や地域開発などの計画策定のための自然的条件の基礎資料として、土地条件図が整備されている地域がある。土地条件図は、カスリーン台風（一九四七年）や伊勢湾台風（一九五九年）を契機に、一九六〇年から作成された。東北地方においては、石巻や仙台周辺地区で作成されている。浸水範囲図との重ね合わせにより、後背低地（沼沢起源の低湿地）などにおける被害が大きかったことも確認できる。

過去の情報との比較分析は土地条件図にとどまらない。より一般的には、旧版地形図があげられる。関東地方においては、明治初期から中期にかけて作成された旧版地形図である二万分一迅速測図が存在する。これを用いれば、その土地の履歴を知ることもできる。

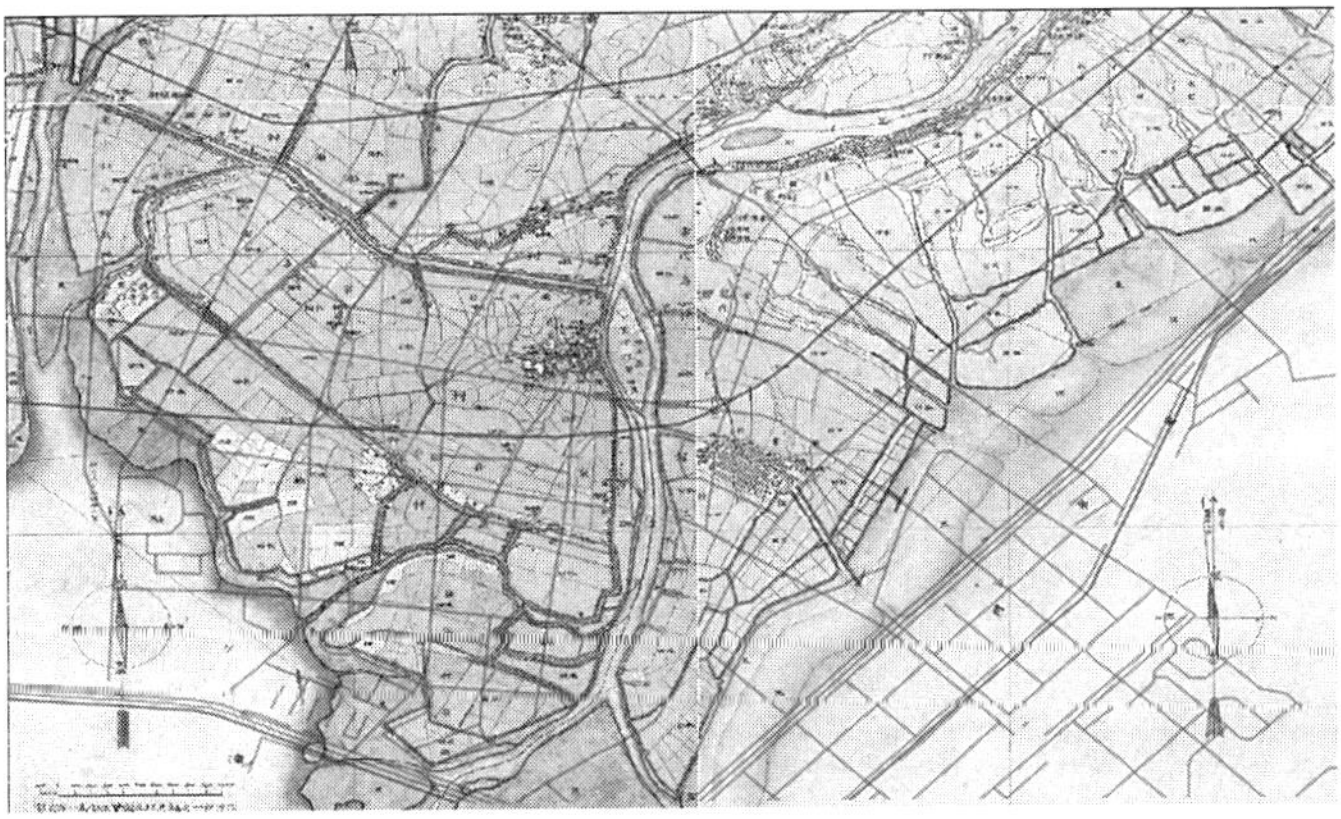

図 4-9　浦安市周辺の新旧地形図の比較（農業環境研究所　歴史的農業環境閲覧システム　http://habs.dc.affrc.go.jp/index.html）

図4―9は、千葉県浦安市周辺において迅速測図に現在の鉄道および道路を重ねた例である。図中右下（南東）の部分は、明治期は海であった。その後の都市開発により、海部が広範囲に埋め立てられた。図からも、埋立地に鉄道や道路がめぐらされていることがわかる。液状化現象は、旧河道や埋立地で起こりやすいことが知られているが、実際に浦安市では埋立地に液状化被害が集中した。本図からもこのことが理解できる。

わが国では、大正一三（一九二四）年には、離島の一部を除き五万分の一地形図が国土全域で完成している（二万五〇〇〇分の一地形図は昭和二四年から整備開始し、昭和五八年に全国整備完了）。たとえば、女川町付近の大正二年測量五万分の一地形図を現在の空中写真と比較しても、海岸沿いの多くが比較的新しい埋立地であることが容易に判読できる。

そのほか、防災マップとの比較や、住宅地図との重ね合わせによる罹災証明発行業務などの支援情報としての利用などにもGISが効果を発揮した。

ウェブGISによる情報の共有

GISは、阪神・淡路大震災において、その重要性が認知された。近年では、ウェブGISも普及し、インターネットを通じた、多様な情報の空間的重ね合わせによる把握の有効性が確認されている。新潟県中越地震（二〇〇四年）では、「新潟県中越地震復旧・復興GISプロジェクト」により、電子国土上に関連情報が集約・公開された（澤田ほか、二〇〇五）。これが災害情報共有のためのウェブGISのさきがけである。GoogleMaps の公開が二〇〇五年であったことを鑑みると、いかに早い取り組みであったかが理解される。

ウェブGISの技術は、近年その進展が著しく、本震災では、これまで以上に大きく貢献した。電子国土Webシステム（図4-10）、東日本大震災協働情報プラットフォーム、sinsai.info、EMT（Emergency Mapping Team）、ソーシャルメディアマップなど、多種多様なウェブGISが公開され、情報共有が進められた。たとえば、電子国土Webシステムにおいては、交通規制情報、デジタル標高地形図、シームレスなオルソ画像の公開も行われた。そのほか、カーナビゲーションの情報を集約した通行実績情報マップも話題をよんだ。また、先にみた多数の空間情報がインターネットを通して公開されている。

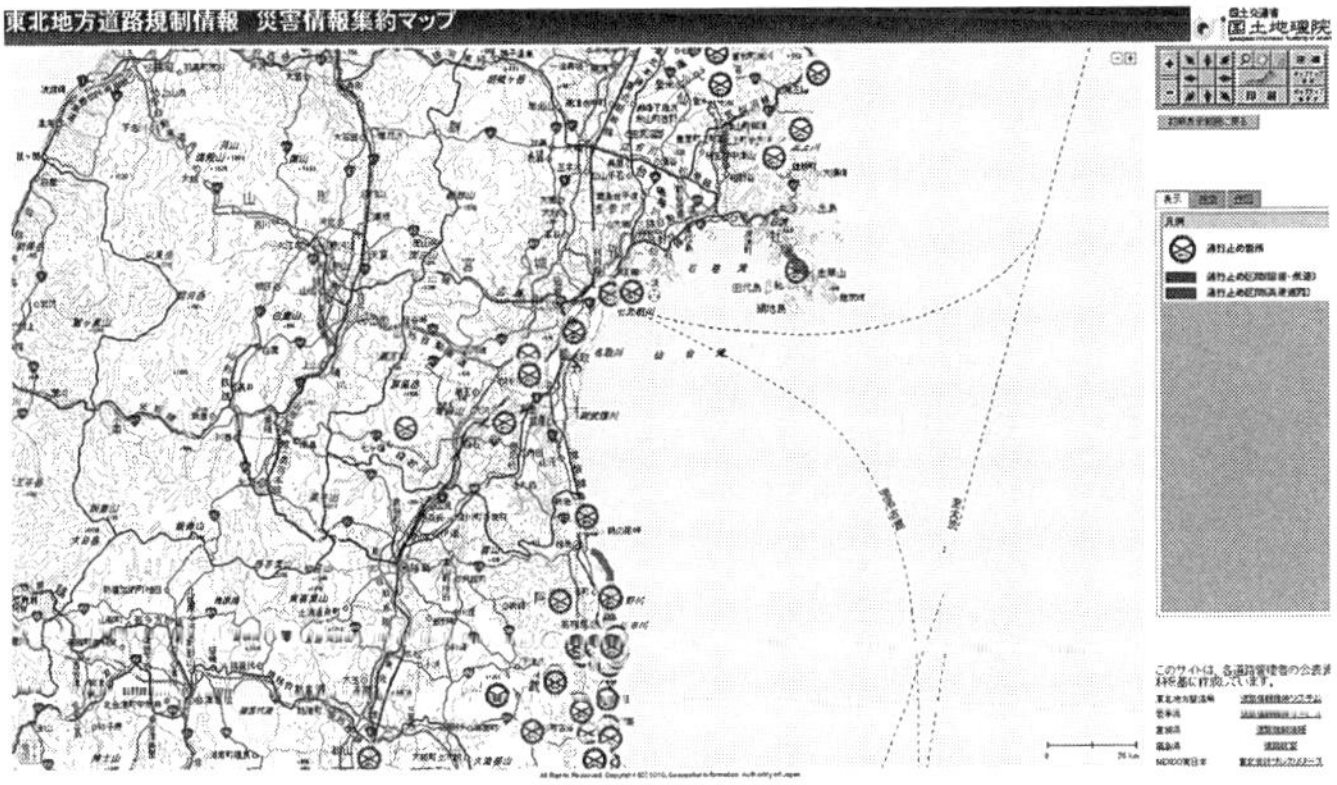

図 4-10　電子国土 Web システムにおける災害情報集約マップ（出典は図 4-1 と同じ）

ウェブＧＩＳを支えた重要な点としては、プログラミングインターフェースＡＰＩ（Application Program Interface）による機能の提供、複数ＡＰＩを組み合わせて一つのサービスとして提供するマッシュアップ技術の普及、情報・サービスの無料化やオープンストリートマップなどのユーザ自らによる情報作成環境の進展が挙げられる。ただし、ソーシャルメディアマップが扱っているソーシャルネットワーキングサービスＳＮＳ（Social Networking Service）などからの情報は、その内容の正確性を保証することは担保できていない。

これらの情報が被災地住民に与える影響などは、今後の課題である。また、情報一般に関していえば、デジタル情報ならば何でも簡易に共有化できるわけではない。多彩な主体から提供されるデータの相互利用を可能とする標準化も重要になる。たとえば、さまざまな形式で報告されるデータをそのままでは容易に共有できないため、本震災でも着目された消息情報を提供・検索するサービスでは、情報をまとめるためにＰＦＩＦ（People Finder Interchange Format）というフォーマットで統一化し、管理を行った。標準化は、とくにインターネット時代に要請される技術である。

災害復興計画基図

近年、インターネットによるサービスの普及や情報流通の進展により、ＧＩＳもツールそのものから、情報基盤としてのＧＩＳ整備へと重点が移ってきた。情報基盤としてのＧＩＳ整備は、多様な空間情報を集約するための基図を整備することが中心である。その理由の一つは、精度の異なる断片的な空間情報が増加し、それらを集約する共通基盤として、基図となるものが必要となったためである。これまでも、その基図となる「基盤地図情報」の整備が進められ、二〇〇八年には、それに基づく「電子国土基本図」が従来の二万五〇〇〇分の一地形図にかわり、わが国の基本図となった。

被災地においては、その様相が一変してしまったため、現況を表す詳細な基図を作成する必要があった。そのため、復興作業の効率的な実施や復興計画策定の促進を目的に、「災害復興計画基図」の作成が進められた。これは、震災後撮影の空中写真から写真測量により新たに作成した、都市計画基図に相当する二五〇〇分の一の大縮尺数値地図である。最終的には、八戸市から相馬市にいたる約五三二〇㎢の範囲が整備された（長谷川ほか、二〇一一）。整備データは、前述の電子国土Ｗｅｂシステムでも公開されている。

とくに津波被害の大きかった沿岸部では、暫定データが「迅速図」として各自治体に提供された。迅速図に描かれている内容は、災害復興計画基図とは大きく異なる。迅速図では、自治体から提供された都市計画図のデータなどを用い、震災前の状況に、流出した建物や被災した建物、さらには津波の到達範囲の情報を重ね合わせ、被害状況の把握が主な利用方法になっている。

なお、災害復興計画基図は、新しい電子基準点成果に基づいて作成され、後述する「測地成果二〇一一」に準拠している。ここから、基盤地図情報や電子国土基本図のデータも作成されることになり、今後のわが国の基本図へと引き継がれていくことになる。

4——今後の空間情報の貢献と課題

国土の形状の骨格をなすものは、基準点である。いいかえれば、国土に位置の基準を与えるインフラが基準点であるともいえる。すなわち、基準点の位置が決定されなければ、復旧・復興の進捗に大きな支障をおよぼすことになる。

今回の震災では、電子基準点「牡鹿」(宮城県石巻市)で、東南東方向へ約五・三mの水平変動、約一・二mの沈下が観測された。これまでにGEONETで観測された最大の水平変動量と沈降量である。地殻変動は広域にわたったため、測量成果の公表を一時的に停止することになった。わが国には基準点として、電子基準点が一二四〇点、水平位置を決める三角点が一〇万九〇七四点、高さを決める水準点が一万八二三九点存在する。今回は、三角点では推定歪みが二ppmを越えた地域（約四万四〇〇〇点）、水準点では上下変動が数cmとなる地域（約一九〇〇点）で公表が停止された。また、電子基準点も一六都県で公表が停止されたが、GPSにより常時観測を継続的に行い、五月三一日に四三八点の新しい測量成果が公表された。三角点と水準点の新たな測量成果は一〇月三一日に公表された。これらの改定点の成果を含めた全国の測量成果は「測地成果二〇一一」と呼称されることになった（檜山ほか、二〇一一）。この変更は、日本測地系から世界測地系に移行した二〇〇二年以来のことであり、基準の制定としては大きなできごとである。

さらに、これらの位置の原点となっている日本経緯度原点、日本水準原点も大きく移動した。経緯度原点については約九二度の方位に二六・五cm、水準原点については二・四cmの沈降が確認され、その原点数値も改正された（「測量法施行令の一部を改正する政令」の公布・施行）。これらの成果が、今後の復旧・復興測量の礎になっていく。

東日本大震災においては、空間情報技術が、これまでの蓄積を活かし、被災状況の早期把握と共有化に貢献したといえる。その効用は十分であったと認識しているが、さらに迅速な情報公開が望まれていることも事実である。情報取得後から公開へいたるまでには、多くの人手を要している。とくにGISにおいては、ボランティアの方々の貢献により、従来からは格段にその速さが向上していることも忘れてはならない。さらに、早期の情報公開と反して、情報の正確性を担保することの難しさも明らかになった。物理的に観測された情報と異なり、人的情報の取り扱いも難しいところである。不特定多数による情報から、いかに重要で正確な情報を取捨選択するかが課題になっていることは先にふれた。その課題に対しては、それらの情報から、人々がどのような行動をしたか十分に知る必要がある。この点については、次章で論ぜられるところである。

空間情報が持つ社会に対する責任としては、現在起こっていることに対して、可能な限り客観的かつ正確な情報提供を行うことに尽きる。災害状況を早く正確につかむためには、初動調査による観測に加え、被災前との比較による分析も重要である。そのためには、情報基盤としての空間情報を、平時から十分に整備・更新しておくことが必要不可欠である。これらの情報は現状を把握するためだけでなく、今後の方向性を決めるための重要な基礎資料にもなるものである。そして、この大震災の記憶を後世に残すための、なくてはならない記録となっていくであろう。

第5章 避難しないのか、できないのか
——避難行動と防災教育

田中　淳

1——避難の実態

避難をめぐる論点

東日本大震災の犠牲者の多くは、津波によるものだった。しかも、日本で最も津波意識の高い地域の一つである三陸地域だったにもかかわらず、多くの人的被害が発生してしまったのである。なぜ、これだけ多くの人が命を落としたのか、真摯にみつめ直さなくてはならない。人間の意識の問題なの

か、それとも避難環境の問題だったのか、津波警報など災害情報の問題だったのか。その原因を、実証データに基づき分析することは、今後の施設整備水準のあり方、都市計画のあり方、避難施設のあり方、災害情報のあり方、そして防災教育のあり方のすべての前提となる。

ただ、残念ながら、避難の実態を完全に解明をすることはできない。端的に、亡くなった二万人の声を聞くことができないからである。津波の犠牲となった二万人が、どのような状況で、どのような判断を行い、どのような行動をとったのか、最も決定的な情報を得ることはできない。できることは、津波からかろうじて逃れることができた人たちの判断と行動とから、犠牲となった人の行動を推測するしかない。

加えて、身を守った方々に対する調査にも、研究倫理上の面から制約がある。あれほどの大災害となると、被災された方の多くが心に深い傷を負っている。研究という名のもとで、強制的に思い出させること自体が、ときに心の傷を深くしてしまう危険性が高い。したがって、協力を得られる人に限り、配慮を持った調査を実施すべきである。人間を対象とする科学である以上、この研究倫理をゆるがせにしてはならない。

さらに、操作的に母集団を決定できないため、調査結果の信頼性には一定の制約がある。科学的に調査を行うためには、対象とする集団を決定し、その中からランダムに対象者を選ぶ必要がある。回答者が特定の層に偏らないようにするためである。今回の津波避難であれば、概念的には、「津波浸水地域ならびに浸水する危険のあった地域に、地震発生当時にいた人」になる。しかし、仕事等で浸水地域内にいた人を把握することは実質上できない。また自宅にいた人であっても、その後の避難等で移動が激しく、現住所を把握することは現実的には難しい。対象者のリストをつくり、そこから無作為抽出をするという手続きがとれないため、回答者の代表性に疑問が残ることとなる。

これらの制約は残るが、いくつかの調査結果を比較するメタ分析を行うことで、ある程度の一貫した傾向を読み取ることができる。以下、主に二つの調査に依拠しつつ、適宜、関連調査を参考にしながら、その傾向について紹介していくことにしよう。

第一に、内閣府が岩手県、宮城県および福島県を対象に面接調査法で実施した調査である（以下、内閣府調査と略す）。調査時期は二〇一一年七月上旬から下旬にかけてで、回答者数は仮設住宅あるいは避難所に暮らす八七〇人である。

第二に、国土交通省が、青森・岩手・宮城・福島・茨城・千葉六県の太平洋側六二市町村の浸水区域内に居住している、ないしは地震当時に居住していた個人（約六〇万人）から、約一・五％を目途に避難所・仮設住宅・自宅等に暮らす一万六〇三人を対象に、二〇一一年九月下旬から一二月末にかけて面接調査法で実施した、現時点で最も大規模な調査である（以下、国交省調査と略す）。なお、内閣府調査および国交省調査は、設計あるいは分析に筆者が協力したものである。

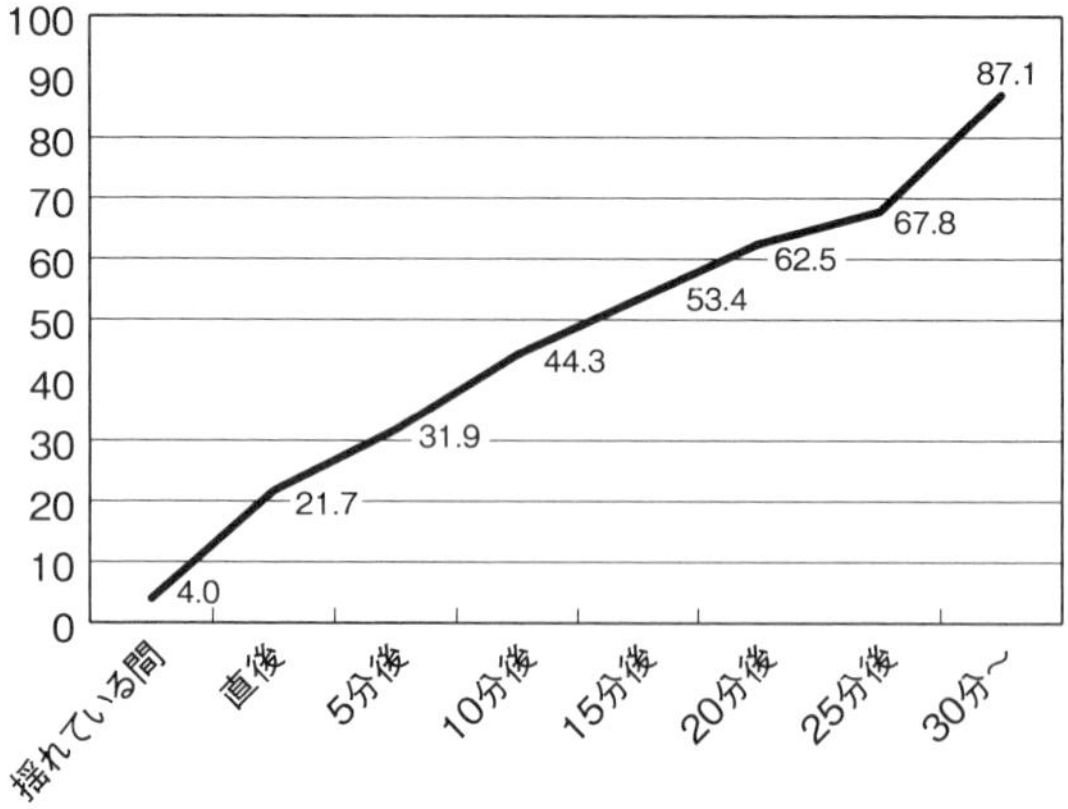

図5-1　地震後30分間の宮城県での避難開始時間の累積（サーベイリサーチセンター，2012から作成）

津波への警戒と避難

東北三県では、高い事前避難率だったといえる。津波到来前に九割程度が避難を完了していたと推定される。内閣府調査では、約九割が津波到着前に避難を開始していた。さらに、国交省調査では、避難しようと思った人と、避難しようと思わなかったが津波に巻き込まれそうになった人を避難が必要な層とすると、八五・七％が事前に避難したものと推定される。図5-1に示した通り、宮城県を対象としたサーベイリサーチセンターの調査（二〇一二）では、三〇分以内に約九〇％が避難を開始している。

　この避難率は、きわめて高い。たとえば、一年前の二〇一〇年二月に発生したチリ地震に伴う津波に際して、避難率がほかの地域と比べて高かった宮城県岩沼市でも六三・二％（関谷ほか、二〇一一）であり、今回の避難率よりも低い。今回の回答者の中で、一年前のチリ地震

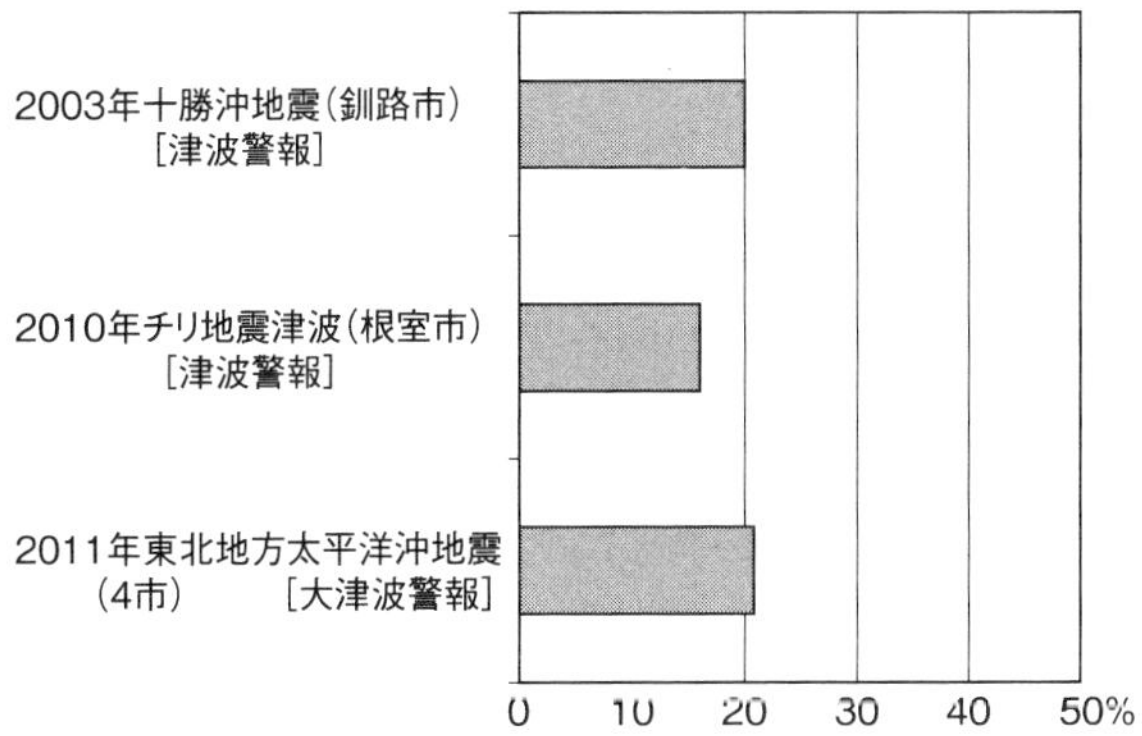

図 5-2　北海道での地震による避難率の違い（関谷ほか，2011）

津波時に避難した率は、岩手県で四〇・〇％、宮城県で二六・六％にとどまっており、さらに今回の避難行動と相関は認められない（内閣府調査）。

今回、避難率が高かったことに対する一つの仮説は、揺れの程度が大きかったことである。その理由は、北海道の四市では、二〇〇三年の十勝沖地震や二〇一〇年のチリ地震津波と変わらない二〇％程度の避難率に留まっていた点である（図5-2）（田中ほか、二〇一一b）。北海道の四市では、震度4と揺れは比較的弱かったと考えると、整合的に説明できることになる。

次に、避難の過程について、もう少し詳しくみていこう。まず、地震が発生したときの状況から確認しておく。いた場所は、自宅にいた人が六割程度（内閣府調査で五七・八％、国交省調査で五九・五％）、自宅外が四割程度となっている。自宅外では、会社・学校が多く（内閣府調査で一八・三％、国交省調査で一七・九％）、屋外は四％強となっている。建物内にいた人の八三・一％が一階部におり、三階以上にいた人は、〇・九％に過ぎない（国交省調査）。

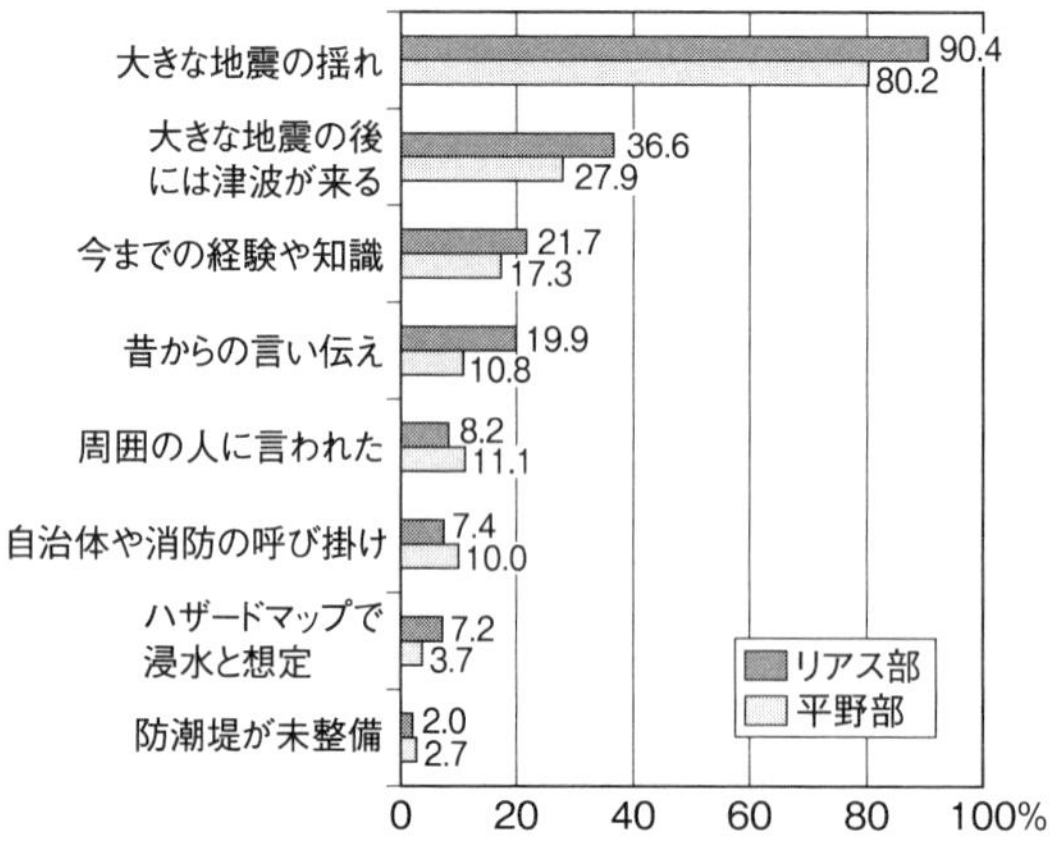

図 5-3　津波がくると思った理由（国交省調査）

地震の揺れの直後に、必ず津波がくると思った人は三二・八％、くるかもしれないと思った人は一七・七％、こないだろうと思った人が二二・四％、ほとんど考えなかった人が二六・八％であった（国交省調査）。揺れの段階で、必ずくるあるいはくるだろうとみていた人は五〇・五％と半数強となっている。ちなみに、この比率はリアス部では六四・七％と、平野部の三九・三％を大きく上回っている。

津波がくると思った理由として、図5-3に示した通り、リアス部でも平野部でも、「揺れが強かったこと」をあげた人が多い。他方、こないと思った理由は、図5-4に示した通り、リアス部では「沿岸から離れているから」、ついで「今までの自分の経験から」、「津波ハザードマップで非浸水と想定」だが、平野部では自分の経験からが四三・二％と多く、ハザードマップは四・〇％と少ない（国交省調査）。平野部では、過去の経験が避難の抑止に働く「経験の逆機能」があったと考えられる結

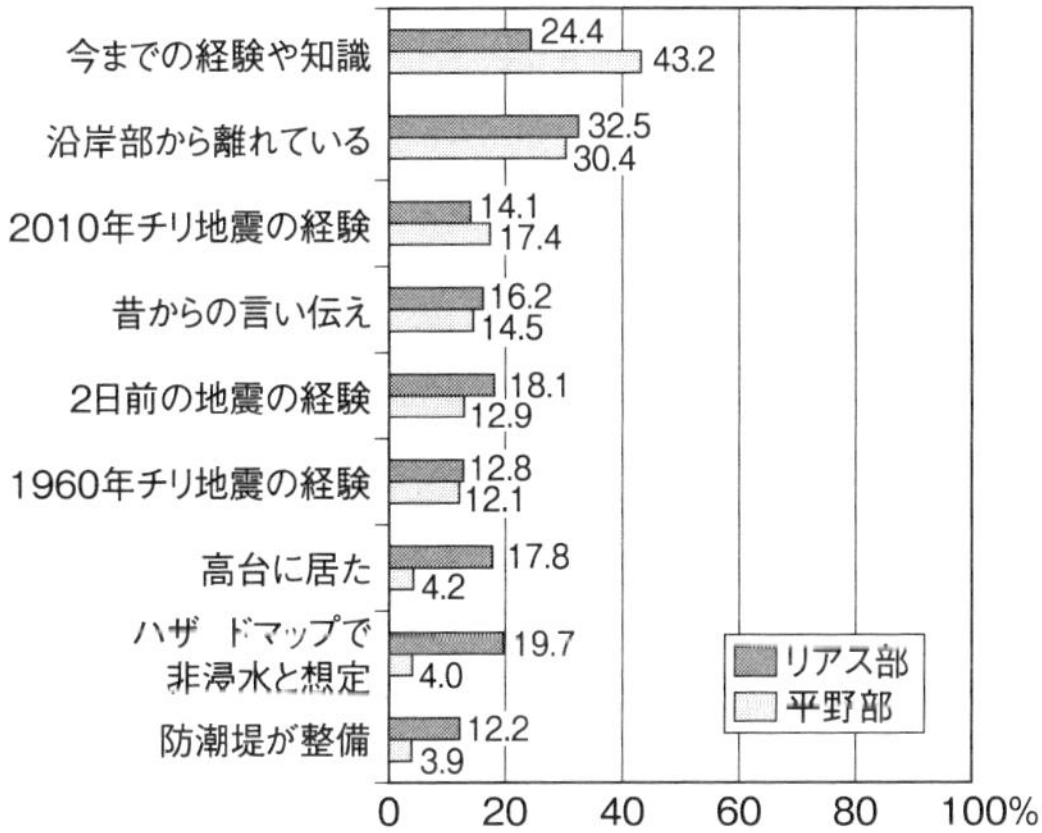

図 5-4　津波がこないと思った理由（国交省調査）

果となっている。

さらに、津波警報を聞いて、「避難しなければという意識が高まった」という人が六二・九％に対して、「聞いた津波の高さであれば避難しなくても大丈夫だろうと思った」人は六・五％に留まった（内閣府調査）。なお、残りの三割は避難の判断に関係なかったとした人である。国交省調査でも、「すぐに避難しなければならない」と思った人が五九・八％、「すぐに避難した方がよい」と思った人が一一・三％と、やはり七割以上の人が避難の必要性を感じていた。

ただし、今回の震災では、停電のためもあり、津波警報を聞いた人は半数程度に留まった（内閣府調査で四二・四％、国交省調査で五〇・〇％）。防災行政無線を通して聞いた人が過半数（内閣府調査で五一・八％、国交省調査で五五・九％）を占め、テレビから入手した割合が低いのが今回の特徴である。大まかにいえば、半数の人が津波警報を聞き、その七割、つまり全体の三分の一程度の人が警報で避難を考えたことになる。

避難の呼びかけを聞いた人は、内閣府調査で二三・一%、国交省調査で三七・四%と差はあるが、四割以下に留まった。防災行政無線では、津波警報の伝達とともに避難の呼びかけをしているところが多い。したがって、比率は同程度になると予想されるが、結果は、警報の入手率よりも低かった。呼びかけとは受け止められなかった可能性も考えられ、もしそうならば呼びかけの表現を検討する必要が出てくる。

最終的には、避難しようと「思った」人が七一・九%、「思ったができなかった」人が四・八%と、七六・七%が避難の意向を固めた（国交省調査）。避難できなかったのは、「遠いから」という人も二割以上いるが（リアス部で二五・五%、平野部で二〇・〇%）、「仕事があったから」（リアス部で二六・一%、平野部で一七・五%）や「弱者がいたため」（リアス部で一三・三%、平野部で二三・三%）とした人も少なくない。避難を思いとどまらせるこれらの環境要因も大きかったのである。

その一方で、二二・八%は避難しようとは「思わなかった」としている（国交省調査）。避難しようと思わなかった二割のうち、三七・二%は「海から離れた場所にいたから」としている。ただし、避難しようと思わなかった人の一一・九%は「津波に巻き込まれた」としており、一七・〇%が「巻き込まれる寸前だった」としている。前述した通り、これらの人は、避難が必要だった層ということになる。

揺れの段階で津波がくると思った人が五割、警報を聞いた人の七割が、津波到来前には八割近くが

直接避難型	地震後に直接避難場所に行った. 津波に巻き込まれた人は5%. 49%が津波来襲を意識.
用事後避難型	地震後に用事を済ませて避難. 津波に巻き込まれた人は7%. 自宅外が64%.
切迫避難型	津波が迫ってきてから避難. 津波に巻き込まれた人は49%. 30%が津波来襲を意識.

図5-5　津波避難実態にみる課題（内閣府調査データに基づく）

避難しようと考えていたことになる。この避難意図に対して、実際の避難のパターンを内閣府調査に従ってまとめると、図5-5に示したようになる。

おおむね六割の人が該当する「直接避難型」は、地震後に直接避難場所に行った人たちである。早めの避難を開始した人も多く、津波に巻き込まれた人は五%と一番少ない。しかし、避難先で津波に巻き込まれた人も少なくないことは、今回の津波避難の大きな課題の一つであった。なお、この直接避難型の全員が津波を意識して避難をしたわけではない。津波を意識した人は四九%であり、残り五一%は意識していない。これらの人は、周囲の人の働きかけで避難をしたと考えられる。この点は、本章2節「規範」の項で再び取り上げることにする。

次に、地震後に何らかの用事を済ませてから避難をした「用事後避難型」で、おおむね三割程度と推定できる。津波に巻き込まれた人は七%と直接避難型よりも若干多い程度であった。このグループの特徴は、自宅外にいた人が多いという点である。内閣府調査では六四%に達している。これらの人が実施した用事とは、「家族を探しにいったり、迎えにいったりしたから」が二〇・八%、「自宅に戻ったから」が二一・九%、

「家族の安否を確認していたから」が一二・七％、「仕事があったので」が九・一％となっている。「地震で散乱した物の片付けをしていたから」（一〇・〇％）、「過去の地震でも津波がこなかったから」（一〇・八％）といった回答もあるが、仕事と安否確認が大きかったといえよう。つまり、平日昼間であったため、自宅を離れた人が避難の前に、家族の安否確認や避難支援の動機が発生したのである。避難を促進するには意識面だけではなく、仕事や不安を減らすことも視野に入れておくことが必要となる。

最後が、津波が迫ってきてから避難を開始した「切迫避難型」である。避難の開始が遅れた分、津波に巻き込まれた人は半数程度に達している。一般に、意識が低いから避難が遅れたと考えられるが、実は三〇％が、揺れの段階で津波来襲を意識している。これらの人は、津波への危機意識が高かった故に、助けに入った人であり、業務上避難支援や防災業務にあたった人も含まれている。助けにいくと自らの命を危険に曝すが、助けにいかなければ大事な命を見捨ててしまうという、いわばパラドックスが発生している。緊急時の対応には限界があることに起因するパラドックスである。

用事後避難型にも共通するが、実は、人間は避難をして自らの命を守るだけではなく、家族の命を守ることや業務などを果たすことを同時に持つ多目標システムである。単に無知だから、不合理だから避難しないわけではない。避難しなかったのはほかの目標を達成しようとしたためである事例も多く、そのような避難と競合するほかの目標を減らさない限り、避難率を向上させることは難しい。

目指した避難場所は、指定避難場所が四五・七％と半数弱で、津波の危険がない屋外の高台（二四・四％）や高台にある親戚・知人宅（八・三％）、内陸部（四・五％）や高いビル（四・四％）などとなっている（内閣府調査）。指定避難場所自体は知られており、七五・一％は知っていたとしている（国交省調査）。これまでの津波避難事例でも、指定避難場所へ避難する人は半分以下であった傾向と一致する。加えて、今回は津波が堤防を超え、当初予定していた避難場所まで避難できなかった人が一二・七％いたことも、指定避難場所以外が多かった理由の一つである。

さらにひとたび避難したものの、予想を上まわる高さの津波に再避難を迫られた人もいた。最初の避難時点で、約三割の人が依然として浸水地域内におり、再避難した人は三七・四％に達した（内閣府調査）。実際に、最初に避難した場所に津波がきた人はリアス部では六・八％、平野部では一一・二％に達した（国交省調査）。

最終的には、津波に巻き込まれた人がリアス部では六・二％、平野部では八・五％に達しており、巻き込まれる寸前だった人がそれぞれ一四・三％、一三・六％と、多くの命が危険にさらされたことになる。内閣府調査でも、津波に巻き込まれ流された人が三・九％おり、津波が迫り体がぬれたりした人は六・二％いた。まさに間一髪のところで難を免れた人も少なくはない。

なかでも建物に難を逃れた人は、より危険にさらされた。「ビルや高い建物の上階または屋上に避難した」人は一六・三%（内閣府調査）であった。しかし、その建物は三階建てが四一・五%と最も多く、ついで二階建てが三三・一%と、四分の三が三階建て以下の建物に避難をしていた。その結果、高い津波に襲われ、「津波にもまれながらも、物につかまって助かった」（内閣府調査で八・五%）、「津波がぎりぎりのところまで迫っていて、恐怖を感じた」（内閣府調査で五四・二%）と建物避難をした六割が危険にさらされた。

車での避難も危険が指摘されている。今回の津波災害では、避難に車を使った人が六割近くに上っていた（国交省調査で五九・八%、内閣府調査で五六・一%）。サーベイリサーチ調査では車が五一・二%と低い。これは徒歩による避難率の高い三陸地域のウェイトが高いことが影響していると思われる。実際に、リアス海岸地域では車使用率は五二・七%と、平野部の六五・一%（国交省調査）よりかなり低い。

理由も、「車でないと間に合わない」と思った人（内閣府調査で三四・四%、国交省調査で二九・九%）や、「家族で避難しようと思ったから」（同、三二・三%、二六・一%）がそれぞれ三割程度を占めており、よく指摘される「車も財産だから」としたのは少数派だった（同、六・八%、八・六%）。そもそも地震時に車に乗っていた人もおり（同、一九・五%、二五・〇%）、車避難を考える上で通過交通も含めて対応を考えておく必要がある。

「安全な場所まで遠くて、車でないと行けない」と思った人も二割程度いた（同、一九・七%、二三・四%）。実際に、車での避難距離は徒歩と比べて四倍程度長い。内閣府調査では、徒歩の移動距離四五〇mに対して、車避難のそれは中央値で二kmと約四・四倍となる。国交省調査では、徒歩避難では二五〇m以内が五割を占め、六二五m以内が八割を占めたが、車避難では五割に達するのは一・二五km以内まで、八割に達するのは三・二五kmと、五倍になっている。いずれの避難距離も地図から読み取った実測値であるが、車を使った半数以上の人が、国交省調査では一・二五km以上、内閣府調査では二km以上避難したことになる。なお、徒歩での移動速度は平野部で平均時速三・八〇km、リアス部では一・九三kmとなっており、平野部であっても一・二五kmを避難するのに二〇分程度かかることになる（国交省調査）。これらの結果からみると、現実には、車で避難せざるを得なかった人が多かったことになる。

しかし、車避難の結果、渋滞に巻き込まれた人も二三・二％（内閣府調査）に達している。車避難には渋滞という大きなリスクが伴う。また、最初に車を使っていたものの途中で降りた人は、二・一％（内閣府調査）、六・九％（サーベイリサーチ調査）と少数派であった。

2――避難の促進要因・抑制要因

避難できた人とできなかった人の違いは、どこにあるのだろうか。どのような対策によって、避難率を高めることができるようになるのだろうか。

一般的知見

避難に効果を持つと考えられる要因として、多くの変数が指摘されている（中村、二〇〇八）。たとえば、年齢と性別によって避難に有意な差がみいだされている。具体的には、二〇一〇年チリ地震津波時の避難行動を調べた結果では、女性の方が男性よりも避難意向が高く、年齢の高い方が避難傾向は高い（東京大学総合防災情報研究センター（以下、ＣＩＤＩＲ）チリ地震津波調査）。この傾向は、世界的に共通しており、有意な説明変数の一つである。しかし、これらの属性変数は政策的にコントロールできないため、リスク認知や事前の知識レベル、警報等の入手手段など、改善可能な多くの変数が検討されている。

ここでは、今回の津波災害で論点となった津波警報とハザードマップについて実態を紹介した後で、地域の働きかけについて論じていく。

予想される津波の高さの効果

東北地方太平洋沖地震が発生して三分後に、気象庁は津波警報「大津波」を発表した。遠地津波である二〇一〇年のチリ地震を除くと、初めて津波到来前に発表された津波警報「大津波」だった。一〇〇名の津波犠牲者が発生した一九八三年の日本海中部地震では一四分後に、一九九三年の北海道南西沖地震では五分後に、津波警報「大津波」を発表したが、いずれも津波来襲に間に合わなかった（横田、二〇〇八）。このため、気象庁は津波警報の発表目標を三分として技術改良に努めてきた。今回の三分という警報発表時間は、その成果だったといえよう。

しかし、予想される津波の高さについては、宮城県沿岸に関しては六m、岩手県と福島県については三mと発表した。地震発生から二八分後に、宮城県沿岸に対して一〇m、岩手県と福島県沿岸に対して六mへと、さらに地震発生から約四五分後の一五時三〇分に岩手県から房総半島までの太平洋岸に対して一〇mへと切り上げた。しかし、警報を入手できた人も最初の警報のみだった人が多く、特に岩手県や福島県では三mという予想高が、避難を抑制した可能性があると指摘された。

その実態を内閣府調査に基づいて分析してみよう。まず、津波警報の入手状況からみてみると、今回は津波警報を入手できた人は四二・四％、問題となる岩手県でも四四・八％だった。問題となる予想される津波の高さを聞き、かつその後の更新情報を入手できなかった人は、岩手県で一五％程度と推定される。岩手県では、警報を聞いた人の約三分の一が避難しなくてもよいと判断しており、おお

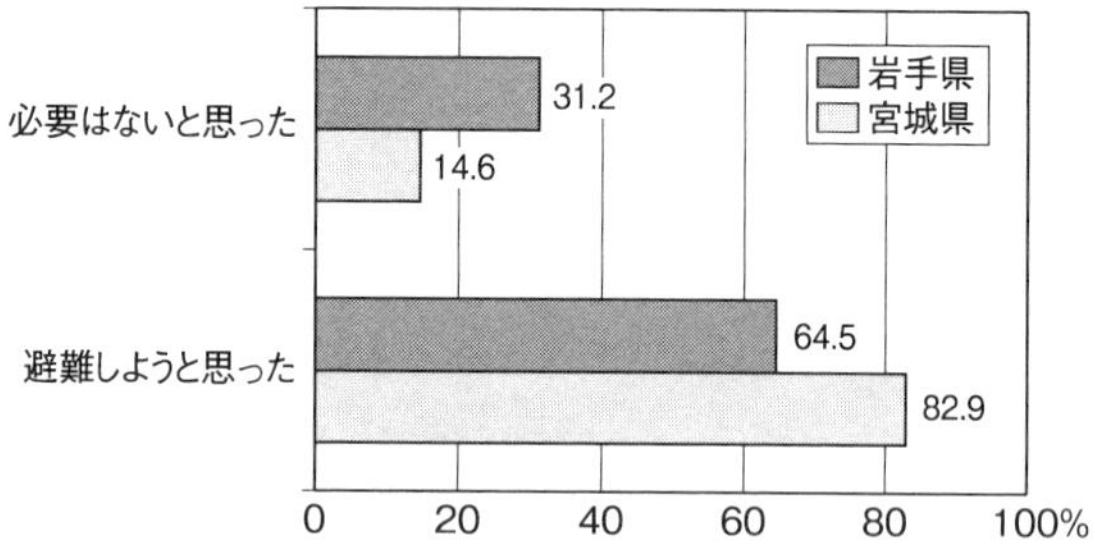

図 5-6　県別にみた津波警報入手者の避難意向（内閣府調査）

むね五％程度の人が、予想高を聞いて避難の意図を鈍らせた可能性がある。

ただし、そう受け止めた人が避難していなかったかというと、必ずしもそうではない。更新警報を受け取れなかった人でも八二・六％は、事前に避難をしている。つまり、避難の抑制要因としては、指摘されているほどには主要因であったとはいい難い。しかし、図5-6に示したように、宮城県と比べて岩手県では、警報を聞いて避難をしなければならないと考えた比率は有意に低い。少数であろうと、抑制要因として働いた人がいたことは重い事実であり、災害情報としては失敗といわざるを得ない。

ハザードマップの効果

緊急時には、伝達に許される時間的余裕は限られている。したがって、迅速に伝え得るメディアと、聞いたらわかる適切な情報表現とが求められる。それでも、災害情報には不確実性が含まれ、適切な理解をするには一定の知識が求められる。事前の情報提供による補完が求められるのである。

その典型が、被害程度をマップ化したハザードマップである。しかし、今回は仙台平野を中心に、ハザードマップで想定されていた地域よりもはるかに広い範囲に、津波が押し寄せた。ハザードマップ上では、津波がこないと予想されており、避難の必要性はないと考えていた人までもが、避難をしなければならなかった。それでは、ハザードマップは安心情報、今回でいえば避難の抑止要因となったのだろうか。

結論からいえば、そもそもハザードマップはみられていなかった。ここでも、内閣府調査に基づくと、五四・七%が「みていなかった」と答えており（国交省調査で五五・一%）、「壁に貼っていた」人や「自宅において、たまにみていた」人はあわせて一九・七%に留まる。ただし、ハザードマップを配布してもなかなかみられないという傾向は、特殊な例ではない。たとえば、二〇〇五年に発生した神田川水害時の調査では、神田川流域の住民の七二%が水害ハザードマップをみていなかった（関谷・田中、二〇〇八）。むしろ、今回被災した地域は、全国的にみれば、みている比率が高い、つまり津波に対して関心が高い地域といえる。

次に、ハザードマップが避難行動に及ぼした影響を見ると、図5-7に示したように、浸水予想地域だったと回答した人では、四二・一%が「津波が必ずくる」、二六・三%が「津波がくるだろう」と思ったと回答している。あわせると七割近くに達するが、非浸水予想地域だったと回答している人では四三・三%、わからないと答えた人では四二・一%でしかない。非浸水予想地域と思っていた人

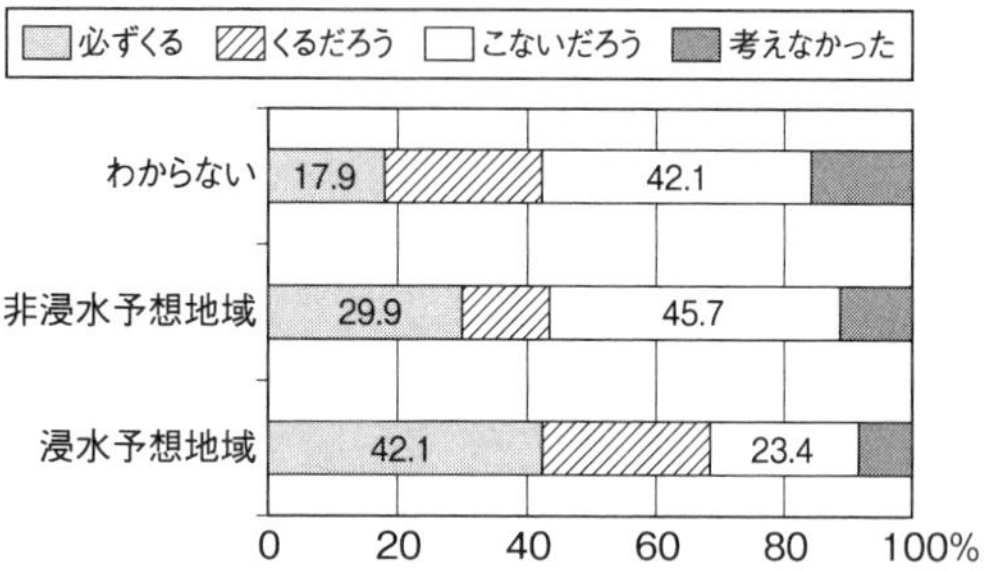

図 5-7　ハザードマップの浸水想定と避難（内閣府調査）

では、津波の切迫性が統計的にも有意に低かった（一％以下の危険率）。つまり、避難意図では有意な負の効果があったことになる。

しかし、直後避難をした率は、浸水予想に大きくは影響されていない。浸水予想地域の人で五六・七％に対して、非浸水予想地域の人では五一・二％、また非浸水予想地域かどうかわからない人では四九・五％と若干の差はあるが、統計的には有意ではない。つまり、浸水予想は避難意向に有意に影響を及ぼしていたが、実際の避難行動を若干は抑止した可能性は否定できないものの、統計的には有意ではなかったことになる。皮肉なことに、ハザードマップの利用や効果に限界があったことが、幸いに働いたとすらいえる。もちろん、ハザードマップで安全な地域だったことを理由に避難が遅れた人がいたであろうし、ハザードマップに基づく避難場所で津波に襲われるという悲劇を生んだことも事実である。

規範

今回の津波避難では、地震時に津波を意識しなかった人が直接避難

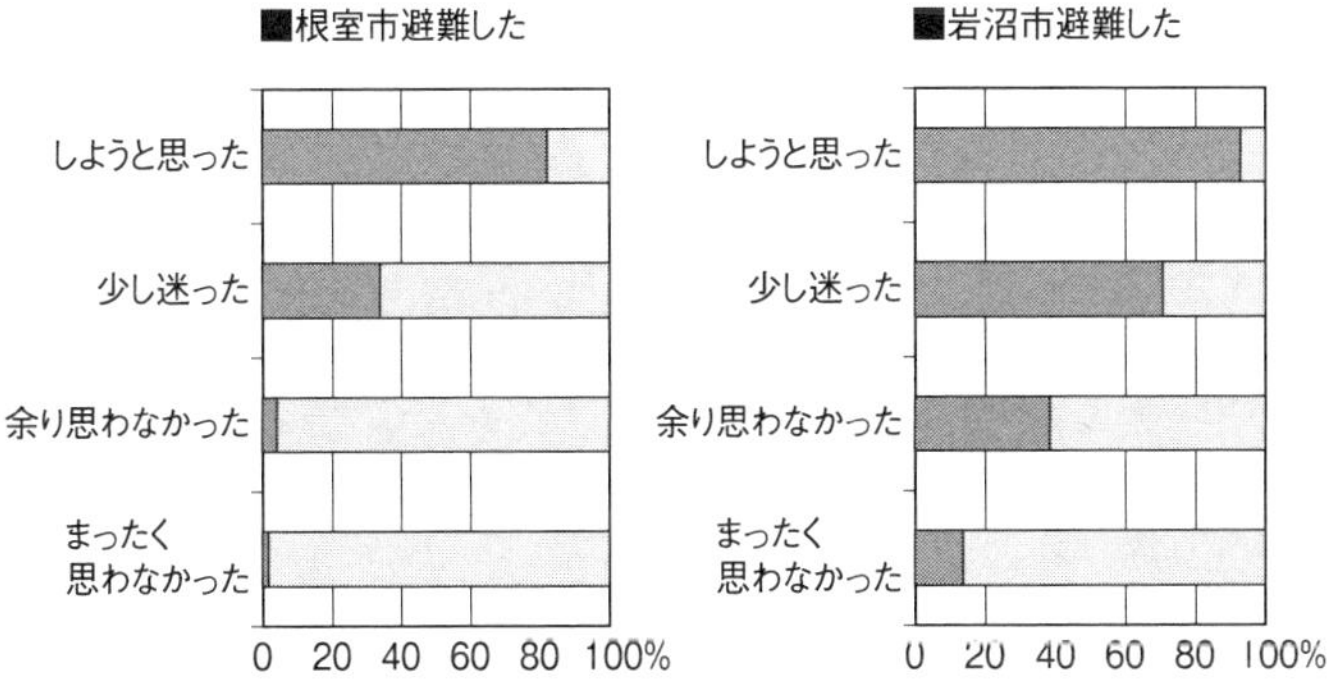

図 5-8　避難の迷いと実際の避難（CIDIR チリ地震津波調査）

型の半数に達していた。それらの人があげた避難の契機は、周囲の人からの働きかけであった。このことは、個々人の津波への意識の向上とともに、周囲の働きかけもまた津波避難の促進に有効であることを示唆している。

前述したように、チリ地震津波の際に岩沼市の避難率が高かった。興味深いのは、図5-8に示したように、岩沼市では避難しなければならないと思った人の比率も高いが、それとともに迷っていた人が実際に避難をした比率が高いことがわかる（CIDIR調査、未発表）。実は、環境保護行動でも、個人の環境保護意識よりも地域規範がより強い規定因であることを示す結果もある。

このことは、防災教育において、個人の意識の向上は大事だが、それとともに地域で避難しやすい環境や声をかけやすい環境を同時につくっていく必要があることを示している。この点も踏まえて、次に防災教育について考えてみることにする。

3—防災教育への期待と課題

東日本大震災という低頻度大規模災害

東日本大震災は、災害対策の中で、避難、そしてその前提となる防災教育の重視を加速した。防災教育の重要性は、これまでも繰り返し指摘されてきた。この背景にはいくつかの要因を指摘することができるが、その一つに、最近の日本社会が直面する災害が、低頻度大規模災害と高頻度狭域災害の両極であることをあげることができる。

戦後しばらくは、一回に死者が一〇〇〇人を超える災害が多発していたが、近年では、年間の死者は大幅に減少してきている。災害の規模が小さかったこともあるが、治山治水等施設整備や森林保全が進んだ成果である。それでも、小規模な土砂災害に代表されるように、一つの災害で亡くなる人の数は少ないものの、件数そのものは多く、その結果、毎年一〇〇人弱の犠牲を生む災害が発生している。このような高頻度狭域災害は、施設対応は技術的には可能ではあるが、対象箇所数があまりに多く、また施設の費用対効果は小さい。そのため、昨今の財政制約の中で、すべての危険箇所にただちに施設対応を進めることは現実的には難しい。

他方、今回の震災のように、頻度は低いものの、ひとたび発生すると甚大な被害をもたらす低頻度大規模災害も発生している。二〇一一年台風一二号に伴う大規模な土砂災害や河川氾濫は一〇〇年ぶりの災害であったし、活断層が引き起こす地震災害や大規模噴火は、はるかに長い間隔で発生する。規模が大きいために、施設の整備水準を超えて、多くの人命や財産が被害を受ける危険性は常に残る。まさに、今回の東日本大震災は、このような災害が現実に発生してしまうこと、また施設対応には限界があることをみせつけたといえよう。

高頻度狭域災害と低頻度大規模災害のいずれも、施設で抑止することには現実的には限界がある。すなわち立地や避難、耐震化など個々の人を主体とする対策が中心となる。そのためには適切な災害リスクの認知が必要となる。

しかし、一般に、発生間の段階では、災害への関心は低い。また、関心がひとたび上がっても、長期にわたって維持することは容易ではない。CIDIRが毎年実施している調査によれば、図5-9に示したように、災害について語る割合は年とともに低下している。災害を忘れていくことは、発災の直後であれば、元の生活に戻っていく復興の過程と積極的に受け止めることはできる。しかし、長期的には、次の災害に備える社会の力を弱めてしまう。

しかも、災害に対する関心の違いは、防災教育をやればやるほど、少なくとも短期的には人々の知識差を拡大させる危険性を秘めている。学校教育という場を除けば、一般に、関心が高い層ほど防災教育の機会に触れる可能性が高いためである。マスコミュニケーションの効果研究では、知識ギャッ

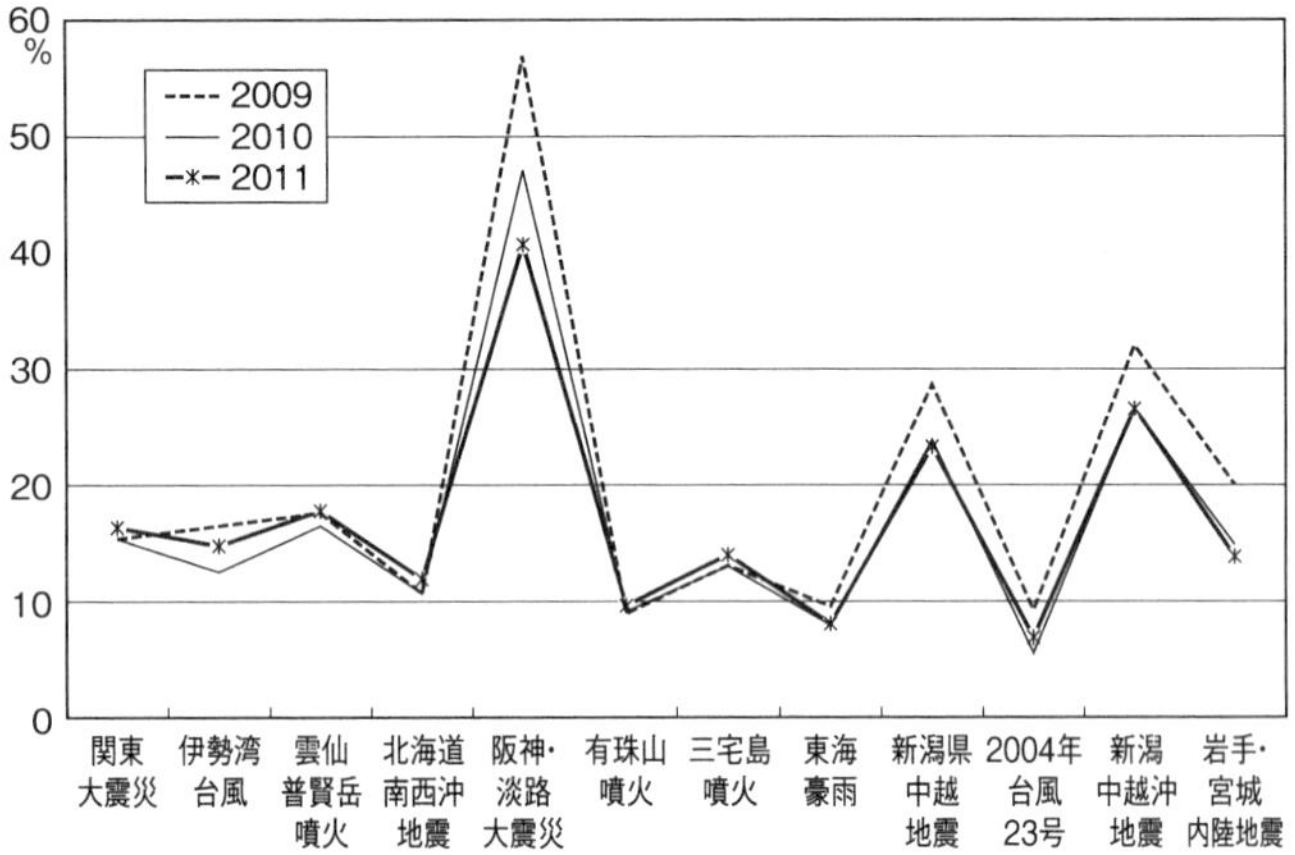

図5-9　最近，話をしたことのある災害（CIDIR調査）

プ仮説として知られている現象である。

行動主義的学習観の限界

防災教育に関する研究や実践は数多くなされてきた。学校場面や地域でのワークショップといった場面や年齢に応じた手法の開発、視聴覚など素材の開発、主体性・インタークティブ性の向上のための手法などが提案されてきた（秦・吉井、二〇〇八など）。

しかし、矢守（二〇一〇）は、これまでの防災教育の「路線に何か根本的な見当違いや誤解がはらまれているのではないか」とし、実はその背後にある「防災の専門家が防災研究によって見いだした知識や技術」（矢守、二〇〇九、p.213）を非専門家が学習するという教育観に問題をみている。

この教育観については、デジタル教材の文脈で、山内（二〇一〇）が、コンピュータを活用した学習支援システムの発展を論じ、その背後に三種の学習観があると指摘している。第一に、「刺激と反応の結合による観察可能な行動の変容であり、刺激に対する反応に対して適切なフィードバックを行うことによって学習を支援することができる」という、ＣＡＩ（Computer Assisted Instruction）の設計に典型的な学習観であり、それを行動主義的学習観と呼んでいる。行動主義と呼んでいるのは、初期の実験心理学が特定の刺激に対して一定の反応を生起させることを学習とみていたことによる。

第二に、認知主義的学習観であり、マルチメディア教材の背景にある「学習者の能動的探索による知識構造体（スキーマ）の組み替えであり、探索によって獲得される知識構造体の部品を適切に提供することによって支援することができる」との見方であるとする。

第三が、社会構成主義的学習観であり、「コミュニケーション行為によって知識が社会的に構成されることであり、コミュニケーション文脈のデザインと知識構成過程への介入によって支援することができる」というコミュニケーション過程ないしは相互作用を重視した見方であるとしている。

もちろん、これらの学習観と学習支援システムとが一対一に対応しているわけではないし、ほかの分類もありうるだろう。ただし、ここで大事な点は、単に専門家の持つ知識を一般市民に移植することが教育ではなく、学習者である市民が持っている知識構造への理解に基づく知識構造の組み替えや、学習者が生活する文脈の中での相互作用への配慮が必要だという点である。田中ほか（二〇一一ａ）は、一般的な津波リスク認知は避難意図の有意な規定因ではなく、自宅リスク認知のみが有意であることをみいだしているが、これも一般的な知識の有効性には限界があることを示している例といえよう。矢守はまさに、これまでの防災教育の多くは、専門家が必要と判断した知識を伝えるという行動主義的学習観に立ってきた点を指摘したものといえる。

わかりやすさとは何か

もう一つ、学習者の知識構造体の組み替え、すなわち初期の知識構造体と新たな構造化という点についてもあまり考えられてこなかった。もちろん、発達段階や学習内容を反映したものは多い。しかし、学習者がもともとどのような知識構造を持っており、そのうちのどの関係性を変えようとしているかという点では、明示的な研究や実践は少ない。

この知識構造への配慮が必要であることは、火山噴火を予め予測できる可能性について、ほかの地域と比べて明らかに悲観的な意見を示していた地域住民が、避難の契機として避難勧告に依存していた例（田中、二〇〇五）にみることができる。事前の予測に悲観的であったのは、過去の噴火事例から、異常現象の覚知から噴火までほとんど時間の余裕がないこともありうることを伝えてきた町の長年の努力の成果である。しかし、もし避難勧告が科学的予測に基づく警報に依存するなら、事前の予測ができなければ避難勧告も事前には発令できない。実際の噴火現象を観察してからであれば、町の避難勧告判断と住民の避難判断とは同じ条件でしかない。避難の猶予時間が乏しいことを考えると、避難勧告を待つことなく、それぞれの個人や世帯が危険性に応じて移動を開始せざるをえない。事前の予測可能性という知識が、避難行動という一連の知識群の中に組み込まれていないことになる。

もう一つの例は、河川氾濫が発生した場合の危険性を示すハザードマップの例である。現在、二五〇m程度のメッシュごとに平均的な浸水深で示されていることが多い。しかし、「床上浸水」となるといわれた場合と比べて、「浸水深一・五m」といわれた場合には、緊迫感は有意に低い（田中、二〇一二a）。この結果は、数値情報で与えられても、うまく自宅の被害に結びつけることができていなかった可能性を示唆している。もしそうであれば、わかりやすさとは表現をやさしくすることではなく、被害や行動につながる道筋が付けられているかどうかに依存することになる。

状況依存

災害発生時に適切な対応行動は、状況によって異なる。自宅で家族全員がそろっていることもあれば、職場や学校にいることもあれば、商業施設や娯楽施設、移動中であることもある。実際に、NHKの生活時間調査によれば、四〇代の男性は外出時間の方が自宅にいる時間よりも長い。居場所によって危険性の程度や内容に違いもあるが、家族が一緒であるか、離れているかも行動に大きく影響する。古くは「火星からの侵入」というラジオドラマによるアメリカの事例分析で、家族と一緒にいなかった人では、ドラマを事実と混同するなど適応に失敗した傾向が指摘されている（キャントリル、一九七一）。東日本大震災でも、自宅を離れていた人は、家族の安否確認等に向かったケースが多い。

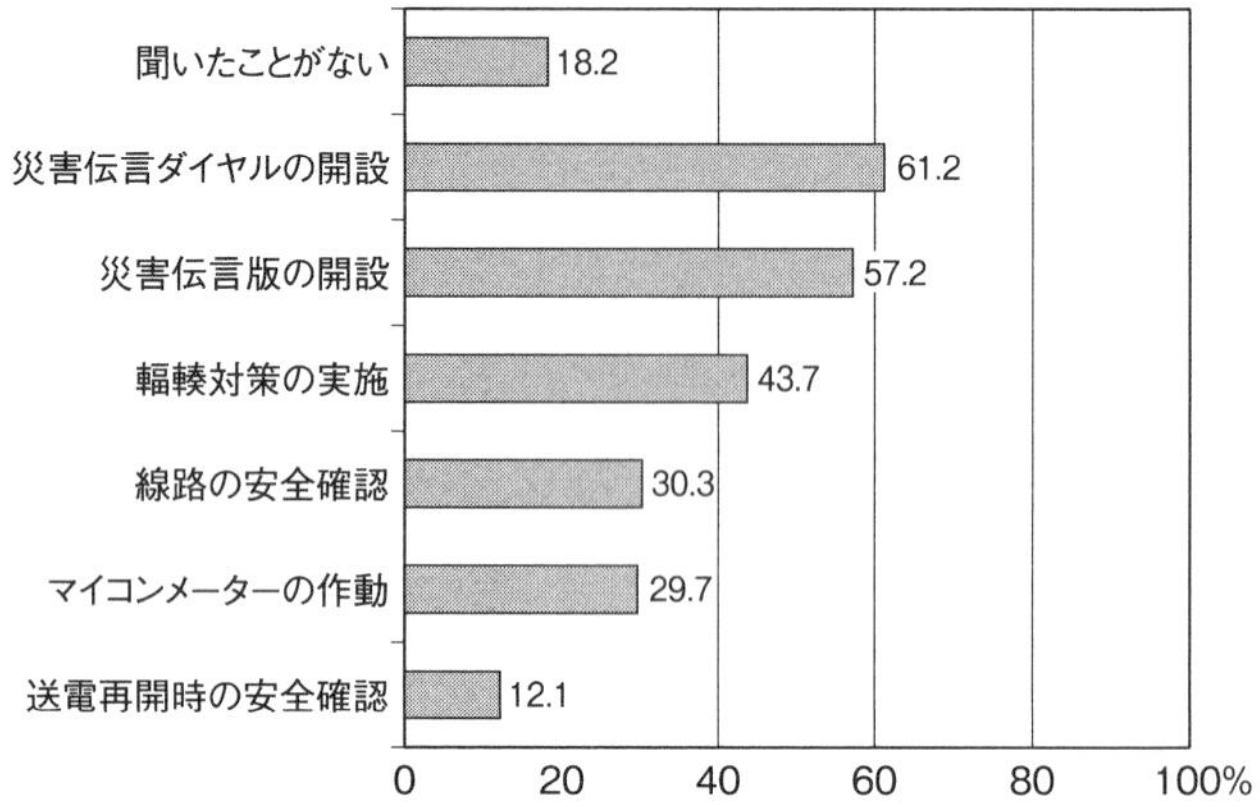

図 5-10　応急対応の認知率（CIDIR 調査）

それとともに、発災後にとられる応急対策によっても、状況は規定される。たとえば、鉄道事業者は安全確認のために、一定の震度が観測されると列車を停車させ、線路等の安全を目視点検する。また、都市ガスでは、各世帯にもマイコンメーターを設置しており、震度五程度で自動的に供給停止する。しかし、図5-10に示したように、これらの対策が十分に把握されているわけではない（田中、二〇一二b）。行動の選択は、災害による環境変化に加えて、われわれがいた場所の物理環境や社会環境、さらには応急対策によって生じる環境変化に適応したものとならなければならない。

適切な行動かどうかは、このような多くの状況要因に規定されるため、必要な判断を網羅的に事前に提供し、記憶し、それに基づいて対応することは現実的ではない。まして、推奨行動は先験的に決定できないことも多い。したがって、かなり個別・特殊的な判断が求められることになり、一般的知識では有効ではないことも少なくない。

この状況依存問題を脱却する一つの解決方向は、本章1節「津波への警戒と避難」の項で指摘したように、緊急時の対応行動には限界があり、その抜本的な解決には事前対策しかない点を再び指摘しておこう。その上で、防災教育におけるもう一つの可能性として、情報や知識を理解するためのメタ知識や見方を上げることができるだろう。片田（二〇一二）は防災教育を「脅しの防災教育」、「知識の防災教育」ならびに「姿勢の防災教育」に分け、「姿勢の防災教育」が大事だと指摘している点に通じるところがある。この姿勢の教育とは、自ら災害情報を集めにいく姿勢であり、情報に依存することなく自らの判断で避難しようとする姿勢である。周囲に存在するシグナルを自ら用い、主体的・能動的に状況の中の危険を発見し、解決を図ろうとする態度を涵養すべきというのである。前述した山内（二〇一〇）は、三つの学習観の次に、個人的にはと断りながら、「新しい課題を発見し、解決の方策を編み出すことを学習と考える学習観」が登場する可能性を指摘している。

両者の指摘は、抽象的であり、教育場面に展開するにはまだ具体性には欠く点もあるが、主体的に課題と解決方策を発見する態度を、学習の目的としている点で、共通性があるように思われる。少なくとも、もう一度、防災教育の目的と伝えるべき内容、対象とする単位を厳しく問い直すことが求められる。

第6章　東日本大震災の経済的側面
——経済構造変化と財政難の日本を背景に

田中秀幸

　本章は、東日本大震災について経済的側面から考察することを目的とする。具体的には、統計的データに基づき、東日本大震災が日本経済にどのような影響を及ぼしたかを考察する。後述する通り、東日本大震災は日本経済に多大な影響を及ぼした。その影響は大きく、かつ、ある程度の期間にわたることは避けられないことから、震災から一年以上経過した現時点でも、その影響の全容を明らかにすることはできない。また、首都直下地震、東海・東南海・南海地震などの大規模な地震が発生する可能性があることを踏まえると、中長期的な視点から大震災が日本経済に及ぼす影響を検討しておくことは重要である。

　そこで、本章では、次の三つのテーマに分けて考察を進める。第一のテーマは、東日本大震災そのものの影響である。発生後一年間程度を対象として、経済的にみてどのような影響があったのかを明らかにする。

第二のテーマは、大震災が地域経済に及ぼす影響である。阪神・淡路大震災を対象として、一〇年程度の期間で兵庫県経済にどのような影響があったかを明らかにするとともに、東日本大震災からの復興への含意を考える。

第三のテーマは、将来に向けた備えである。高齢化のさらなる進展などの人口構成の変化や、日本政府の財政悪化の状況を踏まえて、日本経済をとりまく環境が大きく変化する中で、一〇年以上の中長期的な時間軸をもって、大震災に対していかに備えるかについて考察する。

1——東日本大震災が及ぼした経済的影響

被害額の推計とマクロ経済への影響

本節では、二〇一一年三月に発生した東日本大震災が日本経済に対してどの程度の影響を及ぼしたのかについて、マクロ経済の観点から整理する。そのために、まず本項では、一九九五年一月に発生した阪神・淡路大震災の場合と比較して、より大きな影響があったことを確認するとともに、二〇〇八年九月に顕在化したいわゆるリーマンショックによる影響の方が経済的には大きかったことを確認

表6-1　東日本大震災と阪神・淡路大震災の被害額推計（資本）

	東日本大震災	阪神・淡路大震災
建物等（住宅・宅地，店舗・事務所，工場，機械等）	約10兆4000億円（61.5%）	約6兆4000億円（64.6%）
ライフライン施設（水道，ガス，電気，通信・放送施設）	約1兆3000億円（7.7%）	約6000億円（6.1%）
社会基盤施設（河川，道路，港湾，下水道，航空等）	約2兆2000億円（13.0%）	約2兆2000億円（22.2%）
農林水産関係（農地・農業用施設，林野，水産関係施設等）	約1兆9000億円（11.2%）	約1千億円（1.0%）
その他（文教施設，保険医療・福祉関係施設，廃棄物処理施設，その他公共施設等）	約1兆1000億円（6.5%）	約6000億円（6.1%）
総計	約16兆9000億円	約9兆9000億円

（ ）内の数値は構成比．（東日本大震災の被害額については，内閣府（防災担当）（2011）に基づき，阪神・淡路大震災については，兵庫県（2011）に基づき，筆者作成）

する。

まず、東日本大震災と阪神・淡路大震災の被害額について、建築物、電気・ガス・水道等のライフライン施設、社会基盤施設などの資本に着目して比較する。表6−1にみる通り、総計でみれば、東日本大震災の被害額（約一六・九兆円）は、阪神・淡路大震災の被害額（九・九兆円）の約一・七倍の大きさであった。東日本大震災の場合には、地震の規模がマグニチュード九・〇と巨大であるばかりでなく（阪神・淡路大震災では同七・三）、それによって引き起こされた大規模な津波により、被害が甚大かつ広範囲にわたったことが反映している。また、構成比でみると、東日本大震災の方が農林水産関係の資本の割合が高い一方で、社会基盤施設の割合は低かったところに特徴がある。

東日本大震災の場合には、次項で具体的なデータに基づき確認するように、経済的影響が、電力供給の制約やサプライチェーンの寸断によって、被災地域以外

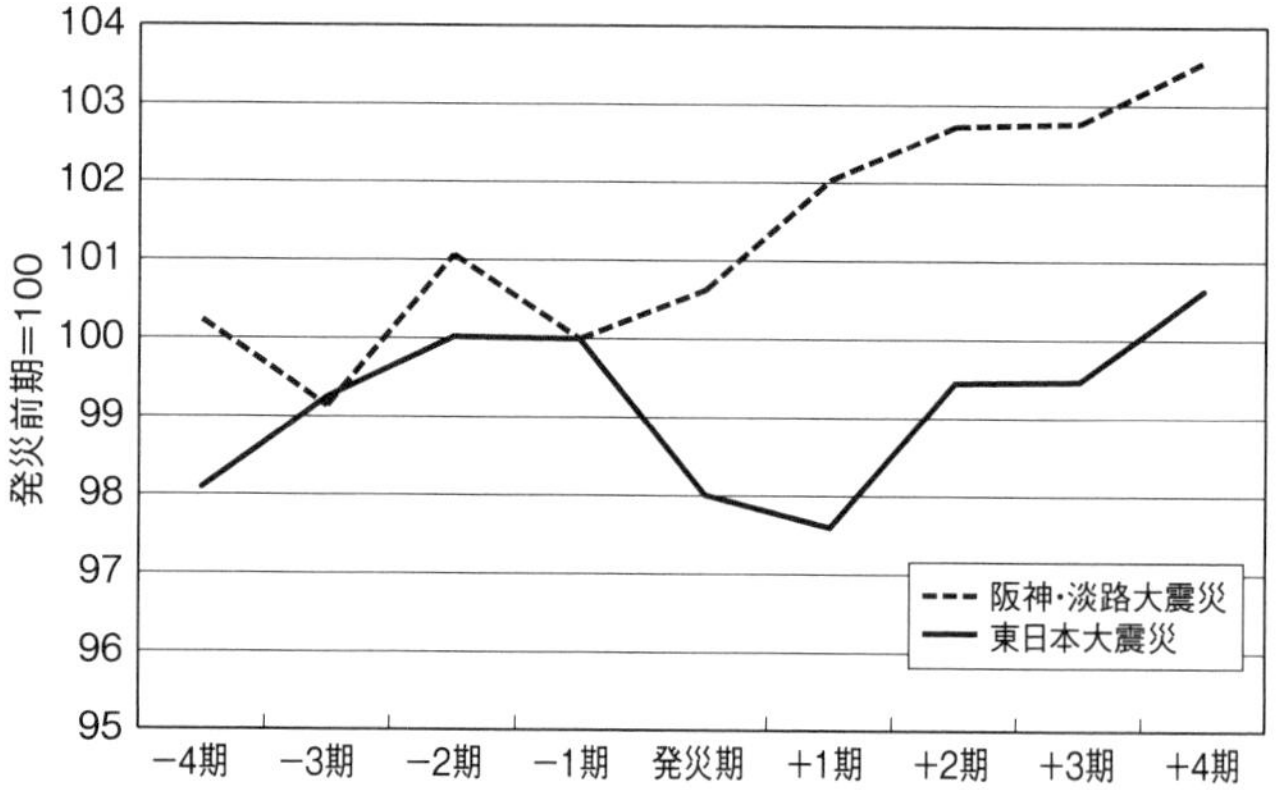

図 6-1　発災期前後の四半期ごとの実質国民総生産の推移の比較（内閣府・国民経済計算・実質季節調整済系列実額に基づき，筆者作成）

にも広く及んでいるところにも特徴がある。このため、日本経済全体に対して大きな影響を及ぼしている。

まず、図6-1で四半期ごとの実質国民総生産（実質GDP）の推移をみる。この図は、地震が発生した月の含まれている四半期（たとえば、東日本大震災の場合であれば、二〇一一年三月を含む二〇一一年第1四半期）の直前の四半期（前同の場合、二〇一〇年第4四半期）の実質GDPの実額を一〇〇として指数化し、その前後の実質GDPの推移を示したものである。この図によれば、阪神・淡路大震災の場合には、本章2節でみる通り、被災地の兵庫県の県民総生産ではマイナスの影響があったものの、日本全体としてみれば、地震が発生した一九九五年第1四半期も前期比で微増し、その後も増加基調にあった。これに対して、東日本大震災の場合には、発災期のみならず、その翌期にかけても減少し、震災前の水準を超えるには発災から一年を要した。

生産活動に着目すると、両震災の差異がさらに大きい

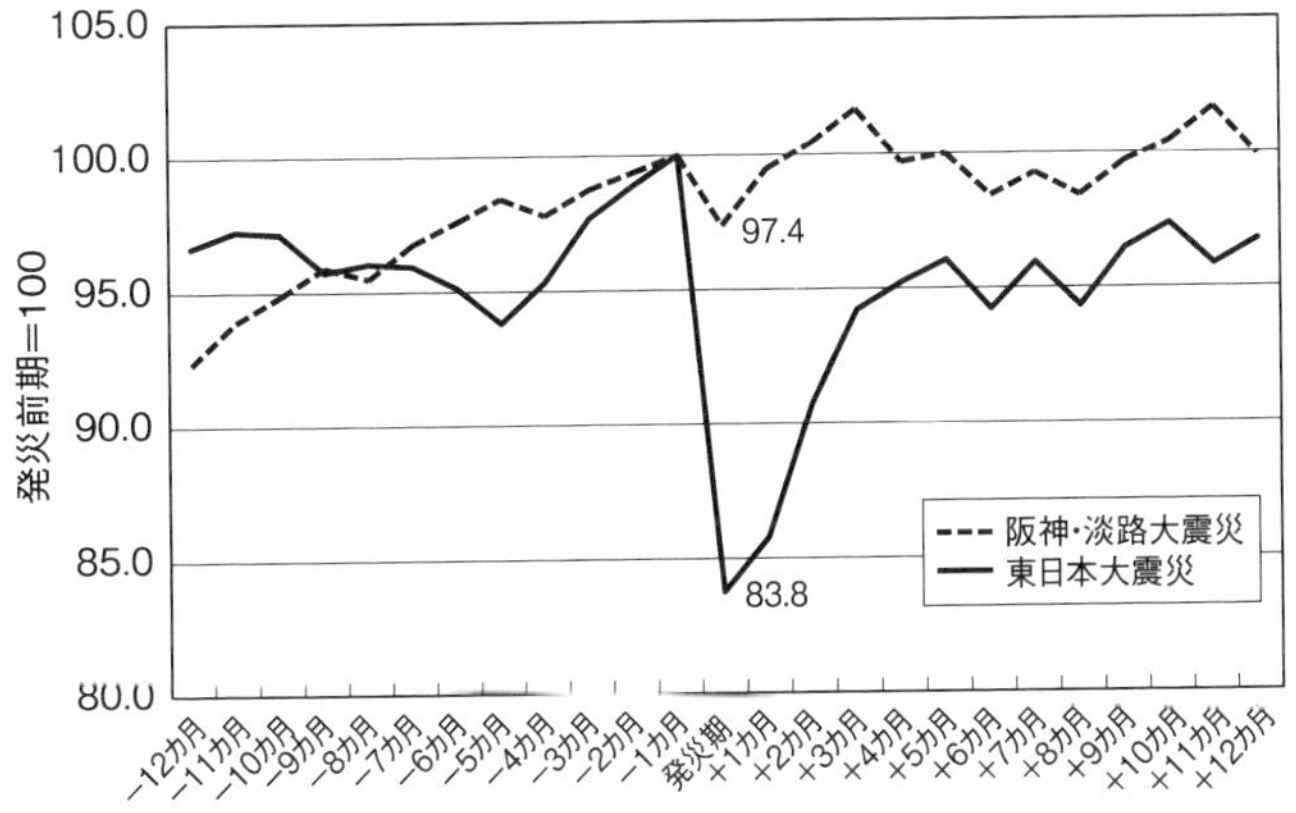

図6-2　発災前後の鉱工業生産指数の推移の比較（経済産業省・鉱工業生産指数季節調整済月次生産に基づき，筆者作成）

ことがわかる。図6–2は、鉱工業生産指数を実質GDPの場合と同様に発災前月の値を一〇〇として指数化し、震災前後の推移を月次で比較したものである。鉱工業生産指数をみることで、鉱工業製品を生産する国内の事業所の生産活動の状況がどのようになっているかを知ることができる。この図によれば、阪神・淡路大震災の場合でも、発災当月は日本全体の鉱工業生産の活動が前月比でマイナスになっていることがわかる。ただ、翌月には震災前の水準に戻っている。これに対して、東日本大震災の場合には、発災当月の鉱工業生産活動の水準が日本全体でみても、前月比で大幅に減少している。そして、生産活動の停滞は数カ月という比較的長い期間に及んでいる。東日本大震災の場合には、経済的影響が被災地域のみならず、日本全体の経済状況に深刻な影響を与えたことがわかる。

さて、阪神・淡路大震災と比較することで、東日本大震災が日本経済に及ぼした影響を示してきたが、近年、

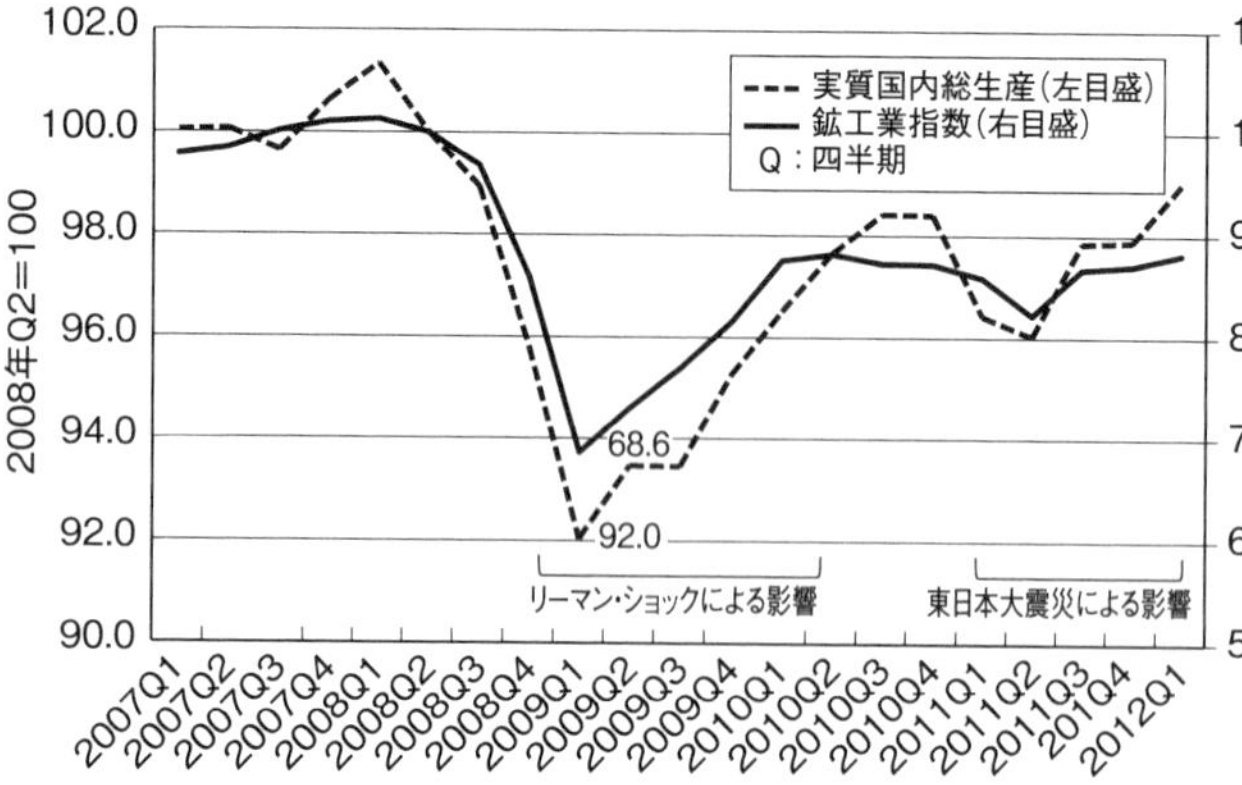

図 6-3　東日本大震災とリーマンショックが経済に与えた影響の比較（内閣府・国民経済計算・実質季節調整済系列実額および経済産業省・鉱工業生産指数季節調整済四半期生産に基づき，筆者作成）

こうした自然災害以上に日本経済に大きな打撃を与えたものがある。二〇〇八年九月に起きたアメリカのリーマンブラザーズ破綻に端を発する、いわゆるリーマンショックである。これにより、世界的な金融危機となり、世界同時不況ともいうべき事態に陥り、日本経済は、輸出の大幅減少に伴い企業活動を中心に急速に悪化した（内閣府、二〇〇九、p.6）。

リーマンショックと東日本大震災との経済的影響を比較するために、図6-3では、阪神・淡路大震災との比較と同様に、実質GDPと鉱工業生産指数について、二〇〇八年第2四半期（四～六月期）の値を一〇〇として指数化し、それらの推移を示した。二〇〇九年第1四半期（一～三月期）には、リーマンショック前と比較して、実質GDPで八%、鉱工業生産指数で三一%も下落しており、東日本大震災よりも格段に影響が大きいことがわかる。また、この図からは、東日本大震災がリーマンショックによる景気の大幅な後退からの回復を経て、足踏み状態の局面で起こったこともわかる。

最後に、東日本大震災が日本経済の将来の成長にどのような影響を与えているかを示しておきたい。将来の経済成長と関連する指標として潜在ＧＤＰがある。これは、資本や労働などの生産要素を経済の過去の傾向からみて平均的な水準で投入した場合に実現可能なＧＤＰとして定義される。内閣府（二〇一一）では、東日本大震災によって潜在ＧＤＰの水準が一％程度（実質年率換算六兆円程度）下がったと試算している。その要因は、資本ストックの物理的な滅失よりも、既存の資本ストックが電力供給やサプライチェーンの寸断によって供給制約されたためとしている。こうした供給制約は、一時的な稼働率の低下であることから、潜在ＧＤＰに対しても一時的な水準調整をもたらすものとして分析されている（内閣府、二〇一一、pp.28–29）。今回の震災で一時的に潜在ＧＤＰの水準が下がったとしても、中長期的観点から日本の潜在成長経路がどうなるかは、今後のわれわれの対応によるところが大きく、現時点では不明確である。中長期的観点からみた将来の日本経済のあり方については、最後のまとめのところで論じることとしたい。

地域を越えた影響の広がり

この項では、前項で触れた被災地以外への影響の広がりについて、国内での広がりと国外への広がりの二つの点から述べたい。どちらの場合も、生産活動に着目する。

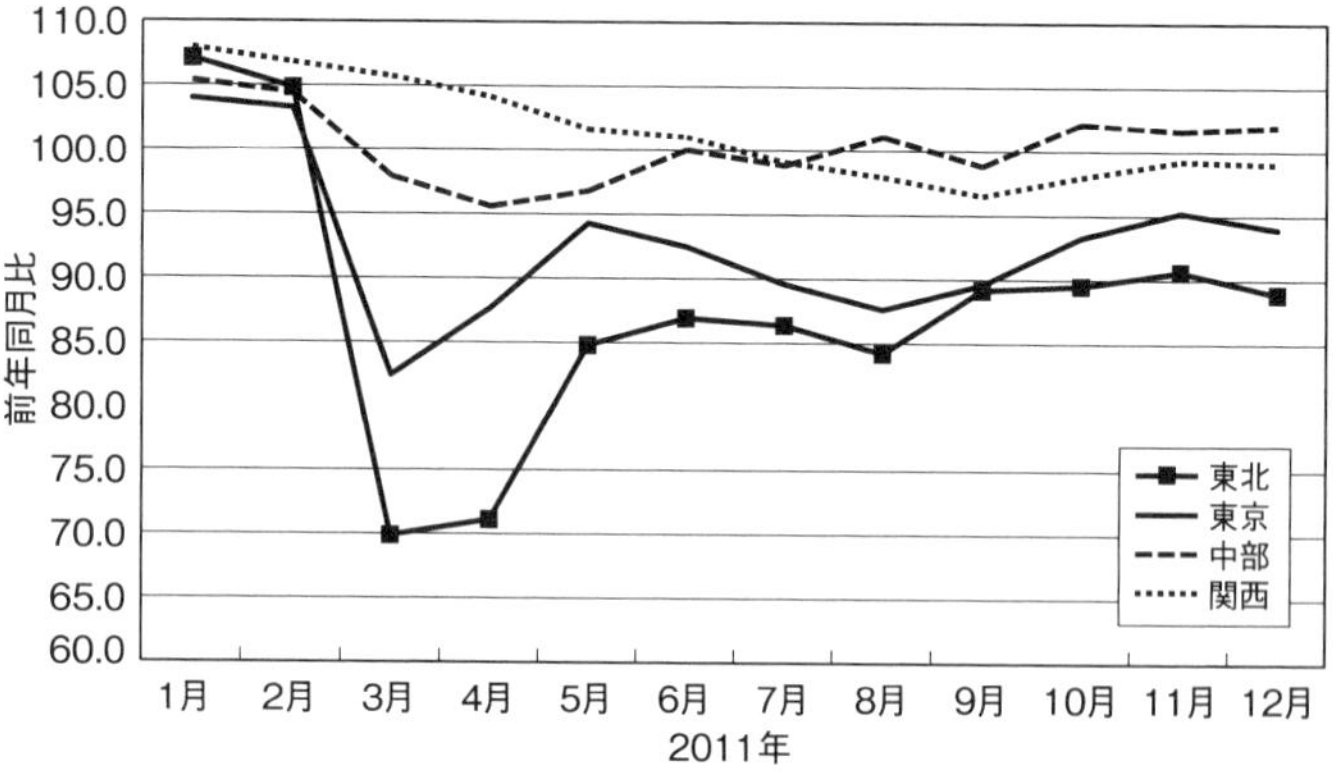

図6-4　電力会社別の大口電力需要量の推移（前年同月を100とする）（資源エネルギー庁・電力調査統計・業種別大口電力需要実績に基づき，筆者作成）

国内の場合には、電力供給の制約による影響があげられる。図6-4は、東北電力よりも震災前の実績量の多い電力会社四社を対象として、地域別の大口電力需要量の実績を示したものであるが、被災地の東北電力管内に加えて、東京電力管内の減少も大きい。この要因の一つとして、いわゆる電力使用制限令の発動を踏まえて、関東地域の企業も節電のための自主的な努力を行ったことがあげられる。東日本大震災では、津波により原子力発電所等が被害を受けたために、被災地を越えて関東地域にまで広範囲に影響が及び、電力供給能力が大きく低下し、それが被災地以外の経済活動にも影響した。

また、サプライチェーンの途絶も被災地以外の地域経済に影響を与えた。近年、企業の生産等の活動は細分化され、かつ、地理的に離れた工場などと部品をやりとりするようになってきた。さらに、在庫をできる限り持たないようにする最適化が進み、必要な部品を必要な分量に分けて取引することが浸透しつつある。従来は、同一企業の中で分業していたものが企業を超えて分業するようになり、相互依存性が格段に高まっている。事業者間のこのような関係をサプライチェーンというが、現在では、工場に置く部品を極力少なくするなど徹底的に効率化されたしくみとなっていることから、被災地域の工場の停止の影響は、被災地外にも広く及ぶこととなった。被災地からの特定の部品の供給が滞ることで、被災地外の工場が操業停止に追い込まれる現象が起きたほどである（内閣府、二〇一一、p.11）。

とくに、乗用車生産での影響は深刻であった。東北地域で半導体を生産する事業者の生産拠点が被災することで部品供給が停止したために、完成車組立工場を一時的に操業停止せざるを得ない事態に陥ったことなどがあり（内閣府・政策統括官室（経済財政分析担当）、二〇一一、p.72）、東北地域からは地理的に離れた東海地方などの生産活動が大きく影響を受けた。図6-5は地域別の鉱工業生産指数の動向を示したものであるが、東海地方は関東地方以上に大きな影響を受けていることがわかる。

サプライチェーンが途絶した影響は、国内にとどまらず、海外にも及んだ。たとえば、自動車部品の世界的なサプライチェーンをみると、関東以北の生産拠点からの部品は、主に北米地域に供給されていた。このため、東日本大震災により関東以北の自動車部品工場が被害を受け、自動車部品の輸出が減少したことで、アメリカの二〇一一年四月の自動車・部品生産は、前月比（季節調整済）八・九%と大きく減少した（経済産業省、二〇一一、p.194）。このように、東日本大震災は、被災地または日本国内でとどまることなく、海外の生産活動にも広く影響した点に特徴がある。

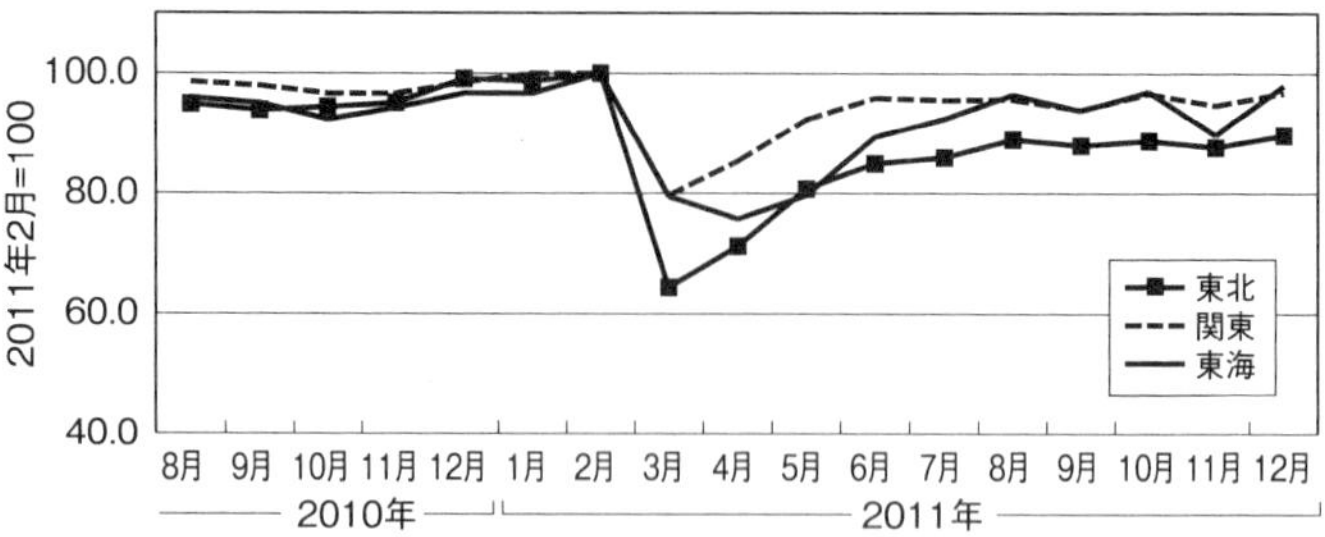

図 6-5　地域別の鉱工業生産指数動向の比較（東北・関東・中部経済産業局発表の鉱工業生産指数に基づき，筆者作成）

2——大震災の地域経済への影響——阪神・淡路大震災を例に

阪神・淡路大震災後の地域経済の苦境

本節では、大震災が発生した場合の地域経済への影響について、阪神・淡路大震災を例として論じる。本章1節でみた通り、同大震災は日本経済全体でみれば実質GDPに影響をマイナスにするほどではなかった（図6-1）。しかし、地域経済でみれば、地震のあった一九九四年度の兵庫県の県民総生産は、前年度比で三％程度のマイナスとなっている[1]（図6-6）。

地震発生の翌年度の一九九五年度には、復旧・復興による経済活動が活発になり、地震が発生する前の一九九三年度と比べても県内総生産の規模は大きくなった。経済規模の拡大は一九九六年度まで続き、一九九七年度にはやや規模は縮小したものの、一九九三年度よりも県内総生産の額は大きかった。しかし、徐々に、復旧・復興需要の効果

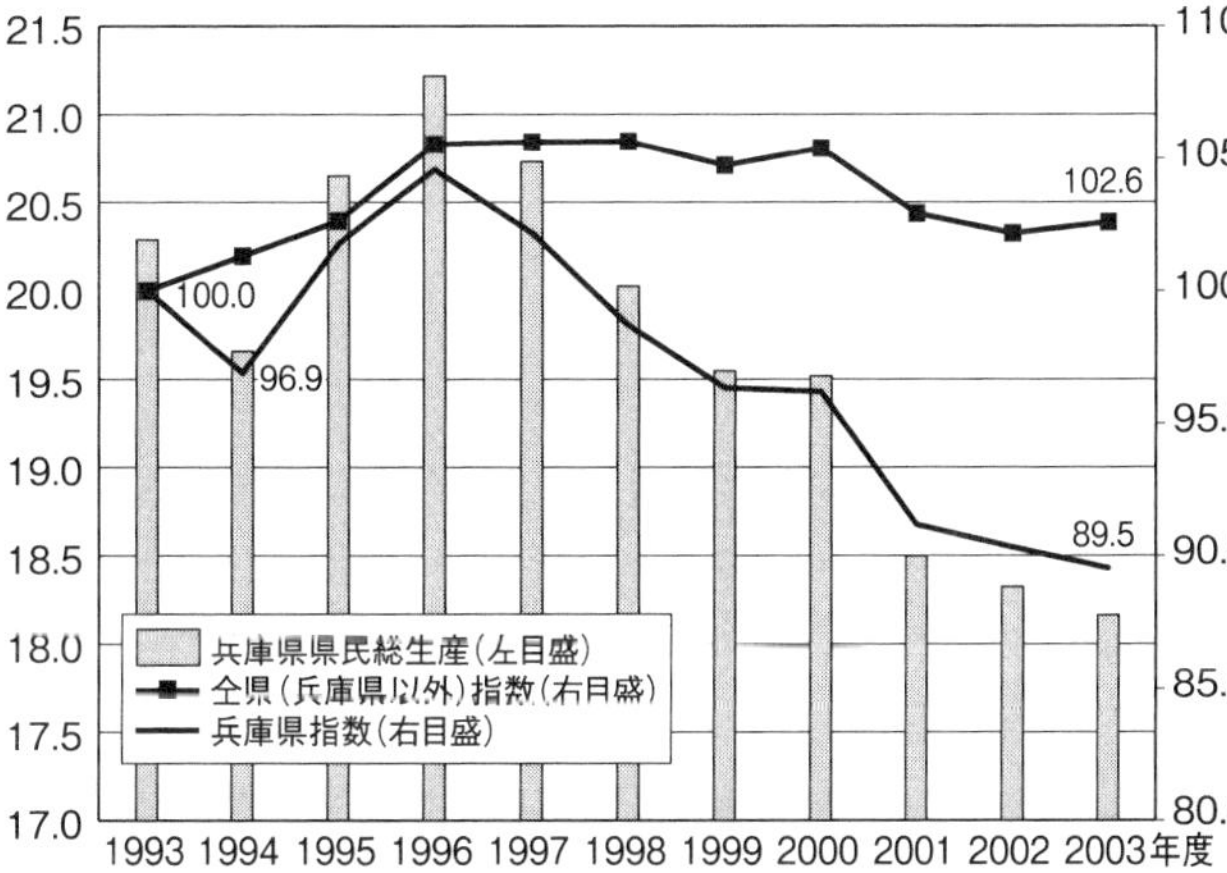

図 6-6　県民総生産の推移比較（内閣府・県民経済計算に基づき，筆者作成）
左目盛の単位：兆円，右目盛：1993 年度を 100 とする．

が減少し、一九九八年度以降は、震災前の水準を割り込むようになった。その後、急速に経済規模は減少し、九年後の二〇〇三年度には、震災前（一九九三年度）と比べて一割以上も兵庫県経済の規模は縮小してしまった。(2)

二〇〇〇年度前後の兵庫県経済の急速な落ち込みは、日本経済の大きな趨勢に即したものであるかどうかを、図6-6で検証している。兵庫県以外の都道府県全体の趨勢との比較である。折れ線グラフで示されているが、一九九三年度の水準を一〇〇とした指数をみると、兵庫県以外の都道府県全体は、一貫して一九九三年度よりも上の水準にある。二〇〇三年度の数値は一〇

（1）2節では、名目値に基づく産業連関表も使って論じることから、県民総生産は実質値ではなく、名目値を用いる。

（2）統計の基準値の変更を踏まえて、一九九三年度と同一の基準値が適用できる二〇〇三年度までを分析の対象としている。

二・六となっており、兵庫県との開きは一三・一ポイントもある。ちなみに、このグラフでは示していないが、全都道府県を対象としてこの指数を比較しても、兵庫県のように二〇〇三年度で一〇ポイント以上も下落しているところはほかにない。四七都道府県の中では、兵庫県は最下位の経済成長にとどまったのである。

復旧・復興期以降の兵庫県経済の厳しさを示すものは、ほかにもある。たとえば、一人あたり県民所得でみると、震災直後の復旧・復興期には全県の水準を超えていたものの、一九九〇年代末から全県との乖離が広がった。それにつれて、震災前（一九九三年度）に全国第一二位の所得水準だったものが、二〇〇三年度には全国第三〇位にまで落ち込んでしまった。

震災は、被災地域の自治体の財政状況にも深刻な影響を与える。林（二〇〇五）によれば、阪神・淡路大震災の被災地域の自治体は、地方債発行額の急増や、地方自治法第二四一条に基づく基金の取り崩し、そして、税収の減少により、厳しい財政状況に陥った。

阪神・淡路大震災は、復旧・復興前期ともいうべき一九九七年度頃までは復興需要などで経済は拡大していたが、それ以降、急速に経済は縮小していく。こうした中、復旧・復興のために大量の財政出動を行った地方自治体は、財政内容が悪化し、大変厳しい状況に直面するにいたった。

復興需要は被災地の地域経済にどのような影響を与えたか

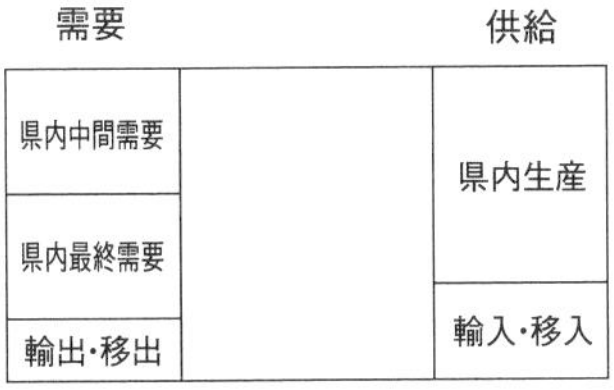

図6-7　産業連関表の需要と供給を構成する要素

本項では、復興需要が被災地の地域経済にどのような影響を与えたのかについて、兵庫県産業連関表のデータを主に用いながら、二つの観点で説明していく。第一は、復興需要の被災地域外への流出という地域的広がりの観点であり、第二は、一九九八年度以降の復興後期にも着目をした時間軸の観点である。

被災地域外への復興需要の流出

第一の被災地域以外への復興需要の流出は、最終需要だけではなく、原材料や部品などの中間需要にも影響される。産業連関表に基づけば、県内の需要と供給の関係は、図6-7のように表される。復興需要は、主に県内最終需要の増加として顕在化する（需要側）。また、大規模な自然災害は、県内の生産設備を毀損して生産能力の低下を招く（供給側）。さらに、港湾が被害に遭うことで輸出の減少を招く可能性もある（需要側）。県内の最終需要が増加した際に、供給側に位置づけられる輸入・移入(3)（県外からの供給）の増減がどの程度になるかは、図6-7を構成する各要素の影響を受けるのである。

兵庫県の産業連関表に基づき、阪神・淡路大震災による兵庫県の経済構造の変

（3）輸入とは日本国外からの、移入とは自県以外の日本国内からの供給を指す。輸出とは日本国外からの、移出とは自県以外の日本国内からの最終需要を指す。

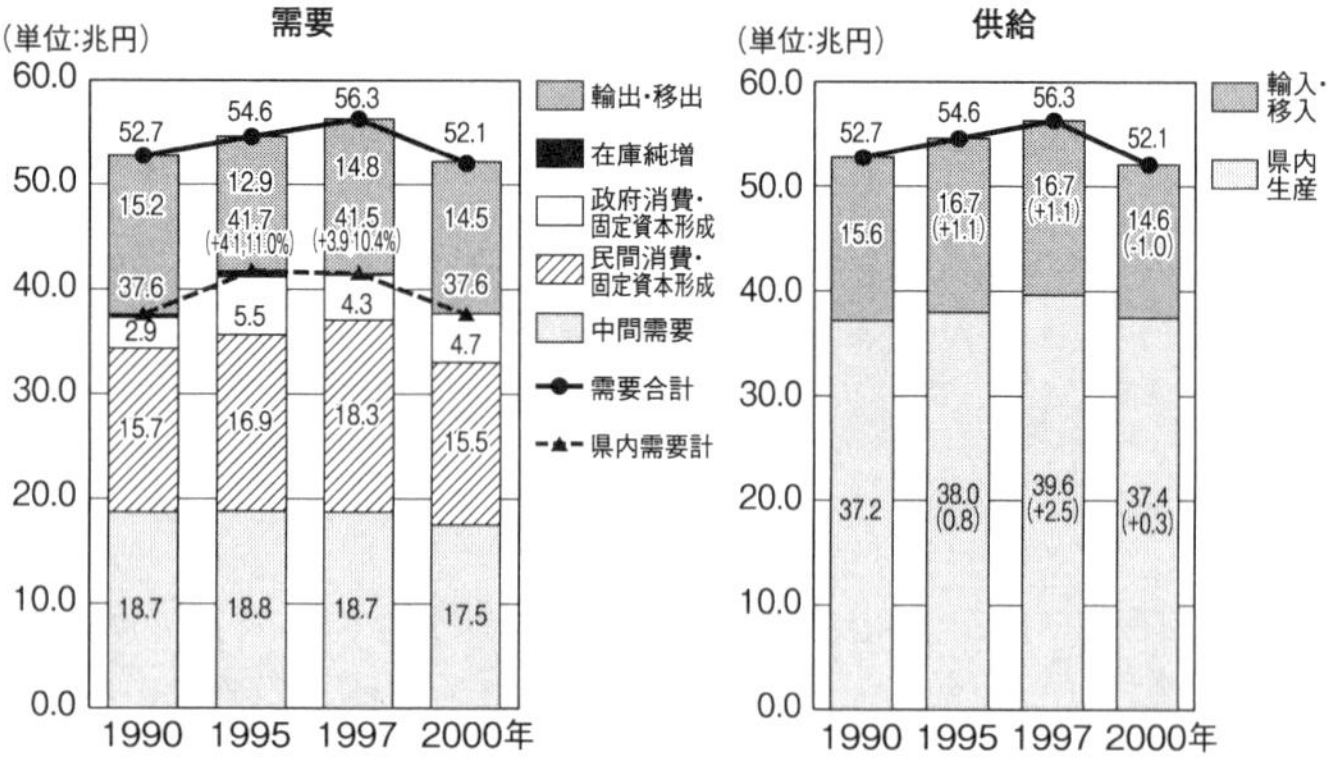

図 6-8　兵庫県の震災前後の需給の推移（兵庫県・産業連関表に基づき，筆者作成）

( ) 内は対 1990 年の増減額，増減率.

化を詳細に論じた研究として、芦谷（二〇〇五）がある。それによれば、構造変化の特徴として、県境をまたいだ取引構造が大幅な入超から収支均衡へと変化したことが指摘されている。本項では、こうした研究も踏まえて、復興需要がどの程度、県外からの供給によって賄われていたかについて、産業連関表の数値データに基づいて明らかにする。対象とする兵庫県産業連関表は、震災前の一九九〇年、震災直後の一九九五年、震災復興三年めの一九九七年、および震災復興が一段落した後の二〇〇〇年の四つである。

最初に、図6-8により、震災前（一九九〇年）、復興期（一九九五、一九九七年）、および復興需要が収束した後（二〇〇〇年）に分けて、兵庫県経済の需給状況をみておきたい。大まかにみると、復興期には震災前と比較して、需給規模が拡大した後に、復興需要が収束した後には、需給規模は震災前と同程度に落ち着いた。とくに、輸出・移出を除いた県内需要についてみれば、復興

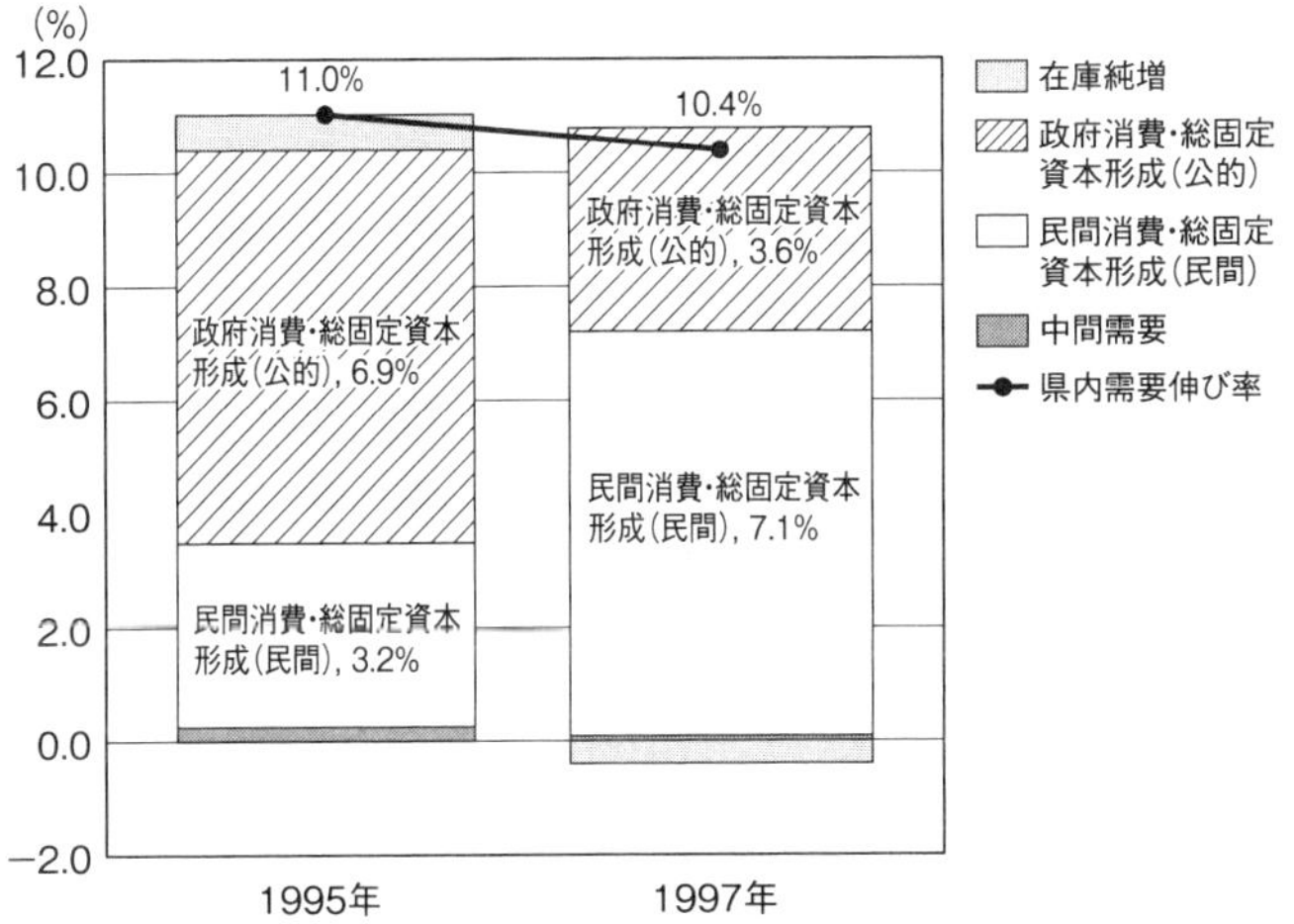

図6-9　対1990年需要のび率と各項目の寄与度（兵庫県・産業連関表に基づき，筆者作成）

期の規模拡大は、一九九〇年と比較すると一九九五年で四・一兆円（一一・〇％）、一九九七年で三・九兆円（一〇・四％）の増加となっている。それでは、復興需要を増加させている項目は何であろうか。

それぞれの年の増加率の寄与度を確認してみる（図6―9）。寄与度とは、増加率の内訳を示すもので、各項目の和は増加率に等しくなる。寄与度をみると、一九九五年は政府消費・総固定資本形成（公的）と民間消費・総固定資本形成（民間）が、それぞれ約七％と約三％で寄与したところが、復興後期の一九九七年には、その比率が逆転して、それぞれ約四％と約七％に変化している。図6―9からは、復興の初期には、政府部門が中心となって需要を引き起こした一方で、復興の後期には、主役が民間部門に交代することがわかる。なお、総固定資本形成とは、資本に対する投資を指して

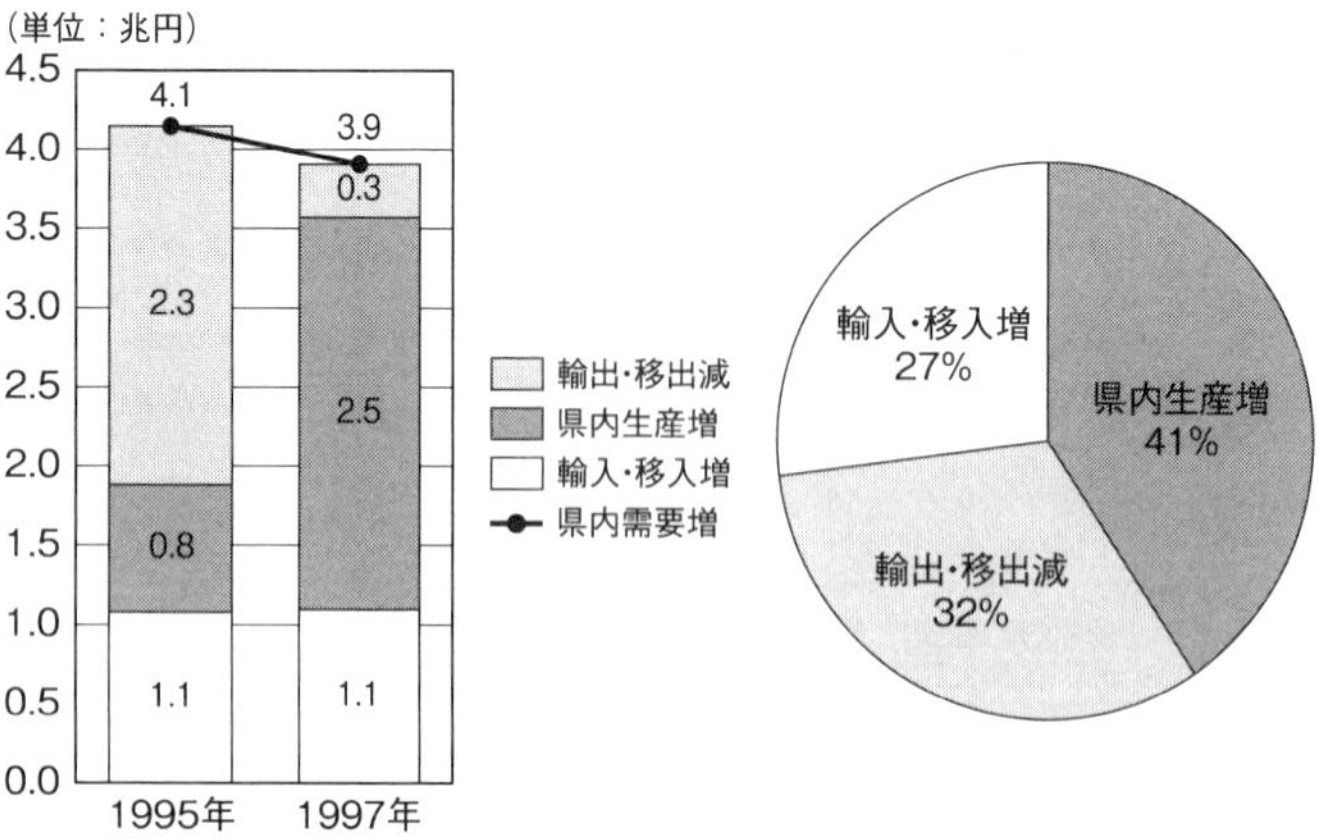

図6-10　県内需要増加に対する供給構造の変化と割合（兵庫県・産業連関表に基づき，筆者作成）

いる。林（二〇一一，pp.187–188）によれば，阪神・淡路大震災からの復興は，民間主導で進んでいることが示されているが，復興の前期と後期では需要の主役が交代していた可能性がある。

次に，一九九〇年比一〇％もの県内需要増に対して，供給側には三つの手当ての方法がある。第一は，兵庫県の外部から調達するもので，産業連関表では輸入・移入の増加として表れる。第二は，兵庫県内での生産量を増やす方法である。そして，第三は，兵庫県内で生産した財・サービスを県外に持ち出す量を減らす方法である。産業連関表では，輸出・移出の減少として表れる。

この三つの方法に分けて，県内需要増にどのように対応したのかの供給構造を示したものが図6-10である。同図にある棒グラフを見ると，第一の方法の輸入・移入の増加は，復興初期の一九九五年と復興後期の一九九七年のいずれも一・一兆円と安定している。

他方で、県内生産の増加と輸出・移出の減少をみると、復興初期と後期では変化があることがわかる。一九九五年では、県内生産量の増加額は〇・八兆円にとどまっているのに対して、輸出・移出の減少は二・三兆円と需要増の半分以上を賄うものとなっている。これに対して、一九九七年になると、これら両者の関係が逆転し、輸出・移出は〇・三兆円とほぼ一九九〇年の水準に戻り、かわって、県内生産の増加で需要増の半分以上を賄うようになっている。供給面では、輸出・移出の減少から県内生産の増加と主役が交代したのである。

大震災直後では、生産設備も被害を受けている可能性があり、急な増産は困難である。それに加えて、高速道路、鉄道、港湾などの主要な物流インフラも被災しており、県外に供給することは困難な状況にある。復興初期には、こうした状況もあり、震災前に県外に輸出・移出されていた財・サービスが、県内にとどまり復興需要に対応してきたものと考えられる。インフラの復旧工事は、おおむね一九九六年までには完了していることもあり（芦谷、二〇〇五）、復興後期の一九九七年までには、県内の生産能力の増強も整えることが可能で、それらの結果、一九九七年には復興需要には県内の生産の増加で対応しつつ、県外への輸出・移出も可能になったことが、産業連関表のマクロのデータから読み解くことができる。

それでは、復興初期と後期の二カ年を合計してみたら、三つの方法がそれぞれどの程度の割合で復興需要を賄っていただろうか。図6-10の円グラフはそれを示しており、県内生産増が約四割で最も高いウェイトを占め、続いて、輸出・移出の減少、輸入・移入の増加がそれぞれ約三割で続いている。

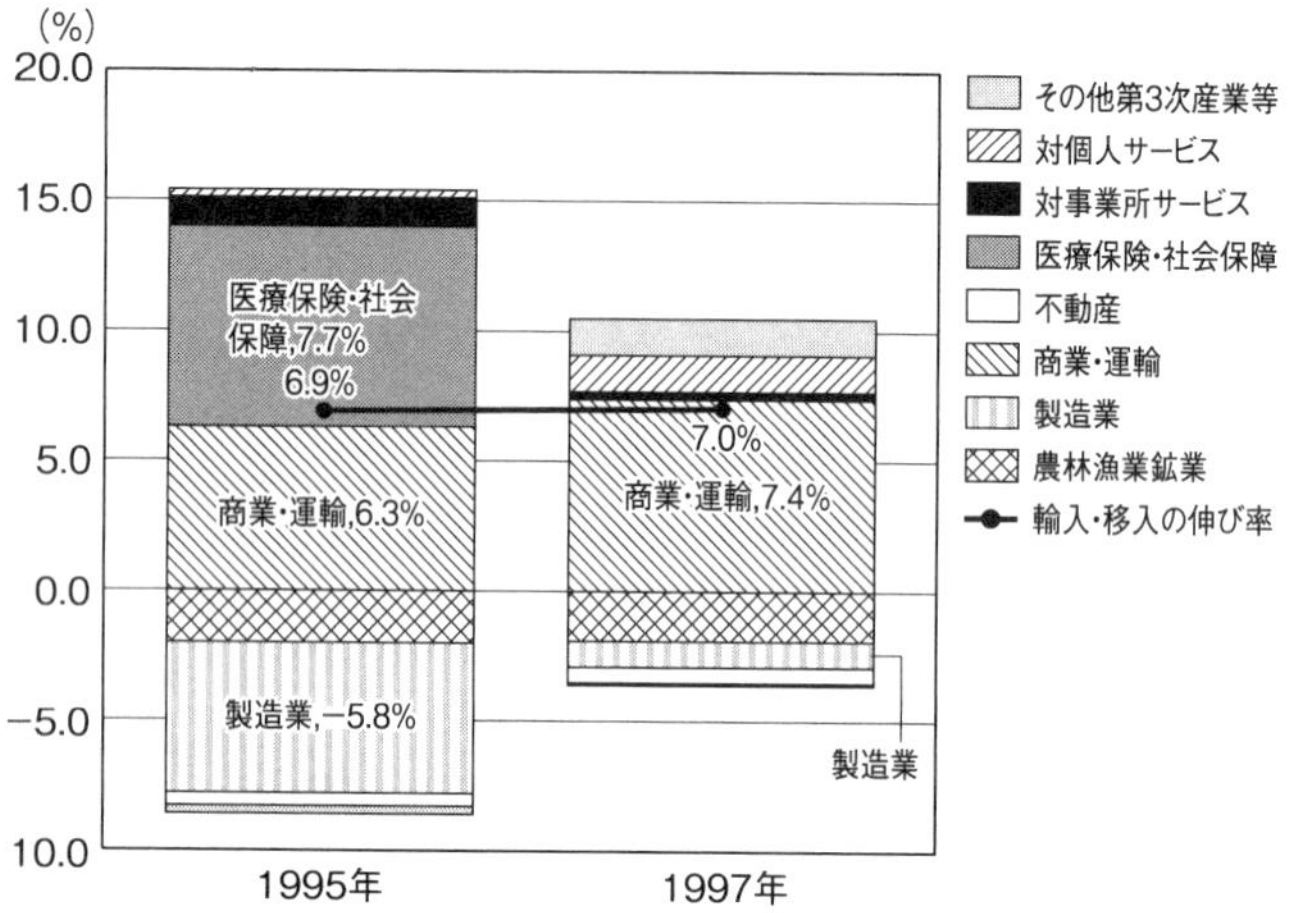

図 6-11　対 1990 年の輸入・移入増ののび率と各部門の寄与度（兵庫県・産業連関表に基づき，筆者作成）

輸出・移出の減少について、本来あるべき県外からの需要の機会を失ったとみれば、復興需要によって、県内で得られた量は全体の約四割にとどまる、すなわち、約六割は輸入・移入の増加、または輸出・移出の減少によって県外に漏れ出してしまった。

ところで、復興前期も復興後期も一・一兆円と安定していた輸入・移入は、復興初期と後期でその内容に変化はなかったのであろうか。図6−11では、一九九〇年と比較した輸出・輸入ののび率の寄与度を一九九五年と一九九九年で比較している。これによると、復興初期の一九九五年には、医療保険・社会保障の寄与度が七・七%と最も高かったことがわかる。震災直後でもあり、兵庫県外からの医療支援や県外の社会福祉法人などによる援助活動が反映している可能性がある。また、製造業の輸入・移入がマイナスに寄与していることも復興初期の特徴である。先に述べた通り、物流インフラが復旧していない段階では、製造業が原材料や部品を兵庫県外から調達することが困難だったことが反映している可能性が考えられる。

医療保険・社会保障および製造業については、一九九七年になると寄与の度合いがきわめて低くなるのに対して、商業・運輸部門は、一九九五年も一九九七年も同程度の水準を維持していることにも特徴がある。それでは、なぜ、商業・運輸部門は高い水準で、輸入・移入増の寄与度に貢献し続けるのであろうか。これらの部門の中間需要の内訳をみると、建設部門のウェイトが高いことがわかる。

紙幅の制約により具体的なデータを示すことはできないが、国土交通省・建設工事施行統計によると、兵庫県外に所在する建設会社が県内の建設会社よりも多く受注している。産業連関表でみれば、建設部門そのものは、県内で工事等が行われるために、産業連関表の輸入・移入はゼロである。しかし、兵庫県外の会社が県内の建設工事を施工する場合、原材料などを県外の卸売業者を通じて手配して、県外の運輸業者を利用して県内に運搬することが考えられる。このような場合には、商業・運輸部門の輸入・移入の額が大きく増加することで、復興需要が県外に流出してしまった可能性が考えられる。

復興需要が後年度の経済に与える影響

復興需要が後年度の経済に与える影響を考察するにあたり、まず、復興期とその後での生産額の増減を確認したい。図6-12の左図は生産の増減を供給面からみるもので、兵庫県・県民経済計算にあ

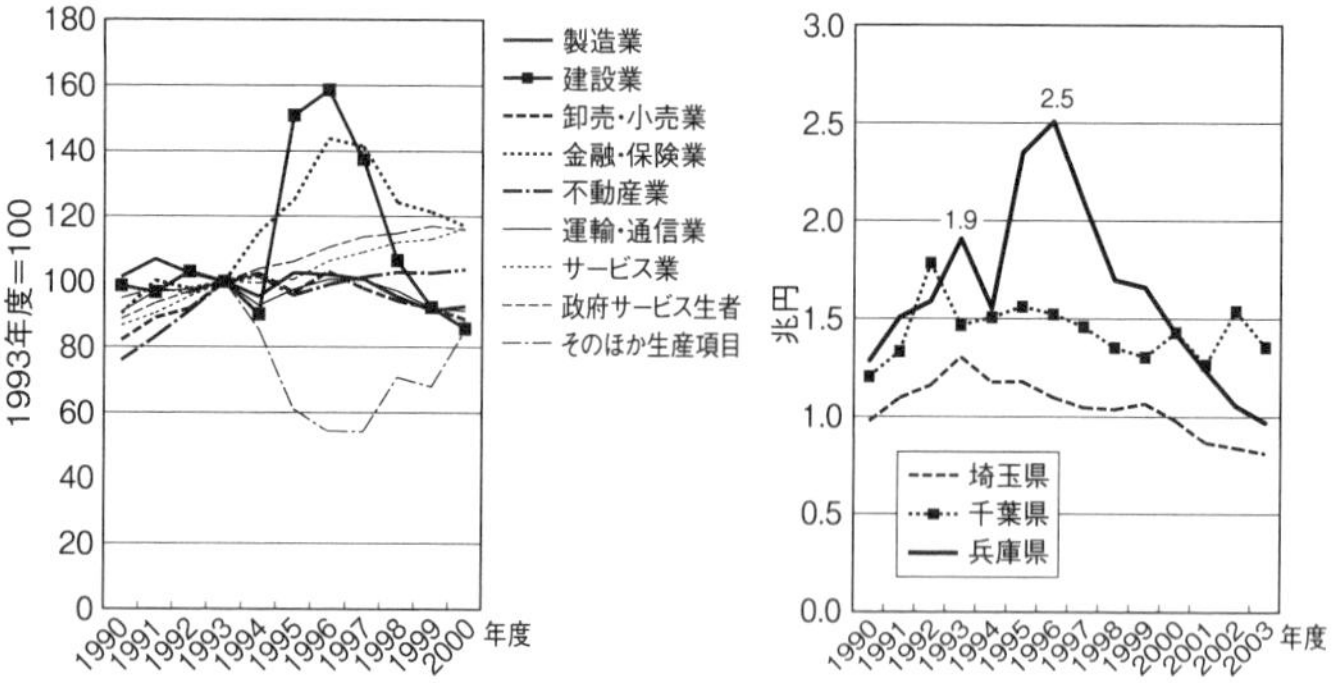

図 6-12　兵庫県・県内総生産の供給と需要の推移
左：兵庫県・県民経済計算・生産項目別生産額推移（兵庫県・県民経済計算に基づき，筆者作成），右：総固定資本形成（公的）の推移（内閣府・県民経済計算に基づき，筆者作成）

る生産項目別生産額について、一九九三年度の値を一〇〇として指数化し、生産部門ごとの増加・減少の推移を比較した。これによると、建設業が最盛期には一・六倍と最も増加率が高い一方で、二〇〇〇年にかけて急速に落ち込んでいることがわかる。供給面で建設業の振幅の幅が大きいことを踏まえて、需要面としては総固定資本形成（公的）の推移をみることとする。これは、いわゆる政府による公共投資であって、財政支出の時期などを政策によって制御可能であるからである。

　図6-12の右図は生産の増減を需要面からみるもので、比較のために県内総生産の規模が兵庫県と同程度の埼玉県および千葉県とあわせて推移をみている。需要面の総固定資本形成（公的）については、比較対象の両県が比較的なだらかに横ばいないし漸減しているのに対して、復興需要のある兵庫県は一九九六年度には二・五兆円、一九九四年度と比較して一・六倍と急速に増大した。

　しかし、図6-12右図の二〇〇一年度以降の公的資本形成は、震災前に同程度の水準にあった千葉県を下回るほどに減少している。政府による急速な復興需要は、後年度の需要を先取りする形になって、二〇〇三年度には一兆円を割り込むほどの大幅な減少につながったおそれがある。このほかにも、本節前項「阪神・淡路大震災後の地域経済の苦境」後半で述べたような、被災地地元自治体の財政状況の悪化により、政府の投資が十分にできなくなったおそれがある。政府が、震災直後の短期間のうちに大規模な投資を行うことで、事業執行段階で、県外への復興需要の流出をもたらしただけではなく、後年度の経済にマイナスの影響を及ぼした可能性がある。

政府による公共投資、すなわち、総固定資本形成（公的）は政策変数として、その執行の時期や規模を操作することがある程度可能である。そこで、公共投資（総固定資本形成（公的））の平準化をはかると、後年度の経済はどのような水準になるかを試算した。平準化の試算にあたっては、復興初年度の一九九五年度の公共投資の額を震災前の最高水準である一・九兆円として、その後、二〇〇三年度にかけて、実績値と総額がかわらないように一定比率で減少させることとした。図6-13左図は、実線で実績値を、破線で平準化後の値の推移を示している。

後年度の県内経済生産の規模を試算するにあたっては、総固定資本形成（公的）の平準化を前提として、最終需要の増減が雇用等を通じて県内総生産に影響を与えるとの仮定の下、兵庫県・産業連関表を用いて波及効果を反映する形で試算した[4]。結果は、図6-13右図に示す通りとなった。すなわち、一九九五年度から一九九七年度までは実績を下回るものの、一九九八年度には実績値を上回り、二〇

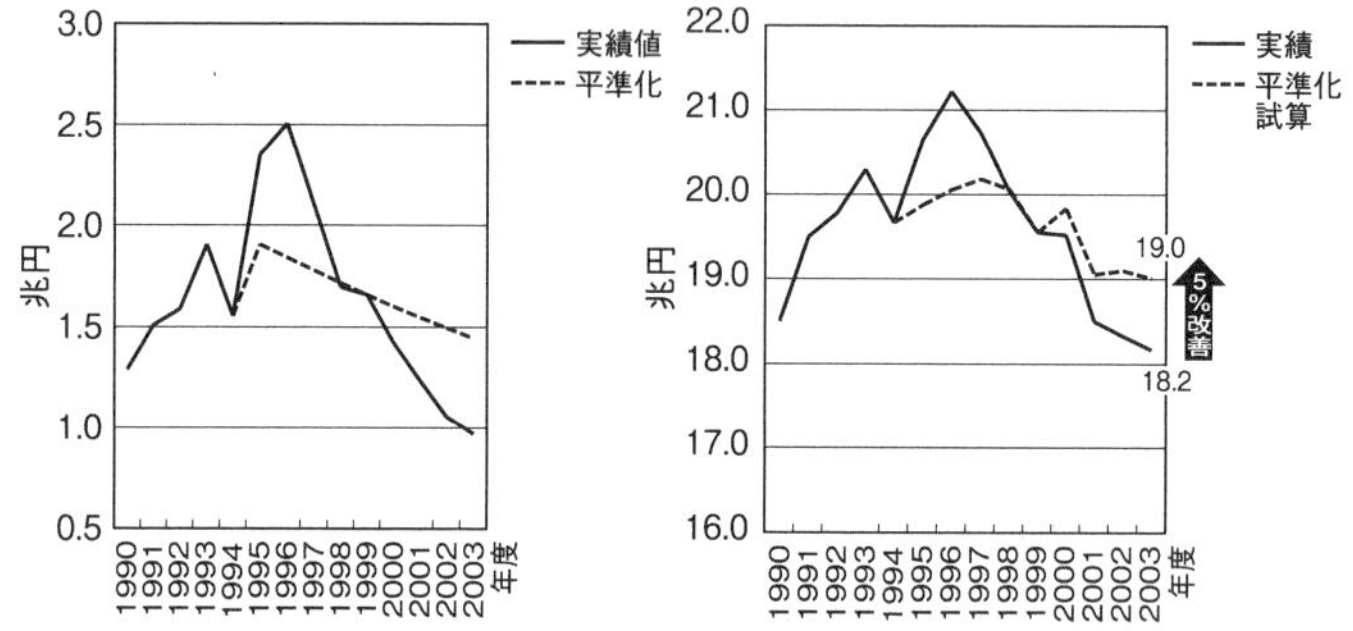

図 6-13　公的資本形成平準化による兵庫県経済への効果（兵庫県・県民経済計算，産業連関表に基づき，筆者作成）
左：公的総資本形成の実績値と平準化試算の比較，右：公的総資産形成平準化による県内総生産の試算と実績の比較.

〇三年度には〇・八兆円（五％）もの差をつけて、一九兆円になった。この値は、千葉県の県内総生産とほぼ同程度である。

大震災の後には、生活や経済活動の基盤となる道路などは一刻も早い復旧が望まれる。また、民間による投資を可能とするためにも、まずは、政府による公共投資が期待されるところである。しかし、公共事業の執行の前倒しには問題が伴うことを、この平準化の試算は示している。

本項では、阪神・淡路大震災の復興需要が、兵庫県経済にどのような影響を与えたかについて述べてきた。まず、復興の初期段階では、地域の生産活動が立ち直っていないこともあり、復興需要は被災地域の外に漏れ出してしまった面がある。林（二〇一一）が指摘するとおり、阪神・淡路大震災からの復興の主役は民間であることを踏まえると、三年程度の間には民間によって自立的な復興が可能となっている面もあるので、大震災の後には、ただ復興を急ぐのではなく、地域経済に需要を還元できるように、ある程度の時間軸をもった対応が望まれる。時間軸に関しては、操作可能な変数として政府による公共投資が重要となる。公共投資の急激な増加を抑制し、平準化して執行することで、将来の大幅なマイナス成長をある程度食い止め得ることが、本章の試算によって示された。東日本大震災では、二〇一一年度の震災復旧・復興関係予算の約四割が未執行のまま翌年度に繰り越されている(5)。被災地の将来の経済運営を考えれば、無理な公共投資の執行は避けるべきである。

3—将来の大災害に備えて

本節では、中長期の時間軸で大震災の経済的な影響について考察する。東日本大震災が発生した二〇一一年は日本経済・社会はどのような長期的な趨勢の中にあったのか。また、将来、首都直下地震のような大災害が発生した場合、日本経済はそれに耐えられるであろうか。このような観点に立ち、二つの項目に分けて論じる。第一は、すでに超高齢社会に突入している日本の人口構成の変化であり、

(4) 雇用への影響など二次波及効果までを含む総合効果を計算することとした。このために用いた兵庫県・産業連関表は三四部門のもので、一九九五年度〜一九九九年度までは一九九七年産業連関表を、二〇〇〇年度以降は二〇〇〇年産業連関表を用いた。
(5) 二〇一二年六月二九日復興庁記者発表資料「平成二三年度東日本大震災復旧・復興関係経費の執行状況について」による。

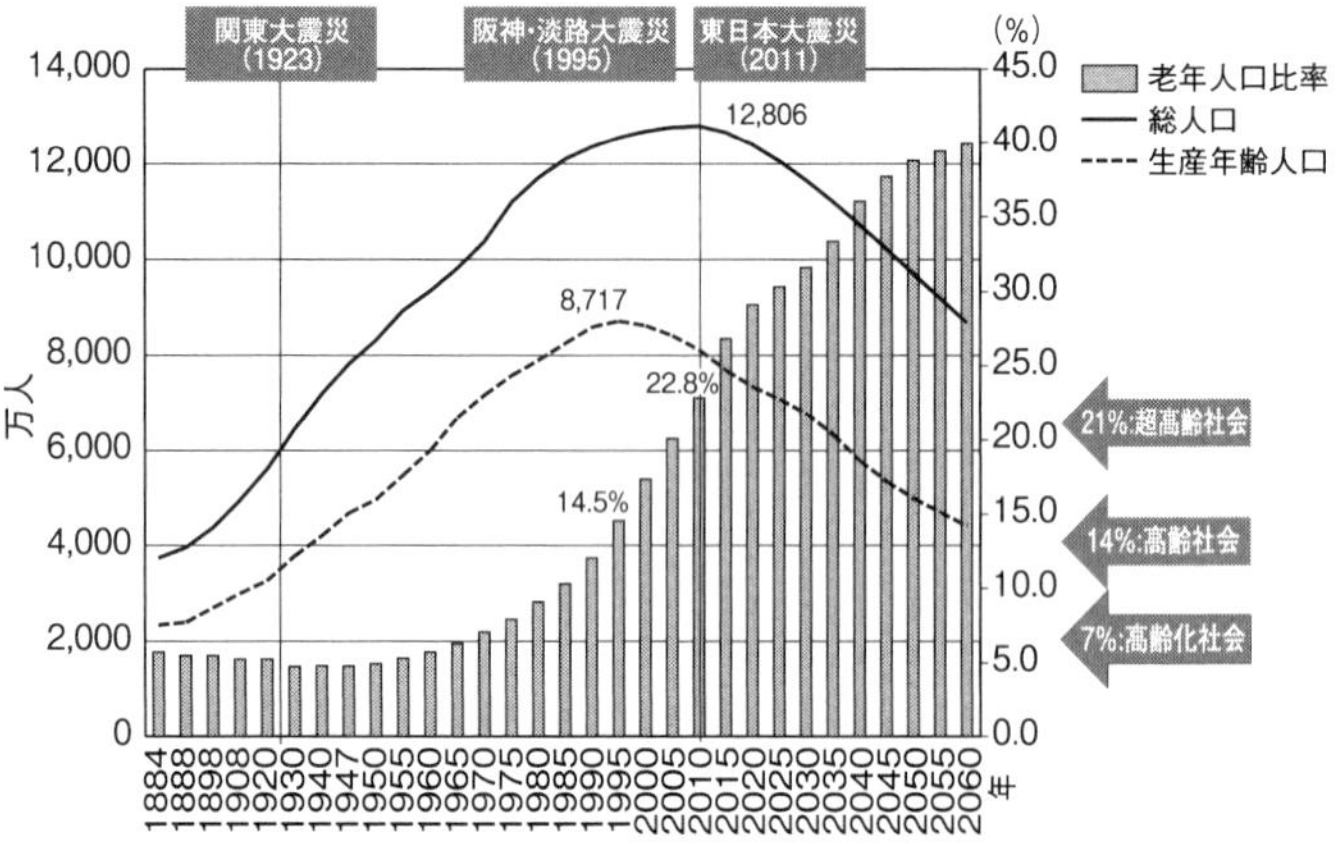

図6-14　日本の人口構成の変化（国立社会保障・人口問題研究所「人口資料集」（2012）に基づき，筆者作成）

第二は、復興に必要な財源の確保に直結する日本の財政の問題である。

人口構成の変化と大震災

図6-14は、国立社会保障・人口問題研究所の統計に基づき、日本の人口構成の変化について、一九世紀終わりから二〇一〇年までの実績値と二〇六〇年までを推計値として示したものに、三つの大震災である、関東大震災（一九二三年）、阪神・淡路大震災（一九九五年）および東日本大震災（二〇一一年）を重ね合わせたものである。

二〇世紀初めに発生した関東大震災の際には、日本の人口は六〇〇〇万人程度と現在の半分程度であり、復興に対する一人あたりの負担は、現在の人口で考えるよりも高かったといえる。しかし、経済的付加価値を生み出す中心となる世代である生産年齢人口（一五歳から六四歳の人口）が一貫して増加基調である一方で、老年人口比率（六五歳以上の人口の比率）は五％未満で安定していた。社会保障制度のあり方など社会のしくみが現在とまったく異なるので、単純に比較することは難しいが、人口構成の変化に伴う将来に向けての負担増の可能性は低かったと考えられる。

これに対して、阪神・淡路大震災が発生した一九九五年は、日本の人口構成でみても、二つの変化点であった。第一は、生産年齢人口が頂点に達した時期であり、それ以降、減少局面に変化している。もう一つの特徴は、一九九五年は日本が高齢社会に入った年となることにある。老年人口が七％以上になると高齢化社会といわれ、一四％以上になると高齢社会といわれる。阪神・淡路大震災が発生した年以降、日本は高齢者の割合が高い社会になっていたのである。このため、この頃から社会保障関係費の増加の影響が日本政府の財政にも表れるようになった。

東日本大震災が発生した二〇一一年は、中長期の時間軸でみると、総人口が減少に転じた直後の時期であった。しかも、生産年齢人口は減り続け、二〇一〇年の同人口は一九九五年と比較して七％も減少した水準にあった。これは、働き手の中心となる世代の人口が、阪神・淡路大震災のときよりも絶対値で減少していることを表しており、生産年齢人口一人あたりの負担が高くなっていることがわかる。

もう一つの特徴は、二〇一〇年にはすでに超高齢社会が到来していたことにある。老年人口比率が二一％以上の社会であり、震災からの復興以外にも社会保障等、超高齢社会に伴う負担がますます重

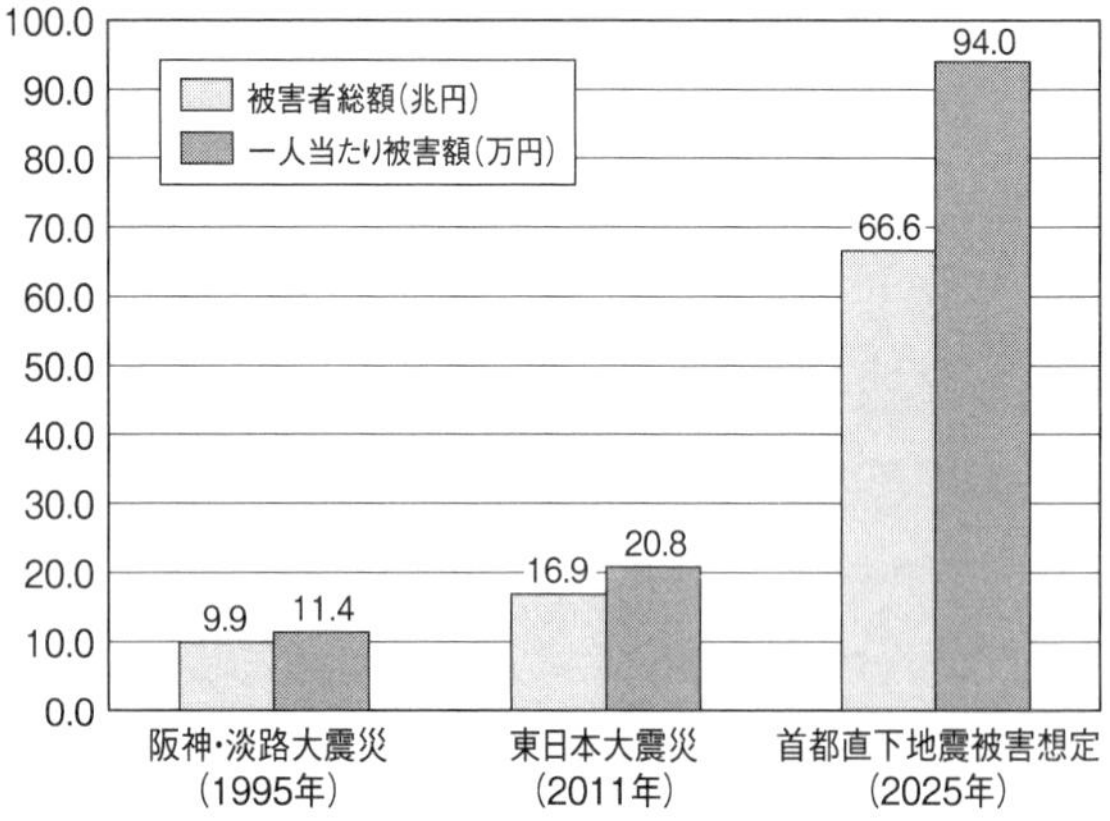

図6-15　震災の被害総額と生産年齢人口一人あたり被害額の比較（本章にある各種統計に基づき，筆者作成）

くならざるをえない状況にある。

図6-14をみると、生産年齢人口の減少はこれからも続き、二〇六〇年には一九九五年の約半分になると推計されている。これは、将来、大震災が発生した場合に、復興のための生産年齢人口世代の一人あたりの負担がますます高まることを意味する。

図6-15は、被害総額と生産年齢人口一人あたりの負担額を比較したものである。首都直下地震については、中央防災会議の被害想定のうち直接被害想定六六・六兆円を用いて[6]、二〇二五年に発生した場合を仮定して作成している。同図で示されている通り、生産年齢人口一人あたりの負担額でみると、東日本大震災の負担額（二〇・八万円）は、阪神・淡路大震災の一・八倍以上であり、首都直下地震が二〇二五年に発生すると、その負担額（九四・〇万円）は、東日本大震災の四・五倍にも達し、被害総額以上の増加率となる。

来たるべき災害に対しては、人口減少や人口構成の変化を前提としながら、復旧・復興に関する人々の負担の増加を少しでも減らす工夫が必要であろう。そのためには、災害による被害の程度を抑えるような事前の投資を行ったり、復旧・復興の担い手や働き手の多様化、すなわち、女性や高齢者がより参加しやすいしくみを用意したりすることなどが考えられる。

日本の財政の限界――復興資金をいつまで調達できるか

「東日本大震災からの復興の基本方針」(東日本大震災復興対策本部、二〇一一年七月二九日決定、同年八月一一日改定)では、二〇一五年度末までの集中復興期間に実施すると見込まれる施策・事業の事業規模について、国・地方(公費分)合わせて、少なくとも一九兆円程度と見込んでいる。また、そのための財源として、一三兆円程度を確保するとしている。このような復興のための財政支出が日本政府の財政に対してどの程度影響を与えるであろうか。

二〇一一年度についてみれば、復興のために、支出面では一四・九兆円の予算が計上され[7]、財源として一一・六兆円の復興債が発行された。それぞれ、一般会計歳出の一四%と国債発行額の二一%に

(6) 中央防災会議「首都直下地震の被害想定(概要)」(at http://www.bousai.go.jp/syuto_higaisoutei/)による。
(7) 二〇一二年六月二九日の復興庁記者発表による。

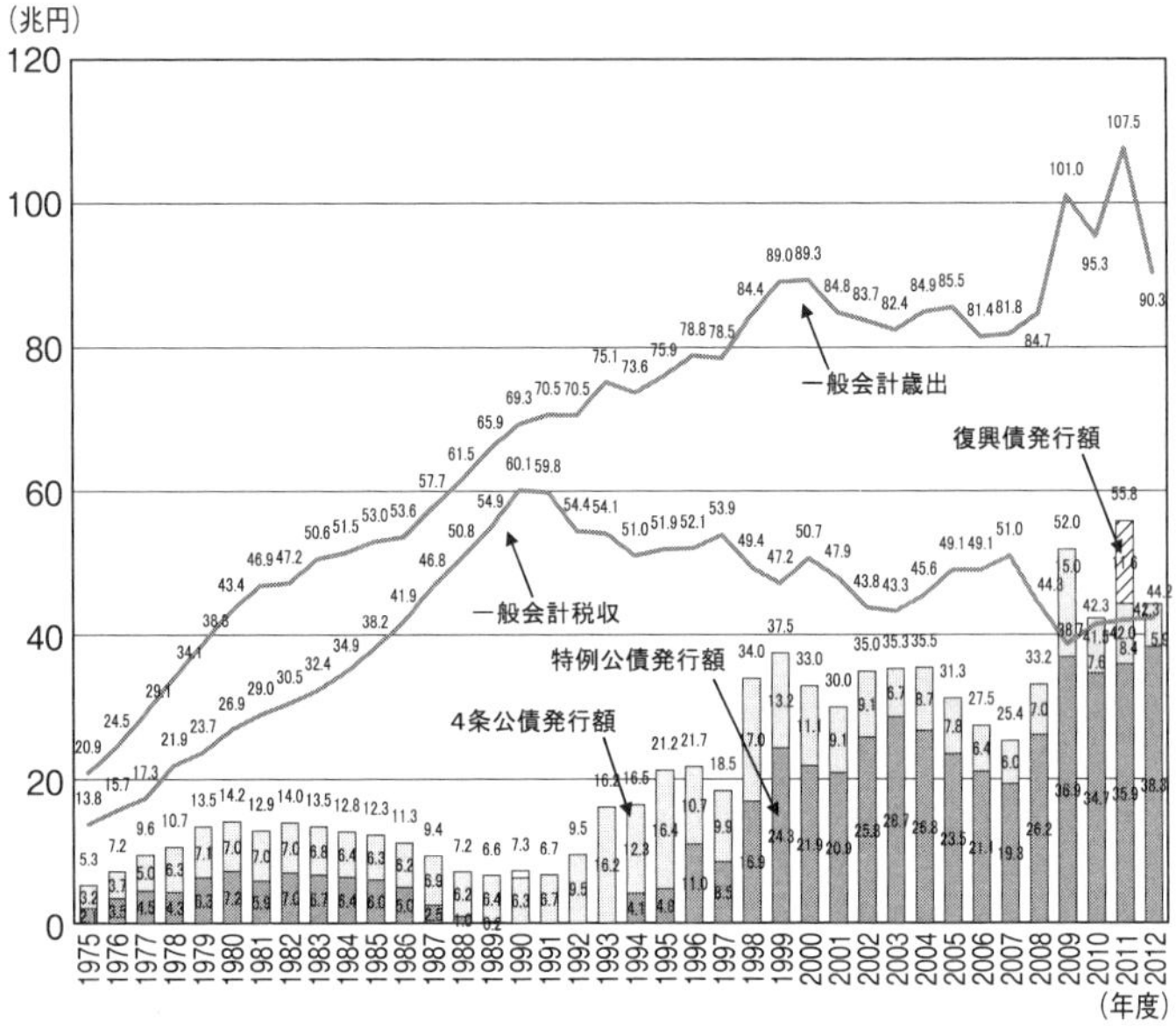

図 6-16　国の財政状況（財務省（2012）p.10 の図を転載）

あたる規模であり、同年度の一般会計支出と国債発行額を過去最高の規模にするほど大きな影響を与えるものであった（図6－16）。

日本政府の財政は、東日本大震災以前から厳しい状況にあった（図6－16）。とくに、二〇〇八年九月のいわゆるリーマンショックによる景気の落ち込みに対して、大規模な財政出動を行った二〇〇九年度には、初めて一般会計の歳出が一〇〇兆円を超え、そして国債発行額が五〇兆円を超える事態となった。これ以来、税収よりも国債発行額の方が多い事態が続いている。多額の国債発行が続いているために、政府債務は約一〇〇〇兆円に達して、日本のGDPの二倍の規模に膨らんでしまった。二〇一一年に事実上の

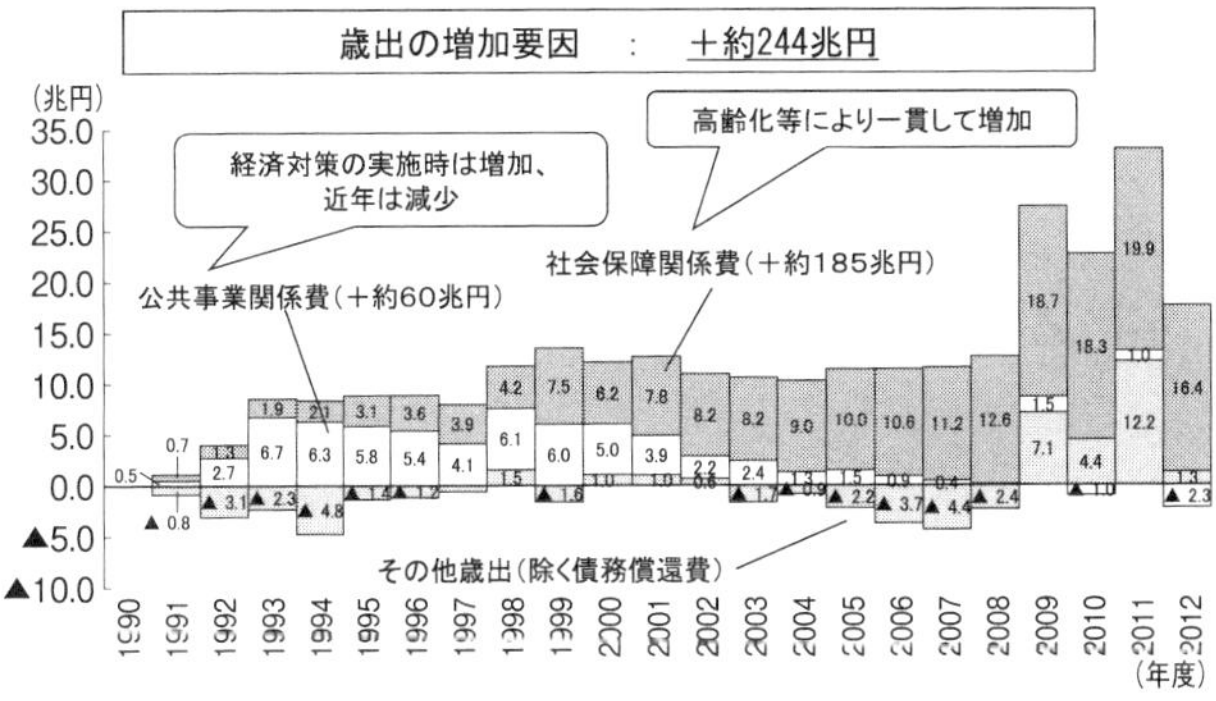

図6-17　高齢化による歳出の増加（財務省（2012）p.12の図を転載）

国の債務不履行の問題が生じたギリシアでもその比率は一三〇%程度であり、日本の政府債務の水準はほかに例をみないほどである。

現在の高い水準の政府債務をもたらしたのは、リーマンショックなどの経済対策によるものだけではない。それよりも大きな影響を与えているのは、社会保障関係費の増加である（図6-17）。超高齢社会の水準にまで高齢化が進展する中で、毎年度社会保障関係費は増え続けており、今のままであれば、将来もさらに増加することは避けられない。社会保障に伴う財政支出増の影響は構造的なものであり、財政構造を見直さない限り、国の債務は増えるばかりである。

このように増え続ける国の債務について、事実上破たんをしたギリシアなどと異なり、国内で国債を消化できているから問題ないとの見方もある。たしかに、現在は、国内にある貯金の総額ともいえる、家計金融資産は約一五〇〇兆円もあるので、一〇〇〇兆円程度の政府債務と比較すれば十分に余裕があるようにみえる（図6-18）。

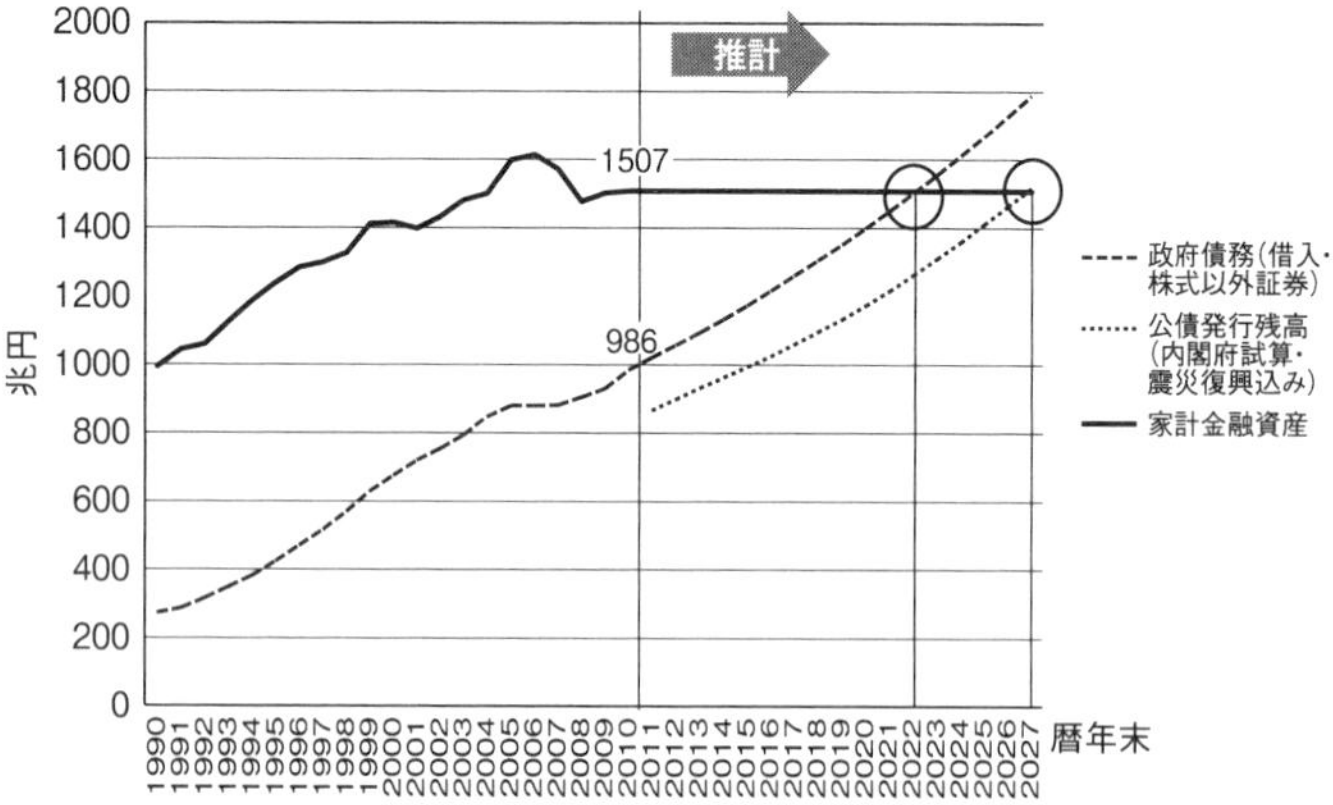

図 6-18　政府債務増の余力：政府債務と家計金融資産の推移（国民経済計算および内閣府（2012）に基づき，筆者作成．ただし，政府債務と家計金融資産の推計値については，小黒・小林（2011, pp.31-33）を参考に筆者が推計）

しかし、今のままでは、この余裕の期間もそれほど長く続くとは見込みがたい。なぜなら、支出面からみれば、一層の高齢化の進展などに伴い社会保障関係費の支出増は避けられない一方で、家計金融資産のこれ以上の増加は見込みがたいからである。概していえば、働くことで収入を得られる生産年齢人口の世代は、将来に備えて貯蓄をするのに対して、高齢者は貯蓄を取り崩して生活することになる。このような構造を踏まえれば、高齢化がますます進展する日本では、今後、家計金融資産が減少する可能性はあるものの、その逆を想定することは困難である。

図6-18の二〇一一年以降の部分は、政府債務とその財源となりえる家計金融資産の関係を推計したものである。家計金融資産については、高齢化の進展に伴い減少するおそれもあるが、二〇一〇年末の水準で続くと仮定する。また、政府債務については、小黒・小林（二〇一一、pp.31-33）と同様に過去一〇年間ののの

び率を適用する場合と、二〇一二年一月に内閣府が発表した公債発行残高の試算値に基づく場合の二つのケースを示した。政府債務が家計金融資産を超える水準に達すれば、新たな国債の発行は国外からの購入に依存せざるを得なくなる。簡単な推計ではあるが、図6-18が示す通り、このような水準に到達する時期は、それほど遠いものではなく、早ければ二〇二二年、遅くても二〇二七年となる。

東日本大震災が発生した二〇一一年には、国内の金融資産に余裕があった。このために、一一・六兆円にも達する復興債を発行することができた。一刻も早い復旧と復興のためには、そのための事業を可能とする資金が必要である。そのような資金を手当てする方法は、税金によるものと国債発行によるものの二つが考えられる。ただ、大震災によって国内経済も打撃を受けている場合には、増税による追加的な資金手当ては難しい。なぜなら、増税によって、景気をさらに下押しすることになるからである。したがって、東日本大震災の場合と同様に、国債発行による資金調達が必要となる。国内で手当てできる限りは、迅速な国債発行は可能である。しかし、海外から資金を調達しなければならない状況下では、国債発行による資金手当ての可能性や自由度は、現在よりは低くなるおそれがある。

以上のように、日本政府の財政事情をみると、それほど遠くない将来に、大災害に伴う対策のための資金調達そのものが困難という事態に直面するおそれは十分にある。いつまでも、阪神・淡路大震災や東日本大震災のときのように、復興資金を円滑に調達できるとは限らない。将来の大震災への備えという観点からも、日本の財政状況を改善することは急務となる。なお、経済成長によって、税収増などを通じた財政収支の改善を図る議論がある。筆者は、この考えに組みしないわけではないが、本節前項で述べたとおり、経済成長を支える三本柱のうちの労働力の減少が避けられない中にあっては、高齢者や女性などの雇用を増やすほか技術革新などを総動員しても、きわめて緩やかな経済成長を実現するまでが精一杯の可能性がある。(8) 経済成長自体は重要なことではあるが、それを通じた財政状況の改善に過度の期待をすることについては、慎重に扱う必要がある。

4――まとめ

本章では、まず、東日本大震災が発災後一年程度経過する中で、日本経済にどのように影響するかをみた。一六・九兆円と推計される直接被害額からもわかる通り、被害は甚大であり、かつ、被災地以外の経済活動にも大きな影響を及ぼし、日本経済のマイナス成長をもたらすほどの影響があった。

次に、阪神・淡路大震災を事例として、大震災が地域経済に及ぼす影響を明らかにした。被災地の復旧・復興は急務であるが、短期間のうちに従来経験したことのないような規模の建設工事などが展開することは、二つの点で地域経済に負の影響を与えている可能性があることがわかった。一つは、復旧・復興需要が被災地以外に漏れ出てしまうことである。阪神・淡路大震災以上の被害のあった東日本大震災の場合ではなおさらである。二〇一一年度に予定された政府の復旧・復興事業のうち四割が積み残しとなっているが、できる限り、被災地内の経済に環流できるような復旧・復興事業の進め方が重要である。

地域経済に負の影響を与えるもう一つの観点は、時間軸に沿ったものである。阪神・淡路大震災の場合、集中的に復興事業が行われた後に、急速に地域経済が悪化した。復旧・復興事業は、被災地域内の投資の前倒しの側面があり、かつ、被災地域の自治体の財政が急速に悪化することから、復興事業終了後の地域経済に深刻な打撃となってしまう。政府による復興投資が地域のマクロ経済に与える影響は大きい。東日本大震災の場合でも、初年度の事業の積み残し分を含め、執行できる量を超えている可能性があるにもかかわらず、短期的に集中投下することについては慎重に検討する必要がある。1節「被害額の推計とマクロ経済への影響」の項の最後で、潜在GDPとの関係に言及したが、復旧・復興事業の執行を誤ることで、地域の潜在的付加価値形成能力を恒久的に引き下げ、それが、一時的ではなく中長期的な潜在GDPの引き下げになる可能性があることに留意が必要である。

本章の最後では、目を将来に向けて、来るべき大震災に向けてどのように備えるかについて考察した。3節で述べたとおり、これからの日本経済はいくつもの構造変化が進行していく。これからも執行が進む東日本大震災からの復興を含めて、大震災の日本経済への影響や復興のあり方については、これまでの経済成長の経路を前提として考えることはできない。

ただし、これは、経済成長を志向すべきではないということを主張しているものではない。むしろ、

(8) この点の試算については、筆者が文責者となっている東京大学アンビエント社会基盤研究会ビジョン・ワーキンググループ(二〇一二)を参照。

内閣府（二〇一一）が指摘する通り、災害がプラスに作用するメカニズムに注目して、その力を増幅するような環境整備を努めるべきと考える。

このように中長期的にみて経済成長の実現が厳しい状況にあっては、日本が直面する財政問題はきわめて深刻である。現在の財政構造のままでは、大震災の有無にかかわらず、財政の持続可能性が危ういからである。もし、このままの状態で政府債務が増加し続けた場合、それほど遠くない将来には、国内で復旧・復興のための資金を調達できなくなるおそれがある。将来の大震災への備えという観点からも、世界に類をみない規模にふくらんだ債務残高を減らす道筋を考えるべきである。

このように東日本大震災からの復興、そして、将来の大震災への備えには、困難が見込まれる。しかし、現在の日本であれば、高い技術力や経済力が備わっており、こうした困難を乗り越えることは十分可能である。そして、これまで経験したことがないような構造変容が日本や世界で進むことを踏まえると、若い人たちの柔軟な発想と実行力が大いに期待されることを最後に申し添えて、本章を終えたい。

第7章

東海・東南海・南海地震への備え

——観測とシミュレーション融合による地震発生予測

古村孝志

1——繰り返す、南海トラフ地震と三連動の宝永地震

駿河湾から足摺岬の沖合に広がる南海トラフは、東海・東南海・南海地震が起きる場だ。地震の規模はマグニチュード（M）八〜八・七。古文書や遺跡、津波堆積物などの調査から、これまで一〇〇〜二〇〇年の周期で、数千年間にわたって続けて起きていることがわかっている（図7-1）。地震の発生パターンは毎回異なり、三つの地震が同時に起きたこともあれば、数年の時間差で発生した場合もあった。たとえば、一七〇七年宝永地震は、東海・東南海・南海地震が同時に発生した、「三連

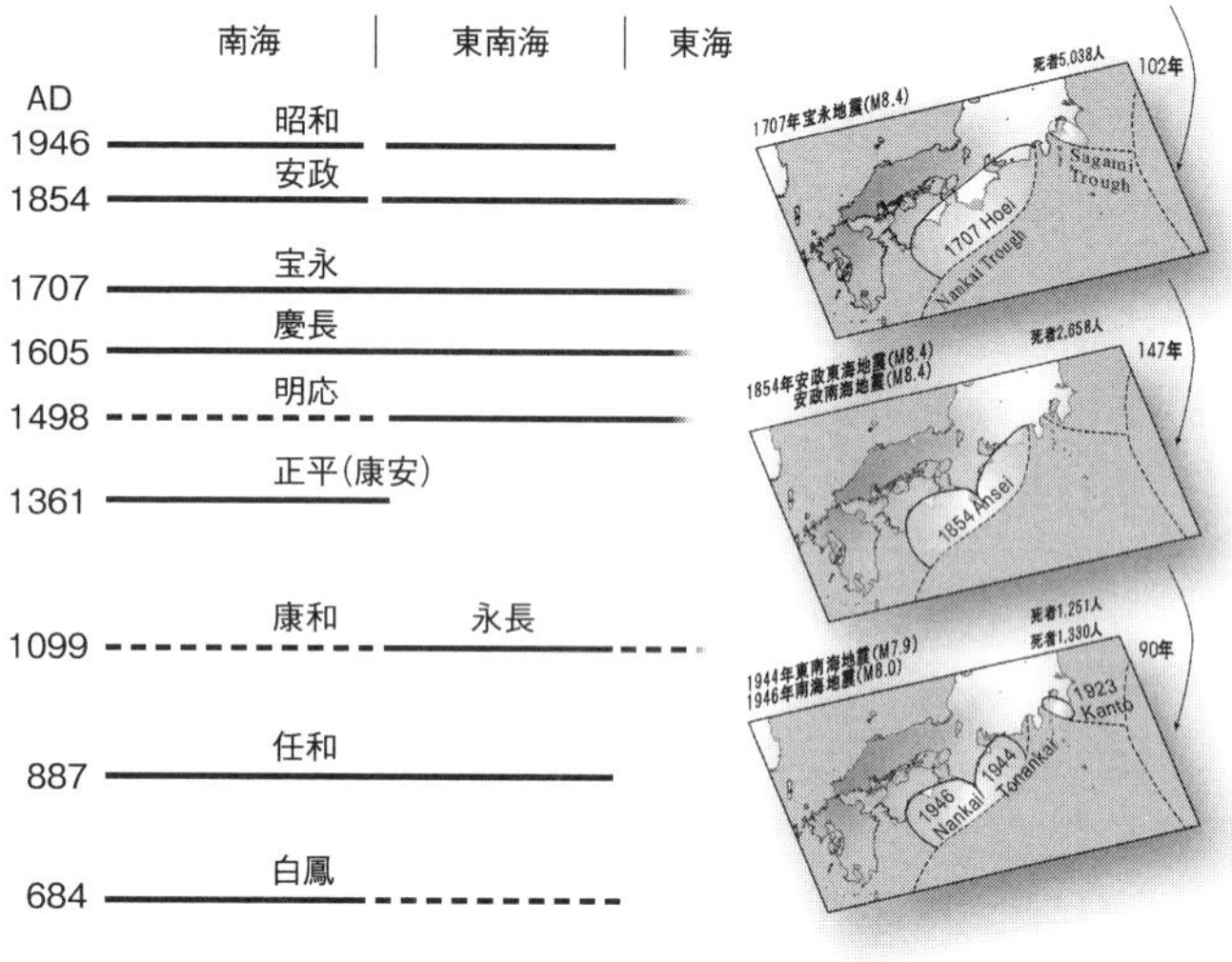

図 7-1　左：東海・東南海・南海地震の発生年代（684〜1946 年），右：1707 年宝永地震，1854 年安政東海・南海地震，1944 年昭和東南海・1946 年昭和南海地震の震源域の広がり

動」地震として知られているが、一八五四年の安政の地震では、東海地震と東南海地震が先行し、三〇時間遅れで南海地震が起きた。昭和の地震では、一九四四年に東南海地震が発生し、二年後に南海地震が起きたが、以降七〇年近く経過した今でも、東海地震は起きていない。

　複雑な南海トラフ地震とその連動発生のパターンを、東海・東南海・南海地震の三つの簡単な区分で議論するには無理があるが、以下、それを承知の上で、一般的な三つの地震区分で議論を進めることにする。

最大の地震、宝永地震とその被害

　国の地震調査研究推進本部は、南海トラフで起きた過去の地震の発生履歴をもとにして、想定東海地震の発生確率を今後三〇年以内に八八％、東南海地震の発生を五〇～六〇％、そして南海地震の発生を四〇～五〇％と見積っている。東海地震の単独発生の可能性は依然として高いものの、東海地震が起きないままに、次の東海・東南海・南海地震の発生の時期がくる可能性もある。南海トラフ地震の防災対策を考える上では、少なくとも私たちが知る過去最大の三連動地震、すなわち一七〇七年宝永地震を想定した防災対策が必要であろう。

それにしても、宝永地震の地震津波被害は甚大なものであった。九州から中部にかけての広い範囲が震度六以上の強い揺れに見舞われ、倒壊家屋は六万戸、そして最大一〇mを超える津波により二万戸の家屋が流失し、これによる犠牲者は二万人を超えた。宝永地震の発生から四九日後には富士山が大噴火を起こし、降り積った多量の火山灰でせき止められた河川では、それから何年間にもわたって土石流や洪水が頻発した。

それだけではなかった。宝永地震が起きる四年前には、一七〇三年元禄関東地震（M八・二）が発生、江戸・関東諸国を襲った強い揺れにより二三〇〇人以上が犠牲となり、そして福島県から和歌山県沿岸を襲った津波により、数千人以上の犠牲者が出た。すなわち、宝永地震はその前後数年で、首都直下地震、東海・東南海・南海地震、そして富士山噴火を一度に起こした、とんでもない震災であった。

宝永地震と津波

これまで宝永地震の震源域は、安政東海・南海地震の震源域に対応する、駿河湾～足摺岬沖の沖合の六〇〇㎞の範囲、そして地震の規模はM八・四～八・七程度と考えられてきた。しかし、地震が起きたのは今から三〇〇年以上前のことであり、江戸後期の安政東海・南海地震と比べて被害や津波の史料は少なく、地震の全貌はよくわかっていなかった。

近年、古い市町村史や寺社記録の調査が進み、たとえば大分県米水津村で一〇mを越える津波による被害（千田・中山、二〇〇六）が明らかになるなど、安政南海地震を超える津波が九州に到来したことがわかってきた。大分県佐伯市の龍神池では、宝永地震の津波により運ばれたと考えられる海砂や海洋性プランクトンの堆積もみつかった（岡村、二〇〇六）。ここには昭和南海地震や安政南海地震の津波堆積物はほとんどなく、宝永地震の津波が特段に高かったらしい。

南海トラフの地震が起きると、プレートの大きなずれ動きにより、トラフ寄りの海側では海底面が隆起、そして陸側では地面が沈降する地震地殻変動が発生する。宝永地震で沈降した海岸線上には、浜名湖や須賀利大池（三重県）、そして蟹ガ池（高知県）など、津波堆積物が残る「津波池」が直線上に並んでいる（図7-2の△印）。そこは、地震時に海岸線が沈降するため津波の浸水が起きやすく、そして地震後には徐々に隆起して元に戻るため、津波堆積物が侵食から守られる場所である。

ところが、九州東岸にある龍神池は、宝永地震の沈降域から西に一〇〇㎞以上も離れており、その

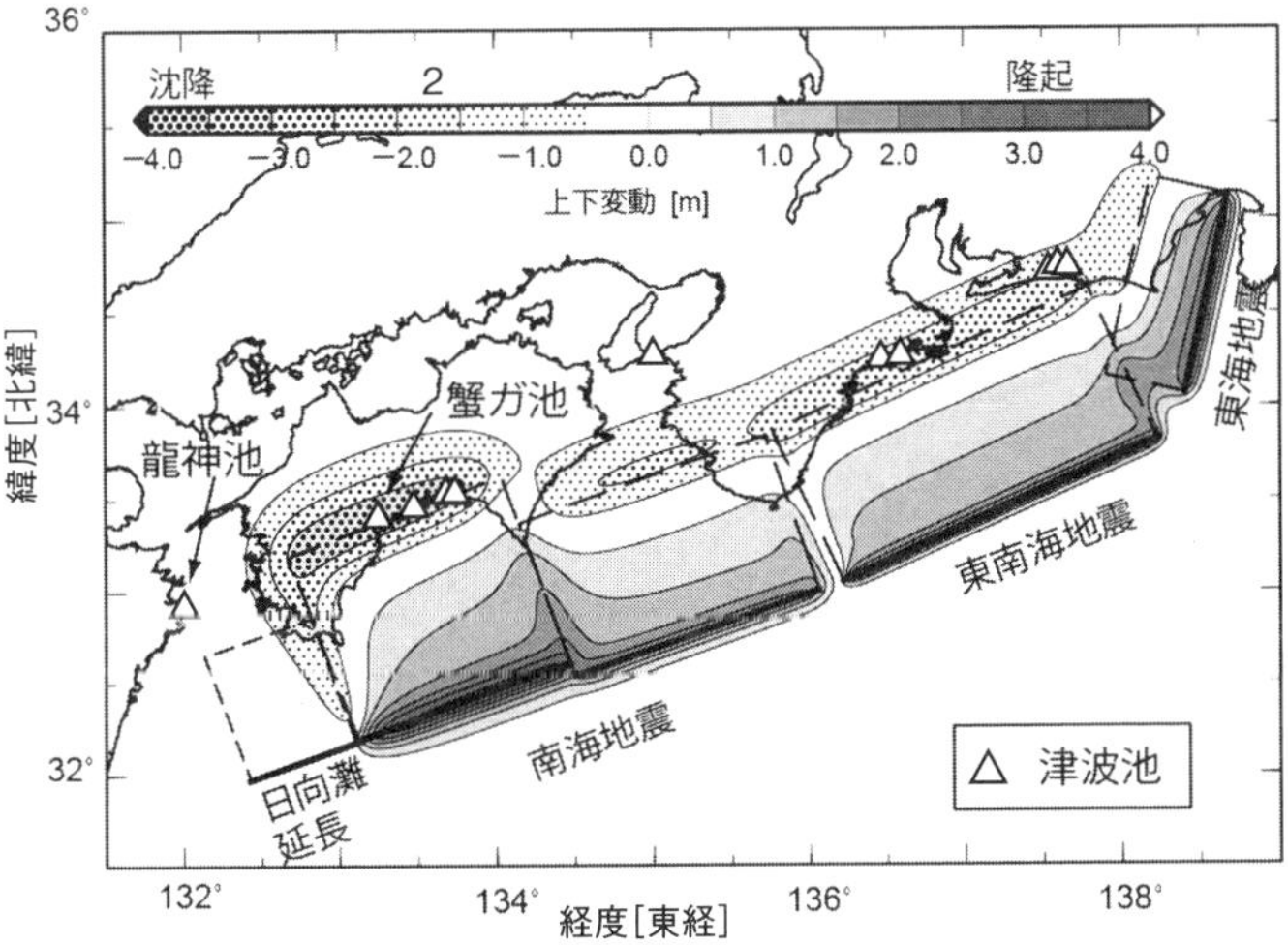

図7-2　1707年宝永地震（東海・東南海・南海地震）による地殻変動（地面の隆起と沈降）と，津波堆積物が残る津波池（蟹ガ池，龍神池など）の位置（△）

ような場所に津波池が存在することは考えにくい。現に、宝永地震のこれまでの震源モデルを用いて津波シミュレーションを行っても、龍神池付近の津波高は一mに届かず、とても海砂を池に運び込むだけの威力は確認できなかった（図7―3）。

龍神池の津波堆積物が示す、宝永地震の実像

龍神池の謎を解くヒントは、近年の地震研究の発見の中にあった。国土地理院のGPS電子基準点（GEONET）のデータの解析により、沈み込むフィリピン海プレートと陸のプレート境界の固着（しっかりとくっついている）場所と、その強さがわかる（たとえば、Nishimura *et al.*, 1999、橋本ほか、二〇〇九、第1章参照）。こ

図 7-3　これまでの宝永地震の震源モデルによる津波シミュレーション（地震発生から 21 分後）

の結果から、駿河湾から西に広がるプレート境界の固着域が、宝永地震の震源域の西端と考えられていた足摺岬沖を越え、さらに日向灘の一部にまでのびていることがわかった。また、防災科学技術研究所の高感度地震観測網（Hi-net）の地震データ解析から、「深部低周波地震」と呼ばれる、固着域の最深部付近で起きる地震現象の発生場所が詳しくわかってきた（Obara, 2002）。これをみると、深部低周波地震が豊後水道の下でも起きており、プレート間の固着は足摺岬沖を越えて日向灘までのびている可能性が裏付けられた。さらに、海洋研究開発機構が進めた詳細な海域地下構造調査から、南海トラフのプレート沈み込み帯の構造が、駿河湾から足摺岬を越え、さらに日向灘南端の「九州―パラオ海嶺」までひと続きになっていることもわかった。こうした発見をつなぎ合わせると、宝永地震の震源域の広がりは、これまで知られた駿河湾から足摺岬沖までではなく、さらに日向灘の北部にまでのびて

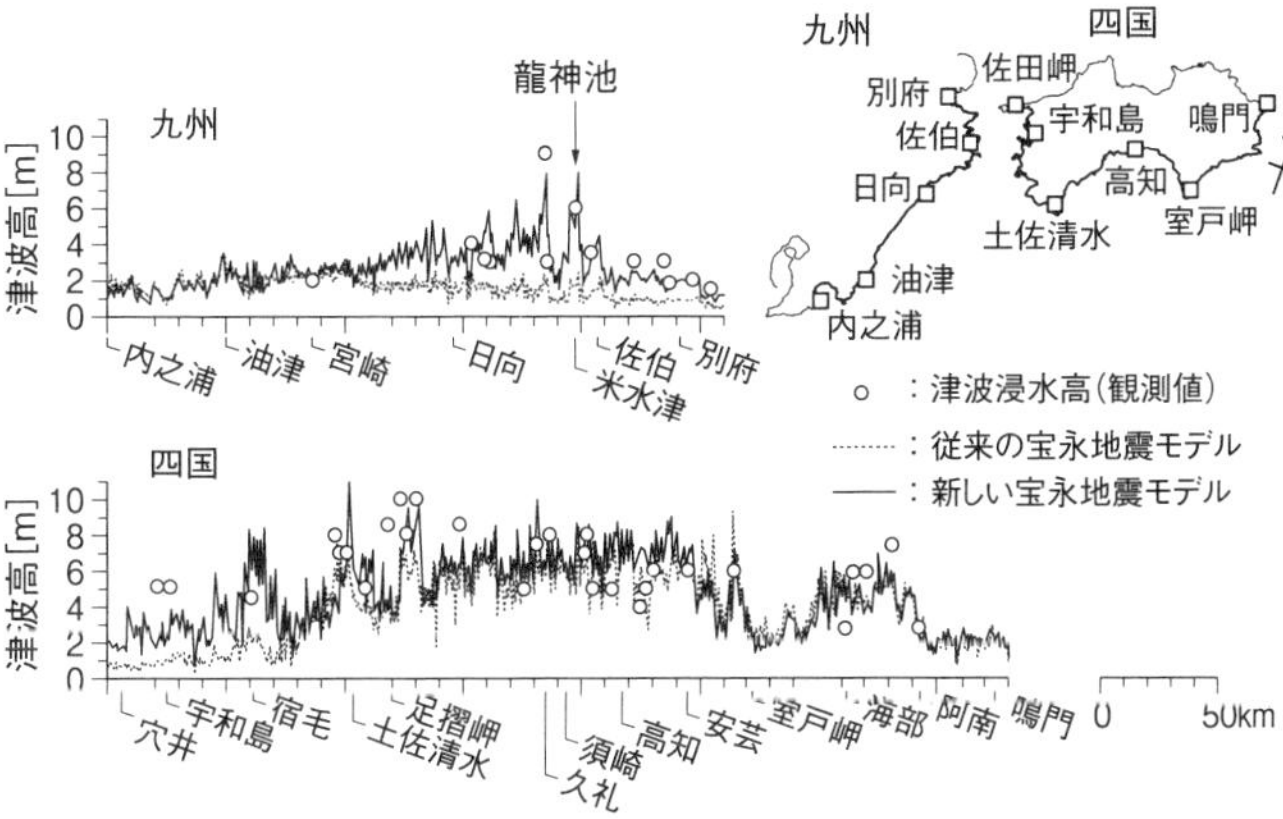

図7-4　宝永地震の津波シミュレーションによる九州から四国の海岸線での浸水高
実線は，新しい宝永地震の震源モデルによる津波高．点線は従来のモデルによるもの．○は古文書等から推定される津波浸水高．

いた可能性がみえてきたのだ。

　そこで、駿河湾から日向灘の北部を震源域とする、新しい宝永地震モデルを用いて地震地殻変動と津波を再評価した（図7−4）。シミュレーションの結果、龍神池付近は地震地殻変動により最大五〇cm沈降し、そこに八mの津波が到来する結果となった（Furumura *et al.*, 2011）。この結果を用いて、龍神池の津波浸水シミュレーションを行ったところ、津波が池の東側の狭い水路を伝わって、池に浸水する様子もみごとに再現された（図7−5）。こうして池に多量の海砂が運び込まれたのだ。

　龍神池で発見された津波堆積物は、宝永地震の砂層の下にも幾層かみつかり、放射性同位元素を用いた年代測定により、それぞれ一三六一年正平地震、六八四年白鳳地震、そして一三〇〇年前の年代の地震のものと確認された（岡村・松岡、二〇一二）。九州東岸に津波をもたらす南海地震は、過去に一〇〇〜二〇〇年の周期で繰り返し起きてきたが、そのうち、三回に一度程度の五〇〇～八〇〇年の周期で大きな津波がきた可能性が高い。すなわち、南海トラフ地震の発生サイクル（周期）はこれまで考えてきたような単純なものではなかった。やや規模が小さい地震が繰り返すサイクル（一〇〇～二〇〇年周期）とは別に、もう一つの巨大地震の発生サイクル（五〇〇～八〇〇年周期）があると考えられるのだ。

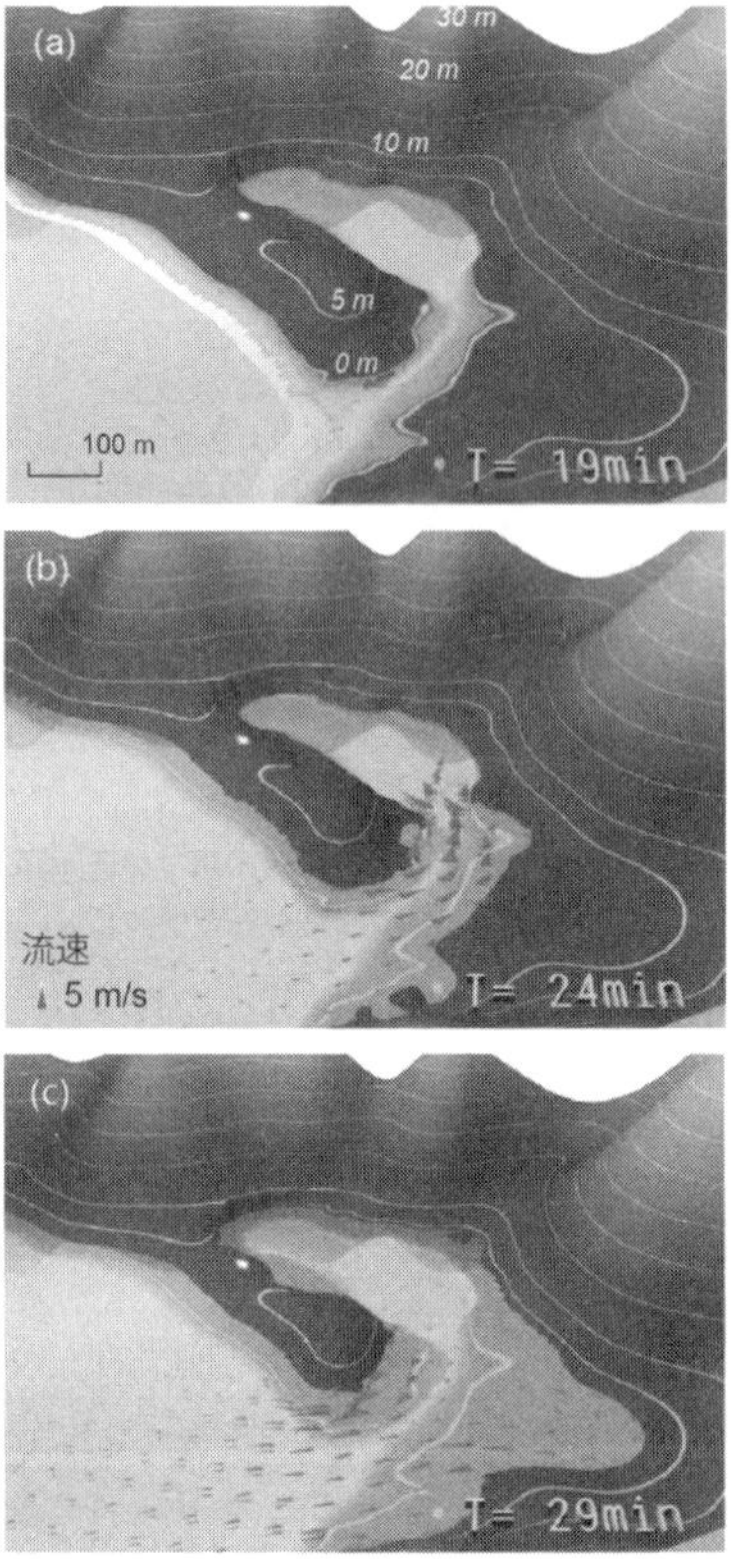

図 7-5　龍神池への津波の浸水シミュレーション（地震から 19, 24, 29 分後）
▲は流速の大きさを表す.

2—慶長の津波地震

地震発生サイクルから外れた慶長地震

宝永地震の一〇二年前に起きた一六〇五年慶長地震は、先に述べた南海トラフ地震の特徴とその発生サイクルから考えると、やや規則から外れた例外的な地震といえよう。

一般に、宝永地震のような規模の大きな地震が起きる前には、地震エネルギーを十分蓄えるだけの長い期間が必要と考えられる（こうした地震の規模と発生間隔の考え方を「時間予測モデル」と呼ぶ）。ところが、慶長地震と宝永地震の間隔は一〇二年しかなく、南海トラフ地震の発生サイクルの中では短い部類に入る。仮に、慶長地震を地震年表から除けば、宝永地震の直前は一四九八年明応地震になり、地震の間隔は二〇九年にのびる。すなわち、慶長地震を通常の南海トラフ地震と区別して考えると、話がすっきりするのだ。

慶長地震のもう一つの例外は、大きな津波の被害に対して、地震地殻変動による影響や、地震の揺れによる被害が報告されていないことだ。宝永地震や安政南海地震でみられた、地震地殻変動による海岸線の隆起・沈降や、愛媛の道後温泉や和歌山の湯峰温泉での湧出量の変化などの報告もないのである。慶長地震が起きた一七世紀初頭は、関ヶ原の合戦直後の江戸幕藩体制の草創期であり、この時期の史料は極端に少ないという制約はある。しかし、限られた史料からではあるが、津波が房総半島から九州の鹿児島湾までの広範囲に来襲して家屋が多数流出したことが明らかであり、大地震の発生自体は疑いない。津波被害はとくに四国で大きく、千数百名を越える犠牲者が出たらしい。ところが、こうした甚大な津波被害の一方で、地震の揺れを記録した史料は、高知の宍喰などきわめて場所が限られ、さらに地震の強い揺れによる被害にいたっては、確証の高い記録はほとんどない。すなわち、慶長地震は強い揺れを伴わずに、津波だけが発生した「津波地震」であったと考えられるのだ。

慶長地震の発生メカニズム

津波地震はどのようなメカニズムで起きるのだろうか？　ふつうの海溝型地震は、海底下一〇～四〇kmの深部プレート境界の固着がはがれ、陸のプレートが海のプレートに乗り上げるように急激にずれ動くことで発生する。こうした急激なプレート運動は強い揺れを起こし、そしてプレートのずれ動きにより海底面が隆起・沈降して津波が発生する。

一方、津波地震は海底下一〇kmよりも浅い、海溝寄りの浅部プレート境界で発生する（第2章参照）。海のプレートが陸のプレートの下に沈み込み始めて間もない海溝付近では、圧力が低く、また海水が潜り込んでいて摩擦が小さいために、プレート間の固着の割合が弱く、ふつうの地震は起きないのだ。

その場所で、何かの拍子でプレートがゆっくりとずれ動くと、ゆったりとした長周期の地震動は生まれるが、カタカタとした小刻みな短周期の揺れはほとんど発生しない。だが、地震による地殻変動量は、ふつうの地震と同様に大きく、大きな津波が発生する。津波地震が起きる海溝付近は陸から遠いため、地震地殻変動の影響は陸まで及ばず、海岸線の沈降や、温泉・地下水の水位変化は起きない。

日本海溝では過去に明治三陸地震や延宝房総沖地震が発生し、多くの犠牲者が出たことは第2章で述べた。一方、南海トラフの津波地震として知られるのは一六〇五年慶長地震だけだが、それ以外にも起きていた可能性も十分ある。南海トラフ巨大地震の発生に備え、古文書や調査などから過去の津波地震の発生履歴を精査し、そして地震・地殻変動観測や海溝付近の地下構造調査などから津波地震の発生可能性について研究を深めることが必要だ。

3——南海トラフ三連動地震と津波地震の大連動の可能性

こうして、これまで宝永地震と慶長地震を対象に、南海トラフ巨大地震の最悪シナリオの検討が進められてきた。ところが、こうした最悪シナリオの考え方は、二〇一一年三月一一日の東北地方太平洋沖地震の発生により、抜本的な見直しを迫られることとなった。

第1章でも述べたように、宮城県沖の深さ約二四kmの地点から始まったこの地震は、震源域を岩手県沖から茨城県沖へと拡大させ、さらに勢いを増して、日本海溝寄りの津波地震が起きる部分にまで広がった。そして、プレートのずれ動きは勢いを増し、さらに海溝軸に飛び出すように大きくずれ動いて、強い揺れと大津波が発生したのだった（Ide *et al.*, 2011）。

つまり、東北地方太平洋沖地震は、これまで知られてきた海溝型地震がいくつか連動してM九・〇の巨大地震になっただけではなかった。さらに、津波地震も同時に発生した、いわば「大連動」とでも呼ぶべき特別な地震だったのである。大連動の結果、ふつうの海溝型地震や津波地震が単独に起きた場合よりも、海溝軸付近が大きくずれ動き、大きな海底地殻変動と津波が生まれたのだ。

南海トラフにおける大連動の可能性

南海トラフ地震を見直すと、ここにも東北地方太平洋沖地震と同様の大連動が起きる可能性があった。東海・東南海・南海地震の三連動地震であった一七〇七年宝永地震と、津波地震であった一六〇五年慶長地震が同時に起きるような大連動シナリオも十分考えられたのだ。これまで、南海トラフ地震の最悪シナリオとして、宝永地震タイプと慶長地震タイプの二つを考えてきたが、実はそれがすべてではなかった。二つが同時に起きるシナリオも考える必要があったのだ。

宝永地震を上まわる津波の発生を示唆するデータもあった。先に紹介した高知大学による津波堆積物調査において、高知の蟹ガ池に残された二〇〇〇年前の地層の中に、五〇cmもの厚さを持つ津波堆積物がみつかっていた（岡村・松岡、二〇一二）。これは、宝永地震のものの三～五倍の厚さになる。もちろん、今から二〇〇〇年前の海岸線の位置など自然環境は今とは違っていただろうし、当時の地形も正確にはわからない。しかし、池に残された厚い津波堆積物は、宝永地震を超える規模の巨大津波により運ばれたと考えるのが自然であろう。地域により厚さは異なるものの、同時代のものと思われる津波堆積物は、須崎市の「ただす池」、徳島の「蒲生田大池」、尾鷲市の「須賀利大池」、佐伯市の「龍神池」でもみつかっており、二〇〇〇年前の巨大津波は九州から紀伊半島にかけての広い範囲を襲った可能性が高い（岡村・松岡、二〇一二）。

大連動の可能性を示唆する別のデータもあった。海洋研究開発機構の地球深部探査船「ちきゅう」が掘った、熊野灘のトラフ軸付近のプレート境界の地層の中に、石炭の一種の「ビトリナイト」が熱変成を起こした痕跡があったのだ（坂口、二〇〇八）。トラフ軸付近の浅部プレート境界が、地震で高速にずれ動いた可能性を示唆する重要な証拠である。熱変成が起きた年代や、そのときのプレートのずれ動き速度はまだわかっていないが、トラフ軸付近の浅部プレート境界でも、津波地震あるいは大連動が過去に起きた可能性がみえてきたのである。

宝永地震と慶長地震の大連動による津波のシミュレーション

では、宝永地震と慶長地震の大連動が仮に起きたとすれば、どんな津波が生まれるのだろうか？

今のところ、慶長地震の明確な震源モデルはないため、ここでは、慶長地震の震源域を、宝永地震の震源域の上端からトラフ軸の間の幅約二〇km、長さは駿河湾〜日向灘北部の七〇〇kmとした（図7−6下）。慶長地震モデルのプレートずれ動き量には、東北地方太平洋沖地震の経験をもとに、深部プレート境界（宝永地震）のずれ動き量（五〜九m）の二倍（一〇〜一九m）の値を与えた。

津波シミュレーションでは、宝永地震と慶長地震の震源モデルの二つを用いて、深部プレート境界からトラフ軸までが一度にずれ動く場合の津波を計算し、これを宝永地震の津波と比較した。ちなみに、この大連動地震の規模はM八・九になる。

大連動地震のプレート境界のずれ動きは、駿河湾から日向灘の北部にかけて、トラフ軸から海岸線付近までの広い範囲の海面を大きく隆起・沈降させ、巨大な津波をつくり出した。とくに、浅部プレート境界の大きなずれ動きは、トラフ軸付近の海底面そして海面を数m近く盛り上げた。深部プレート境界のずれ動きによりつくり出された長波長の津波と、浅部プレート境界の大きなずれ動きがつくり出した短波長の大きな津波が連なって、ちょうど東北地方太平洋沖地震の沖合ケーブル津波計で観測されたような、二段階の津波（第2章参照）の成長も確認された。

こうして生まれた大連動地震の津波は、時速七〇〇kmの高速度で沿岸へと向かい、水深が浅くなるにつれて伝播速度が急激に小さくなり、波高の上昇が始まる。その結果、沿岸では初期津波の数倍以上の巨大津波となり、とくに津波が集中する土佐湾では、波高が二〇mを越えた。大連動モデルの津波シミュレーション結果は、太平洋沿岸地域では宝永地震の一・五〜二倍になった。津波高と津波堆

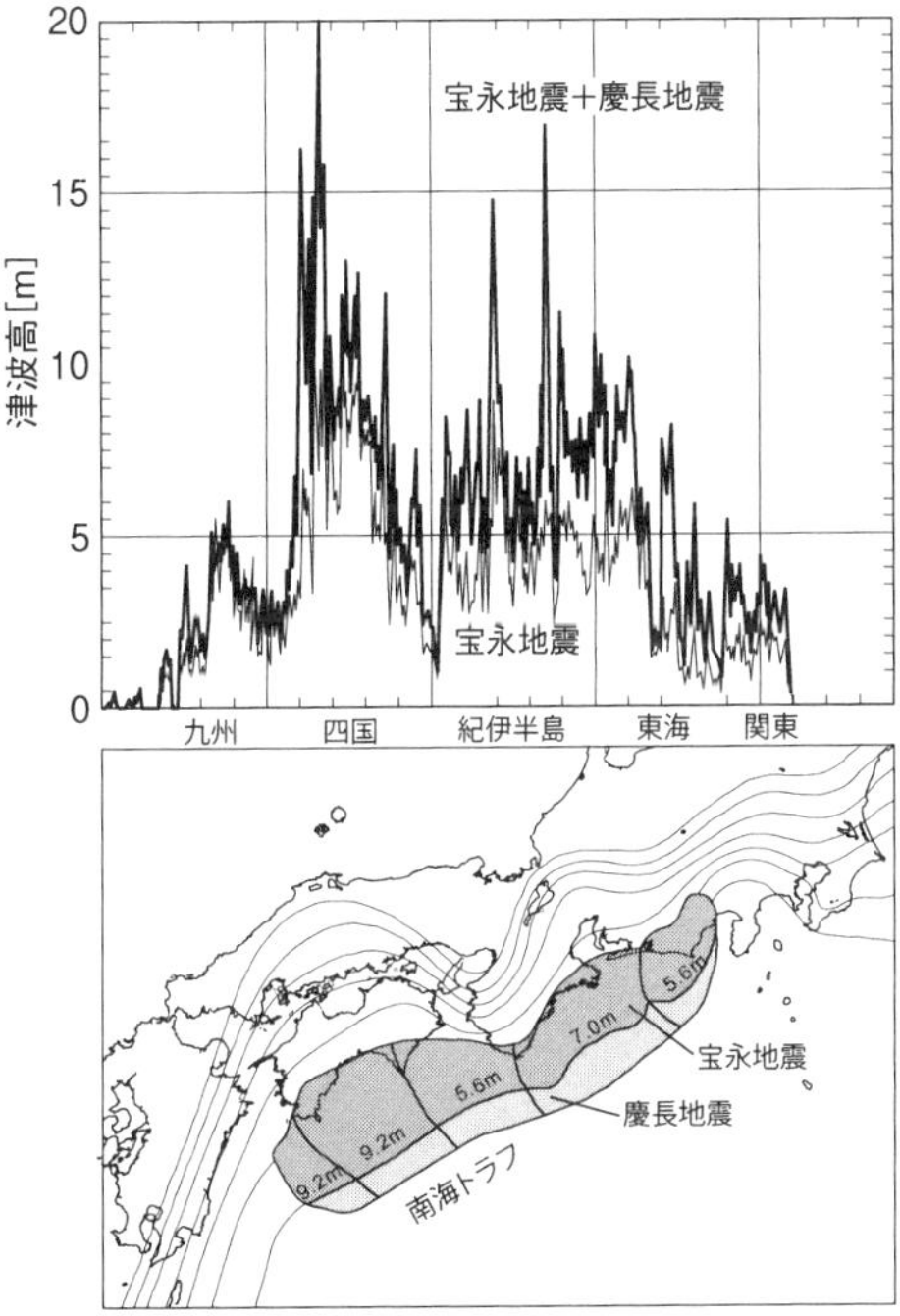

図 7-6　宝永地震と慶長地震の震源モデル
下図の数字は，各断層セグメントのプレートずれ動き量．上図は，宝永地震（実線）と宝永地震と慶長地震の大連動（太線）による太平洋沿岸での津波高のシミュレーション結果．

積物の厚さを単純に比較することはできないが、蟹ガ池でみつかった厚い津波堆積物は、こうした巨大津波により運ばれた可能性は十分考えられよう。

大連動に伴う太平洋沿岸の津波高の増大に比べ、土佐湾から川で内陸に入った高知市内や、大阪湾や伊勢湾などの湾奥、そして瀬戸内海などの津波高は、宝永地震のシミュレーション結果とほとんど変わらないこともわかった。ここで、大連動により生まれる津波を、宝永地震の津波と慶長地震の津波の重ね合わせと考え、二つを分けて考えよう。宝永地震の幅広の震源域から生まれる波長の長い（一〇〇km程度）津波に対し、慶長地震の幅の狭い震源域から生まれる津波は波長が短い（二〇km程度）。こうした短波長の津波は入り口の狭まった湾に入りにくく、かつ減衰が早いので湾奥まで到達できない。高知湾、大阪湾、伊勢湾や、瀬戸内海などの固有周期は一～二時間と長く、宝永地震の津波のような、長い波長と周期を持つ津波だけが湾奥まで伝わることができるのだ。大連動による津波の影響は、津波の直撃を受ける海岸部では多大であるが、湾内や内海では宝永地震の津波を超えることはない。

地震学と地質学の対話を深める

世界で最も理解が進んでいるとされる南海トラフの地震発生サイクル。しかし、地震像が明確なのは、災害史料が揃う江戸時代中期以降の三〇〇年間に起きた宝永地震、安政東海・南海、昭和東南海・南海地震の三つしかない。地震計記録にいたっては、明治中期以降の一二〇年分のデータがあるだけであり、記録を用いた震源過程解析は、昭和東南海・南海地震しか行われていない。近年の限られたデータから、多様な南海トラフの地震発生サイクルと連動性の全体像をつかむには限度がある。そこで、古文書や遺跡、津波堆積物などあらゆる科学的知見を集めて、できるだけ過去に遡って南海トラフ地震を再評価する必要がある。

千島海溝から日本海溝にかけての太平洋側での津波堆積物の調査から、東北地方太平洋沖地震級の津波が五〇〇年の周期で発生していた可能性があることは第2章で述べた。九州〜四国で発見された二〇〇〇年前の厚い津波堆積物についても重くみて、宝永地震を越える巨大津波が起きうることを十分考慮して津波対策を進めることが必要である。

4―南海トラフ連動型巨大地震に備える

南海トラフ巨大地震による社会影響

中央防災会議の専門調査会が二〇〇三年に示した東海・東南海・南海地震の三連動発生を想定した被害想定によると、震度5強以上の強い揺れが想定される地域に五三一の市町村が入り、その人口は日本の総人口の二六％に上る。この人口は、東北地方太平洋沖地震の被災人口六％の四倍以上になる。これによる死者数は二万四八〇〇名、経済的被害は五三〜八二兆円と見積られている。

東日本大震災では、地震の強い揺れによる家屋被害や土砂災害、そして津波による人的物的被害に加え、電力や燃料の不足に伴う応急対応の遅れなど、地震の社会影響が連鎖的に拡人した。東海・東南海・南海地震において震度5強以上の強い揺れが心配される瀬戸内地域では、日本の火力発電所の総発電量の三八％が生産され、そして西日本の大部分の製油所・油槽所もある。こう考えると、東北地方太平洋沖地震以上の問題が、西日本そして日本全土に広がることになる。

さらに二〇一二年八月に内閣府が出した、南海トラフの最大（M九・一）クラスの地震による被害想定結果は、最悪ケースで死者数三二万三〇〇〇人、全壊家屋六二万七〇〇〇棟と、従来考えられてきた三連動地震の想定を大きく超えるショッキングなものであった。同時に適切な事前対策等により人的被害を最大八割、建物全壊を四割減少できることも示され、津波からの適切な避難や、耐震化の促進などの防災対策の重要性が一層明らかになった。

時間差発生による揺れ時間と津波高の増幅

東海・東南海・南海地震の連動発生により、西日本全体の広い範囲を強い揺れと津波が襲う恐れがある（図7–7）。しかし、連動発生の問題はこれだけではない。東海・東南海・南海地震が数分〜十数分の時間差で次々に起きた場合には、揺れの時間が長くなり、そして津波の高さがさらに高まるなど、より深刻な事態が起きるからだ。

たとえば、東海・東南海・南海地震が数分の時間差で順々に発生した場合を考えよう。このとき三つの地震の震源域から強い揺れが順番に到来し、長時間にわたって強い揺れが続くことになる（図7–8a）。地震動の波長は短く、また地震ごとに相関のないランダムな波動現象であることから、仮に

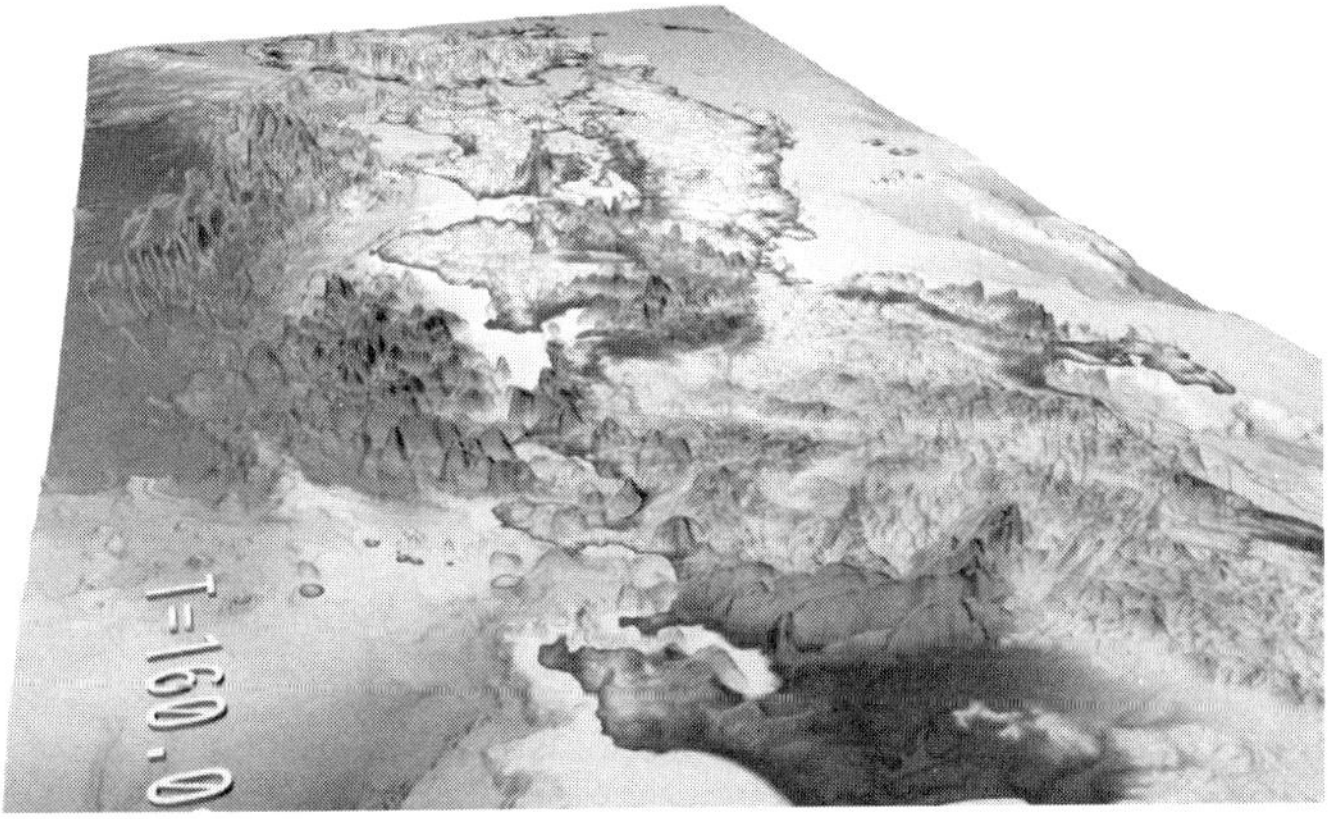

図7-7　東海・東南海・南海地震の同時発生による地震動シミュレーション
地震発生から160秒後の揺れ.

三つの地震が同時に発生しても、揺れが重なり合って強め合うことはない（図7―8b）。むしろ、三つの地震がバラバラに発生し、強い揺れが長く続くことの影響がより深刻である。強い揺れが続く間は、身動きも避難もままならないことだろう。鉄骨造の建物が長時間揺すられると、鉄骨の接合部や建築部材に疲労が累積するなど、地震の影響が大きくなる心配もある。強い揺れが長く続くと、地盤の液状化現象が加速される恐れもある。地震の震度は同じでも、継続時間が長いと被害が拡大する恐れが高まるのである。

　東海・東南海・南海地震が数時間の時間差で発生すると、救援・救護活動中に二次災害が起きる恐れもある。東海・東南海・南海地震がすべて起きてしまったのか、それとも、地震の一部がまだ起きておらず、引き続き警戒が必要な状態にあるのかを、地震後ただちに知る手だてが必要だ。現行の緊急地震速報が伝えるのは、震源地（地震発生場所）と地震の規模に限られる。巨大地震の

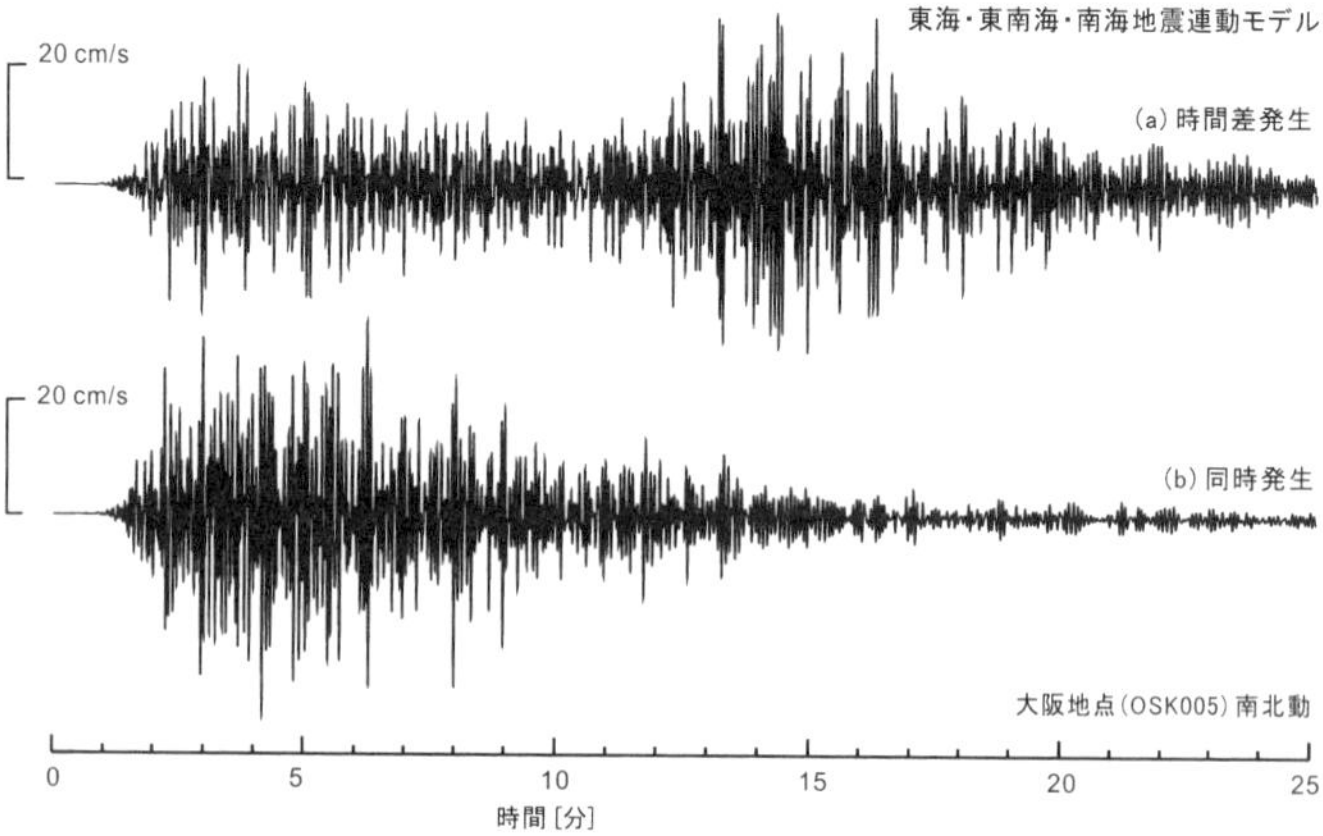

図 7-8　東海・東南海・南海地震の 3 連動による地震動シミュレーションによる予測（大阪地点）
(a)時間差発生（東南海地震から 5 分後に東海地震，10 分後に南海地震が発生）の場合，(b)3 地震の同時発生の場合.

発生に備えて、震源域の広がりを即座に把握するために、観測された震度分布や地震地殻変動分布などの多面的なデータを活用したしくみづくりが、現在気象庁で進められている。

東海・東南海・南海地震の時間差発生は、津波の増幅にも深刻な影響を与える。津波の波長は数十〜数百㎞と長く、津波が時間を空けて次々と発生すると、津波が重なり合って高くなる可能性があるのだ。たとえば、東南海地震の津波は、数分〜十数分後に南海地震と東海地震の震源域の真上に到達する。もし、そのタイミングで南海地震や東海地震が起きると、新たに生まれた津波が重なり合って、波高が一・五〜二倍近く高くなる。もちろん、場所によっては引き波と押し波が重なり合って、津波高が低くなることもある。津波の重なりが起きる条件は場所によって異なるため、それぞれの地域ごとに影響を細かく評価する必要がある。

時間差発生が引き起こす社会不安

数年の時間差で地震が起きる場合も考えよう。一九四四年に発生した昭和の地震では、東南海地震の発生から二年後に南海地震が起きた。当時は東海・東南海・南海地震の連動性について、一般にはほとんど知られておらず、東南海地震が起きた後に南海地震を警戒した人はほとんどいなかっただろう。そもそも、第二次世界大戦の戦渦の中では、東南海地震が起きたことすら、十分に伝わっていなかったに違いない。

今日では、東海・東南海・南海地震の連動発生は世の中に広く知られた事実である。東海地震あるいは東南海地震が発生したとすれば、誰もが南海地震の発生を心配する。そのときどんな社会混乱が起きるだろうか？　南海地震による強い揺れと津波が心配される地域では、弱い建物からの退避や、海岸からの避難が始まることだろう。そして、避難は南海地震が起きるまで続き、その間は、すでに起きた東海地震の災害復興・復旧はなかなか進まないことだろう。こうした、数年の時間差発生による社会不安と経済の問題は計り知れない。心理的な不安はなおさらだ。これが現代社会の社会的観点、そして人間の心理面からみた最悪シナリオといえるかもしれない。

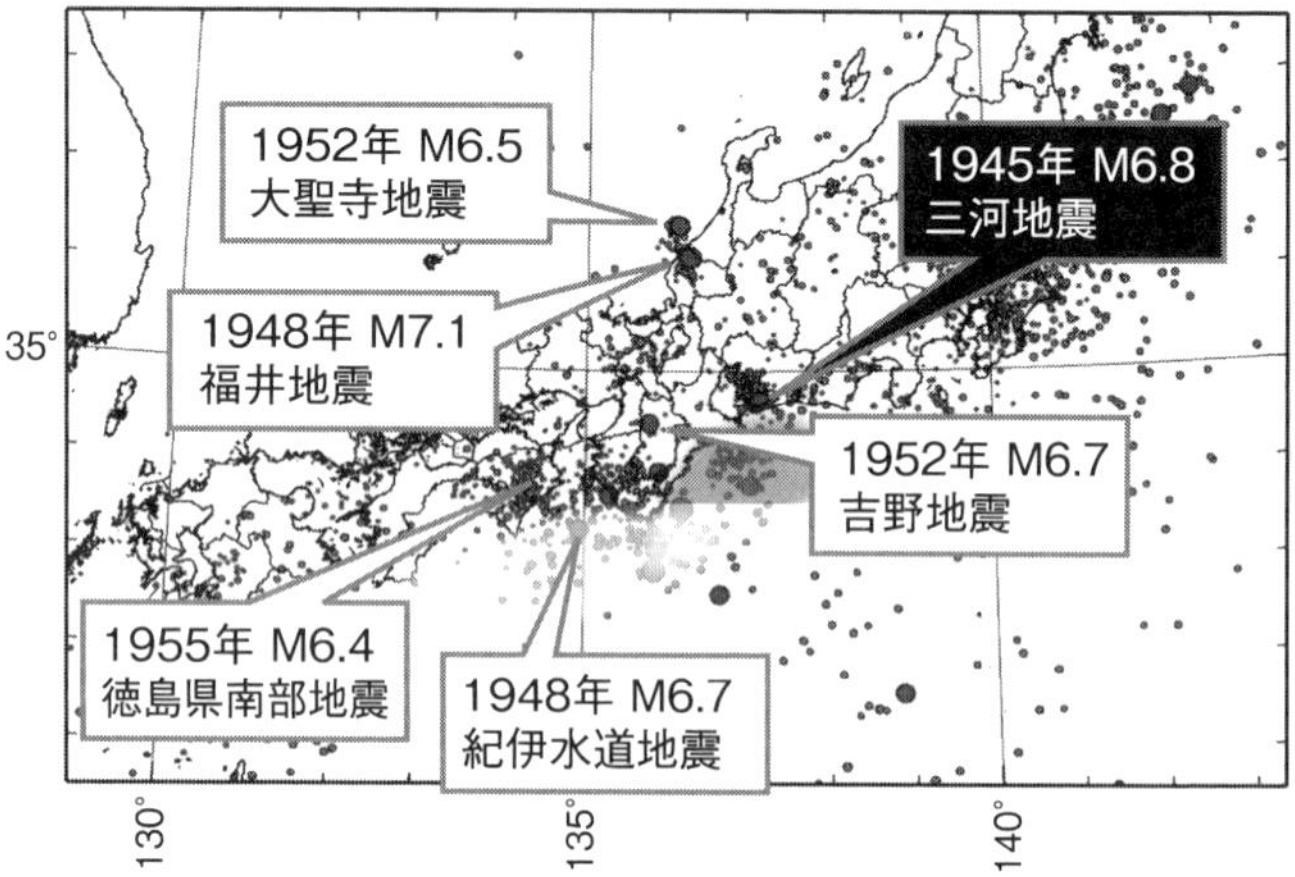

図 7-9　1944 年東南海地震と 1946 年南海地震後の地震活動と主な被害地震

地震後の内陸地震活発化、火山噴火の恐れ

東海・東南海・南海地震による被害と社会影響はそれだけにとどまらない。地震発生後に、日本各地で内陸地震の活発化が懸念されるからだ。

東北地方太平洋沖地震の直後に、内陸地震が多数発生したことは第1章で述べた通りだ。そして、同様の現象は、過去に南海トラフの地震でも起きている。一九四四年の東南海地震の翌年には、三河地震（M六・八）が発生し、死者・行方不明者二三〇〇名、住宅全半壊二万三〇〇〇戸にも上る大被害が引き起こされた（図7–9）。それから三年後の一九四八年には、福井地震（M七・一）が発生、三八〇〇名が犠牲となる大惨事が繰り返された。さらに、一九四八年には紀伊水道（M六・七）での大地震、そして一九四九年には安芸灘（M六・二）で死者を伴う大地震が起きるなど、東南海・南海地震との関連が疑われる内陸地震が多発した。同様に、一九二三年関東地震（関東大震災）の後も、数年間にわたって内陸地震が多発し、多くの犠牲者が出た。

東北地方太平洋沖地震の発生直後には、東北から関東にある一三の火山の周辺で地震活動が一時期活発化したが（第1章参照）、一七〇七年に起きた宝永地震から四九日後には富士山が大噴火したことを思い起こしてほしい。それまで富士山は一〇〇年ごとに小噴火を繰り返していたが、宝永大噴火を最後に三〇〇年以上沈黙を続けている。次の東海地震をきっかけにして、富士山噴火が再開する可能性もある。

5―巨大地震の発生予測と災害軽減に向けて

東海地震予知の可能性――プレスリップ仮説

巨大地震は突然起きるのではなく、地震発生の数日前からプレート境界でゆっくりとしたずれ動き（プレスリップ）が始まり、やがて動きが加速して巨大地震にいたるという考え方がある。岩石実験や地震発生の数値実験でも、プレスリップの存在が確認されている。

一九四四年東南海地震の発生直前に行われた静岡県掛川市付近の陸地測量部による水準測量において、プレスリップと思われる地殻変動の異常の報告がなされていた（Sato, 1977; Mogi, 1984）。ただし、当時の水準測量には異常を議論できるだけの精度はない、測量ミスの可能性もあるが、その確認のための再測量が地震でできなくなった、といった見方もある（たとえば、鷺谷、二〇〇四、木俣・鷺谷、二〇〇五）。

プレスリップが検出できれば、巨大地震の発生を数日前に予知することができる。しかし、その量は、地震時のプレート間のずれ動き量の数百分の一といった微少量であるので、その検出は、想定する地震の規模が大きく（M八以上）、かつ震源域の近傍に高感度の歪み計や傾斜計などの測器が配置されている場合に限られる。この条件を満たす地震は、震源域が静岡県の真下にのびた想定東海地震（M八・一）だけである。東海地域には気象庁などが整備した堆積歪み計などの測器が多数設置されており、東海地震のプレスリップの監視が現在二四時間体制で続けられている。

こうした現行の東海地震の予知体制は、一九四四年に起きた東南海地震のずれ残り部分である、想定東海地震の単独発生を考えたものだ。東南海地震から七〇年近くが経過した現在、次の東海・東南海・南海地震の発生サイクルが近づいてきた。これから時間がたつと、東海地震の単独発生と同じくらい、東海・東南海・南海地震の三連動発生の可能性が高まってくる。南海地震あるいは東南海地震の震源域から地震が始まった場合には、東海地震の観測網にプレスリップが検出されないままに、三連動地震が起きることになる。東海地震の予知体制に偏った現行の観測態勢では、三連動地震の直前予知は難しい。

地震観測網の海への展開

多くの巨大地震は、陸から遠く離れた千島海溝～日本海溝、そして南海トラフなどで発生する。これらの地震の発生に関わる異常現象を、陸上にある観測網で検知するには遠すぎる。検知度を高めるためには、震源域直上の海域に観測機器を設置するのが有効だ。もちろん、深海への機器の設置や、海流や波浪のノイズなどの観測環境の問題などを考えると、海域での高精度観測は厳しい。しかし、こうしたハンディを乗り越える強いシグナルが、震源域の直上の海底では検出できる可能性がある。

異常現象の判断のためには、長期間の観測データの蓄積が必要である。プレート境界の固着の状態をモニターし、歪みの蓄積量を長期間把握することができるようになれば、近い将来の地震発生の危険度がわかるようになる。そして、固着状態に大きな変化が現れたら、地震発生の可能性を各種の観測データを突き合せて検討する。こうした「地下の歪み天気図」と「地震発生注意報」の実現に向けた観測網の展開と、観測データ解析技術の開発研究が今後強く求められる。

リアルタイム津波観測と警報

地震の直前予知は依然として難しいが、地震発生を検知してすぐに警報を出す「緊急地震速報」については第1章で述べた。さらに、日本の沖合の津波観測網が充実すれば、「緊急津波警報」も実現可能であることも、第2章で述べた。こうして津波の推定精度が上がれば、津波の浸水域や津波流速に基づく建物の破壊・流失の予測シミュレーションも実用化に向けて大きく前進するだろう。

浸水シミュレーションの結果を用いて、安全な避難場所と避難経路を伝える津波避難シミュレーションを行うことも可能だろう。東海・東南海・南海地震の津波の第一波は、場所によっては五分以内に到来する。避難の猶予時間はほとんどない。旅行先や海外の地理の不慣れな土地で津波に遭う可能性もある。個人が持つスマートフォンが現在地をシミュレータに伝え、その場所の浸水予測と照らし合わせて安全な避難場所への経路を一人一人に個別に指示する、といった津波避難アプリケーションソフトも十分検討に値する（図7-10）。

新しいシミュレーションへの挑戦

こうした地震の強い揺れと津波の予測シミュレーションの高度化に向け、巨大地震により引き起こされる、強い揺れ、地殻変動、そして津波という、一連の災害を時間を追って正しく評価できる新たなシミュレーションが必要である。

現在、私たちが開発を進める、「地震—津波統合シミュレーション」（Maeda and Furumura, 2011）は、こうした連動型巨大地震の災害予測・軽減に向けた新たな挑戦の一つである。これまで、地震動、地殻変動、そして津波は、それぞれ異なるモデルと方程式を用いたシミュレーションで個別に評価さ

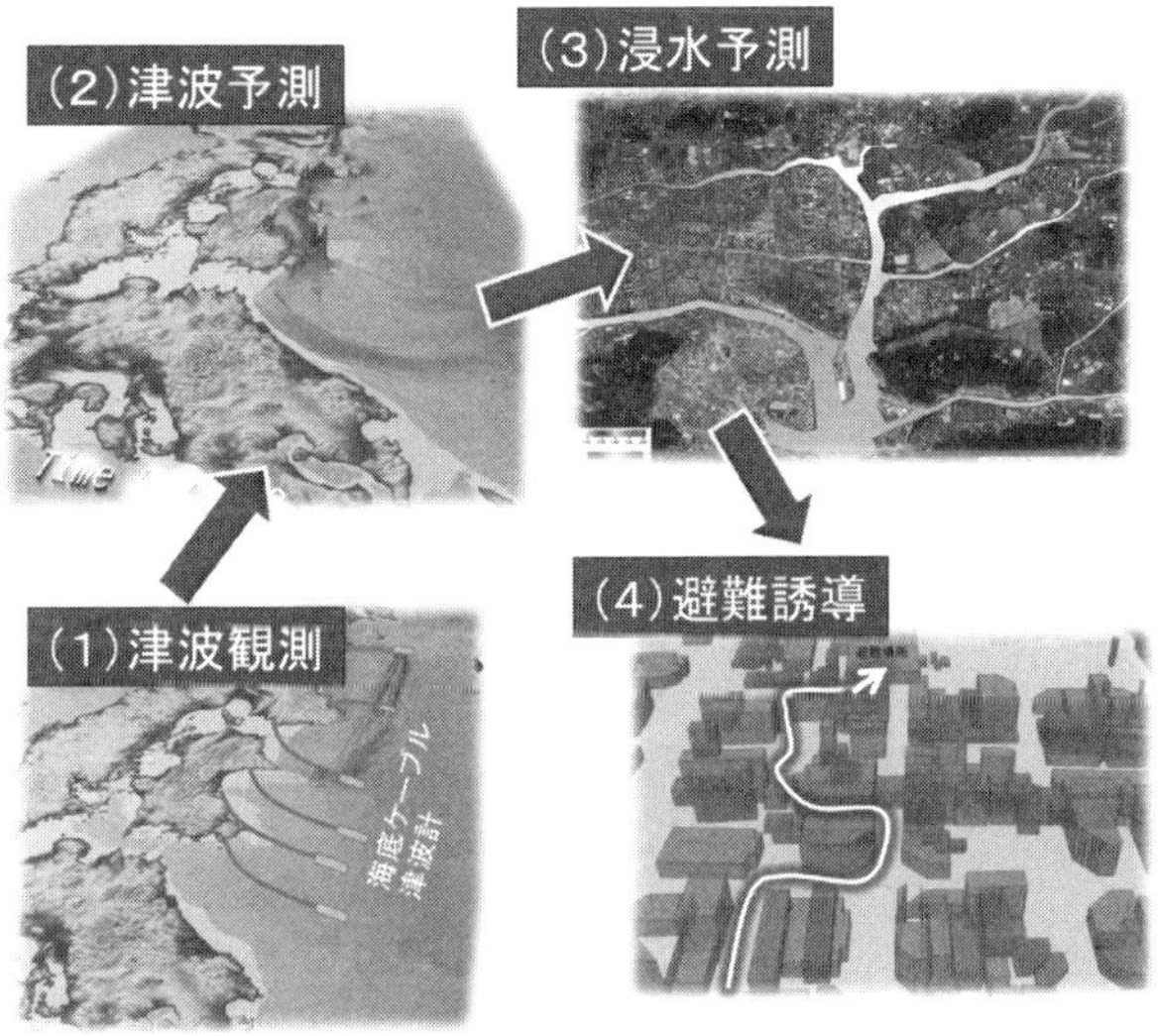

図7-10　津波観測に基づく沿岸津波の予測シミュレーション，浸水予測シミュレーション，そして避難誘導シミュレーションとの連携

れてきた。たとえば、地震動のシミュレーションでは、不均質な地下構造と複雑な断層運動をモデル化し、地震の揺れを運動方程式を用いて評価する。地震地殻変動のシミュレーションでは、地下構造をモデル化して、地震断層運動によりつくられる地表変動を、弾性体の変形の理論式を用いて評価する。そして、津波のシミュレーションでは、先の地殻変動計算の結果を海面変動（初期津波）として、複雑な海底地形を伝わる津波を流体の方程式を用いて評価する。このように、地震動、地殻変動、そして津波の評価を異なるモデルと方程式でバラバラに行う限り、海溝型巨大地震により引き起こされる一連の現象を時間を追って正しく評価するのは難しい。

　巨大地震が起きると、地震の強い揺れとともに地震地殻変動が発生して海岸線が沈降する。そして時間の経過とともに、沈降した海岸に津波が到来して内陸へと浸水が始まる。こうした一連の過程を、時間を追って詳しく調べるためには、地震動と地殻変動、そして津波を一つのモデルで同時に評価する必要がある。こうした同時シミュレーションは、今後沖合に設置が進められる海底水圧計などで記録される、地震動（水中音波）、地殻変動、そして津波を適切に評価するためにも必要である。

開発中の地震—津波統合シミュレーションは、地震動のシミュレーションで用いられる運動方程式に、津波伝播の原動力となる重力項を組み込むことにより、地震動と地殻変動だけでなく、津波も同時に評価できるようにしたものである。津波は海面を伝わる波ではあるが、固体や液体の振動として伝わる地震波や水中音波と同様に、津波の伝播を海水の振動と海面の変動としてとらえることにより、一つのモデルで地震波と津波を同時に扱うことができる。もちろん、このシミュレーションでは沿岸での津波の砕波現象など、津波が持つ複雑な挙動のすべては再現できないが、沿岸から数十m沖合の津波の評価には十分有効である。

高性能スパコンが拓く、シミュレーションの未来

こうした新しいシミュレーションを支えるのが、近年の高性能スーパーコンピュータ（スパコン）だ。近年の半導体技術の発展により、演算装置（ＣＰＵ）の性能が上がり、そして膨大な数のＣＰＵ

を集めた大規模並列計算技術の進展により、スパコンの演算性能は一〇年間で一〇〇〇倍ずつ高まっている。たとえば、二〇一一〜二〇一二年に世界第一位の性能ランキングを獲得した「京」コンピュータ（理化学研究所）の演算性能（一〇ＰＦＬＯＰＳ）は、二〇〇二年から二年半の間世界一の座にあった地球シミュレータ（海洋研究開発機構）の演算性能（四〇ＴＦＬＯＰＳ）に比べて、二五〇倍もの高い理論性能を持つ。地球シミュレータは六四〇ノード（五一二〇ＣＰＵ）が結合された並列計算機だったが、京コンピュータでは八万四〇〇〇ノード（八万四〇〇〇個のＣＰＵ）の超並列計算機となった。こうした、世界一のスパコンは、単に高速なＣＰＵを数多く集めるだけでは完成しない。多数のＣＰＵ間をつなぐ高速通信ネットワーク技術や、高性能のプログラム言語処理（コンパイラ）技術、そして、スパコンを構成する膨大な電子部品一点一点の高信頼性など、すべてが世界一であって初めて実現するのだ。

私が地震動や津波のシミュレーションを始めた一九八〇年代は、スパコンの性能は今よりずっと低く、計算の高速化のための適切な近似式の導入や、簡便な計算法の開発に力が注がれた。ところが、スパコンの性能が飛躍的に高まった今日では、いつまでも近似式や簡便な計算法を用いなくとも、地震動と津波の基礎方程式を直接に解くことが可能になった。その結果、近似式や簡便法では表現できなかった自然現象も、難なく評価できるようになったのである。世界一のスパコンへの期待は、これまでみえなかった現象の再現と新たな発見にある。高い演算性能を用いて、より細かなスケールのシミュレーションを行ったり、シミュレーション時間を大幅に短縮することだけが目的ではない。

高性能のシミュレーション技術と高分解能の地球観測技術、この二つが力を合せバランスよく発展し続けることが、巨大地震による地震動と津波の理解を深め、そして災害軽減に向けた研究推進の原動力となる。地震国日本は、これからも地震津波災害が続くことは避けられない。東日本大震災が最後ではない。私たち地震国に生きる者は、その宿命から逃げることなく、高度な科学技術と努力により災害に果敢に立ち向かうことが求められているのだ。

第8章　構造物と都市のシミュレーション
――次世代型ハザードマップに向けて

堀　宗朗

本章では構造物と都市のシミュレーションを紹介する。地震の被害を防ぐ第一歩は被害の予測であり、シミュレーションは予測の手法である。

構造物のシミュレーションとは何であろうか？　二〇一一年東北地方太平洋沖地震はわが国の観測史上最大の地震であったが、この巨大地震が引き起こした災害、すなわち、東日本大震災は沿岸部を襲った津波による被害が主であり、地盤の揺れによる被害は甚大ではない[(1)]。どうして東日本大震災の揺れによる被害は小さいのだろうか？　そして次の巨大地震の場合にも揺れによる被害は小さいのだろうか？　この問いに答える手段が構造物のシミュレーションである。

（1）液状化や宅地の災害のような地盤に関わる被害は無視できない。東北新幹線の運休もあり、構造物の被害も決して皆無ではない。

また、揺れによる被害は甚大ではなかったものの、東日本大震災は仙台市のような都市全体に対しては相応の支障をもたらしている。たとえばエネルギー・通信・上下水道といったライフラインの被害である。ライフラインは都市機能の基盤であり、崩壊というような甚大被害ではなくとも、都市機能に支障をきたすことがある。東日本大震災の都市の被害を分析したり、将来の都市の被害を予測する手法が、都市のシミュレーションである。

1―耐震工学――構造物のシミュレーション

地震が引き起こす地盤の揺れは地震動と呼ばれる。地震動によって、家屋・ビルのような建築物や、橋梁・ダムのような建造物、すなわち構造物が揺れる。一般に震源から遠くなると地震動は小さくなる傾向にあるが、同じ距離でも地盤の種類等によって大きさは異なる。それ以上に構造物そのものの特性によって揺れは異なる。地震動が大きい場合には損傷を被ることもあり、最悪、倒壊することもある。地震がもたらす災害は、この地震動による構造物の損傷が大元なのである。本節では、地震動に対する構造物の揺れと損傷を計算する構造物のシミュレーションを説明する。

構造物の地震応答の物理と数理

構造物の下の地盤が揺れると、構造物にどのような現象が起こるのであろうか？ 地震波のように地盤から波が構造物に伝わっていく、と考えがちである。しかし、これは誤りである。地盤が揺れた瞬間では、構造物全体は地盤と同じように揺れる。揺れの加速度に釣り合うよう、力が構造物のいろいろな箇所に発生し、この結果、構造物が変形を始める。変形は一様ではなく、大きく変形する箇所と小さく変形する箇所に分かれる。そして徐々に構造物の振動に対応した変形が大きくなっていく。この振動に対応した構造物の変形がある限界を超えると、構造物には損傷が生じることになる。(2)

上記を説明する最も簡単な物理モデルは、一質点系モデルである（図8-1）。これは構造物の重さを質点、構造物の剛性をバネで表したモデルで、バネは地盤と質点を結ぶ。地震動を時間 t の関数 X、質点の位置を x とすると、質点の釣り合い式は次のようになる。

(2) 正確には、加速度がつくる力と釣り合うように、構造物の各箇所で力が発生するが、この力は各箇所が変形することで発生する。大きな加速度と釣り合うためには、大きな力が必要となり、材料が大きく変形することになる。しかし、材料の変形によって発生する力には限界があり、この限界を超えると、変形しても釣り合う力が発生しなくなる。この結果、変形を超えて損傷が起こるのである。

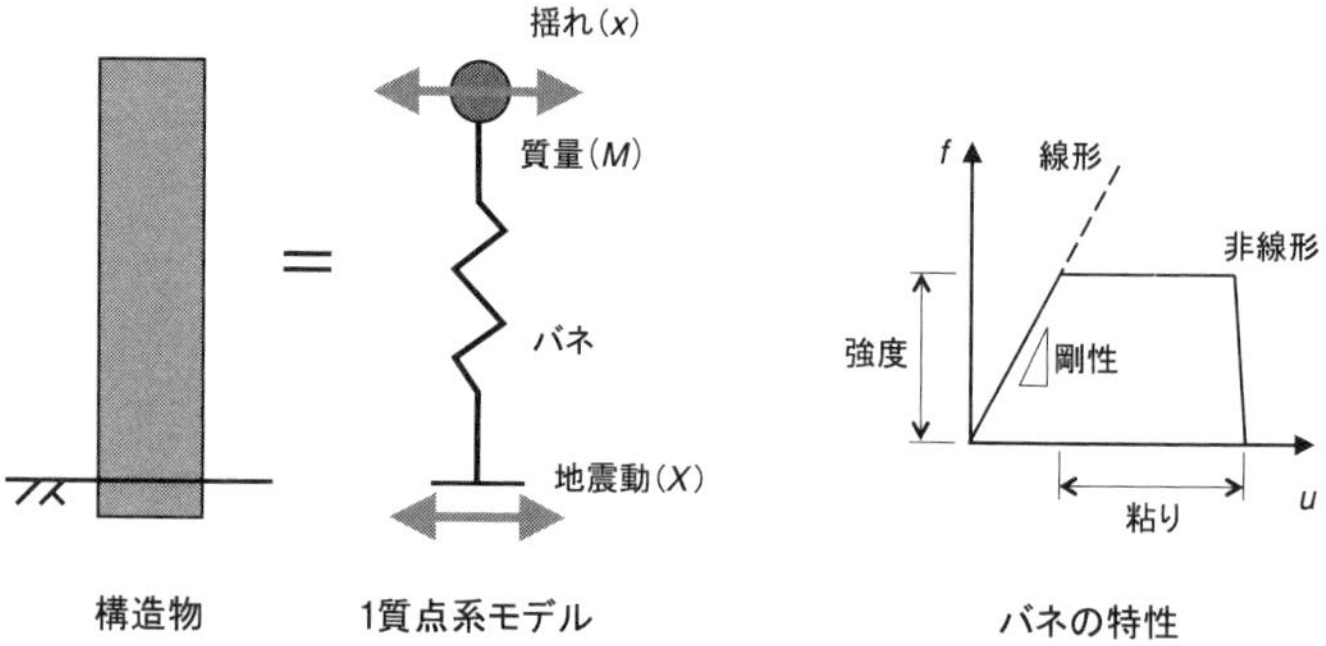

図 8-1　構造物と等価な 1 質点系モデル
構造物の重さを質点，構造物の剛性をバネで表す．バネには線形と非線形がある．

$$\frac{\mathrm{d}^2}{\mathrm{d}t^2}\left(Mx(t)\right) = f(x - X). \qquad (8\text{-}1)$$

ここでMは質点の質量、fはバネの力である。fは質点と地盤の位置の差$x-X$の関数となっている。式の見通しをよくするため$x-X=u$として、地盤からみた質点の位置をu、さらにバネ定数Kの線形バネを仮定して$f=-Ku$とすると、式（8-1）は次式となる。

$$M\frac{\mathrm{d}^2u}{\mathrm{d}t^2}(t) = -Ku(t) + M\frac{\mathrm{d}^2X}{\mathrm{d}t^2}(t). \qquad (8\text{-}2)$$

変形と逆向きの方向に力が発生することから$f=-Ku$である。

式（8-2）は微分方程式と呼ばれる。地震動が$X=0$の場合、次のuはこの微分方程式を満たすことが簡単にわかる。

$$u(t) = A\cos(\omega t) + B\sin(\omega t).$$

ここでAとBは適当な定数であり、ωは

$$\omega = \sqrt{\frac{K}{M}}$$

である。このωは振動数と呼ばれ、上の式のuは$2\pi/\omega$の周期で振動する解となっている。なお通常の構造物では$2\pi/\omega$の値は〇・一〜一秒である。

さて式（8-1）に戻って、バネの変形に限界がある場合を考える、関数fは$-Ku$のような線形の関数ではなくなり、非線形の関数となる。絶対値を付けて説明すると、ある限界の$|u|$で$|f|$は頭打ちとなり、それ以降、$|u|$が増えると$|f|$が減少し、最後にゼロに至る。これが構造物の損傷と破壊である。$|f|$の頭打ちの値が構造物の強度、破壊するまでの$|u|$が構造物の粘りに対応する（図8-1）。強度が大きいほど、粘りが大きいほど、構造物は破壊にいたらない。すなわち、耐震性が高いのである。

構造物の地震応答シミュレーション

振動や損傷を再現・予測するために、構造物の地震応答シミュレーションが行われている。これは耐震設計の基盤であり、超高層ビルや原子力発電所施設のような建築物から、大型橋梁・トンネルやダムといった建造物まで、さまざまな種類の構造物に対して使われている。大規模な構造物であれば

あるほど、高度な地震応答シミュレーションが要求される。これは、構造物のサイズが倍となると、体積が八倍となるため地震動の加速度が引き起こす慣性力は八倍になる。その一方で、断面積は四倍にしかならず、みかけ上、断面に二倍の力が働くことになる。したがって規模が大きい構造物ほど、地震動の影響が大きくなるのである。

構造物の地震応答シミュレーションは、式（8−2）と同様の式を解く。大きな違いは、大規模な構造物の多様な変形に対応して、スカラー関数 u がベクトル関数 $[u]$ になり、質量 M がマトリクス $[M]$、力 f がベクトル $[f]$ になることである。すなわち、

$$[M]\frac{\mathrm{d}^2}{\mathrm{d}t^2}[u](t) = [f]([u]) + [M]\frac{\mathrm{d}^2}{\mathrm{d}t^2}[X](t). \qquad (8\text{-}3)$$

もちろん $[f]$ はベクトル $[u]$ の非線形の関数[3]である。このため式（8−3）を解くことは決して単純ではない。

式（8−3）が表す構造物の解析モデルの概念を、図8−2に示す。対象とする構造物のモデル化には、梁や柱といった構造部材単位で行うモデル化と、梁や柱をさらに細かく分けた材料単位のモデル化に分けられる。部材単位のモデル化では $[u]$ の次元は小さいが、$[f]$ と $[u]$ の関係は部材を使った中・大規模の実験で決めなければならない。一方、材料単位のモデル化は材料片を使う小規模の実験でよいが、$[u]$ の次元が大きくなる。計算機の進歩に伴い、従来不可能であった材料単位のモデル化を使った

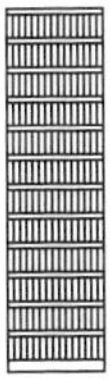

(a) 構造物

	構造要素	ソリッド要素
必要な実験	中・大規模	小規模
必要な計算量	小	大

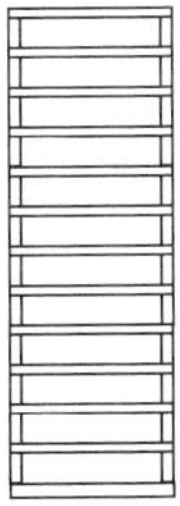

(b) 構造要素を使ったモデル

構造要素：構造部材の特性をモデル化

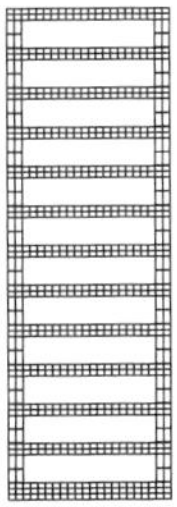

(c) ソリッド要素を使ったモデル

ソリッド要素：構造材料の特性をモデル化

図 8-2　構造物の解析モデルの概念
構造物（a）の解析モデルには，構造部材の特性をモデル化した構造要素を使うモデル（b）と，材料の特性から決定されるソリッド要素を使った解析モデル（c）がある．（b）が部材単位，（c）が材料単位のモデル化である．

解析モデルの計算が可能となってきている。

ベクトル方程式（8-3）のベクトル$[u]$はどの程度の次元なのであろうか？ 複雑な構造物を忠実に再現するモデルをつくると、$[u]$の次元は一〇〇万を軽く超える。精緻なモデルであれば一億程度の次元となる。二〇一二年の現時点で、これは大規模計算であり、「京」計算機のようなスーパーコンピュータを使わないと計算することができない。「京」計算機を使っても、計算時間が日単位を超えることもある。式（8-3）を解く計算は、計算科学の観点から見ても難しい。しかし、スーパーコンピュータを使って、より正確に構造物が揺れから損傷にいたる過程を計算することは、実用上重要な課題であ

（3）$[f]$は、$[u]$とは別に$\frac{d}{dt}[u]$に依存する部分を含むことが多い。例えば$[u]$と$\frac{d}{dt}[u]$に関して線形であれば$[f]=-[K][u]-[C]\frac{d}{dt}[u]$となる。マトリクス$[M]$が質量マトリクスと呼ばれることに対応し、$[K]$と$[C]$は剛性マトリクスと減衰マトリクスと呼ばれる。

ると同時に、計算科学の観点からも挑戦的な課題である。

大規模計算の例として、以下で鋼製の超高層ビルと鉄筋コンクリート橋脚の地震応答のシミュレーションを紹介する。聞きなれない言葉と思うが、鋼とは鉄と炭素の合金であり、高価であるが高い剛性・強度を持つ建設材料である。鉄筋コンクリートは数cmの径の鉄筋を組み立ててまわりをコンクリートで覆ったものである。鋼に比べ安価であるため、さまざまな構造物に使われる。式（8-3）の$[f]$は、鋼や鉄筋・コンクリートの材料の性質を反映した非線形関数となっている。どちらの材料でも$[f]$の関数形は複雑である。数値計算は決して簡単ではなく、高度な計算技術が必要とされる。

超高層ビルの例

図8-3に超高層ビルの設計図面と構造モデルを示す。階数は三一階であり、高さ約一三〇m、底面は約五〇×三五mの直方体に近い形状をしている。図には構造部材と呼ばれる、建物を支える柱と梁のみが示されており、非構造部材と呼ばれる壁や天井・床は除かれている。梁も柱も重量という上下方向の力を支えるが、柱は上下に縮むことで、梁は撓む[4]ことでこの力を支える。とくに、梁の場合、梁を支える根本には上下方向の大きな力と撓みに対応した大きな曲げモーメントが働くことになる。

図8-3の構造モデルは柱と梁を細かく分割してつくられている。柱と梁は鉄鋼の板でつくられており、この板が細かく分割されているのである。分割には六面体を用いている。六面体の八つの角の

点は前後・左右・上下に動き、三つの自由度を持つ。構造モデルでは二〇〇〇〇万以上の六面体があるため、自由度は二〇〇〇万であり、これが[u]の次元となっている。

超高層ビルの構造モデルを使ったシミュレーション結果の一例を示す。通常の地震動では[f]は[u]に対して線形のままで、地震動の入力がなくなると[u]=[0]、すなわち元の形に戻る。しかし地震動が大きい場合[5]には、[f]は[u]に対して非線形となる。図に示された黒い（色の濃い）領域は、この非線形の[f]によって大きな力が働いていることを示しており、部材が損傷を受けていることがわかる。さらに、上の構造物の重さを支えている柱が横に飛び出すように変形している。これは座屈変形と呼ばれ、構造物の崩壊にいたる変形である。上下方向に力を受ける柱が水平方向に変形するという座屈変形も、大規模な数値計算が必要である。これは、式（8-3）の[u]が座屈変形を起こす前と起こした後で大きく異なるためであり、大規模数値のほかに、精緻な解析も必要となる。

（4）梁に自重がかかると、上部は圧縮され、下部は引張られる。直観に反するが、水平方向の圧縮と引張で上下方向の力が支えられるのである。その代り、梁に働く力は、自重のほか、梁の長さに応じて大きくなる。このため、圧縮と引張の両方に強い、頑丈な材料を使わなければならない。

（5）阪神・淡路大震災で観測された地震動の二倍の地震動を入力している。

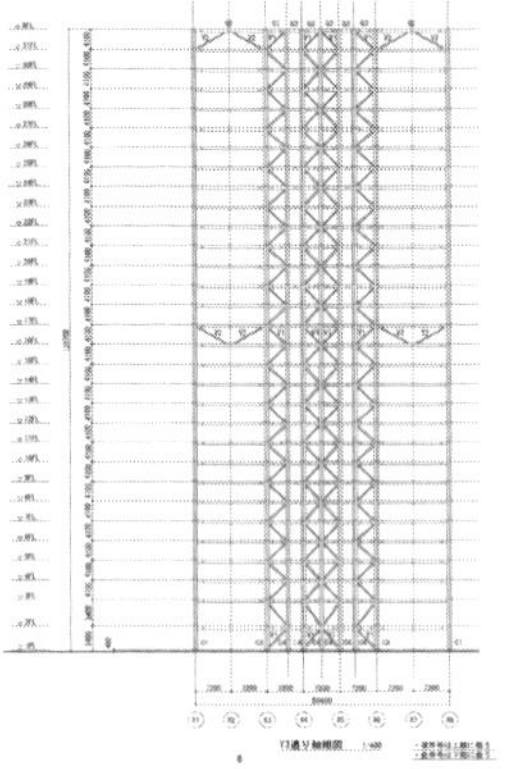

(a) CAD

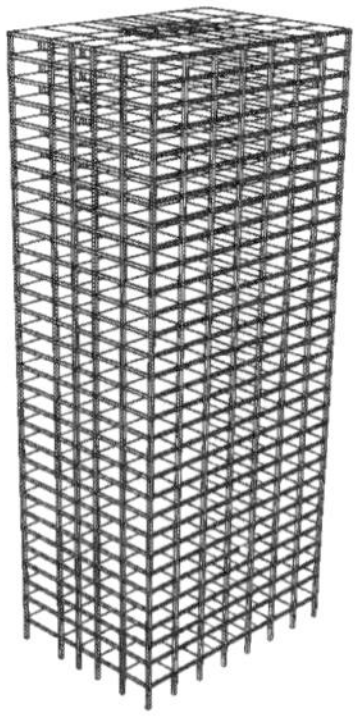

(b) モデル

(c) モデルの詳細部

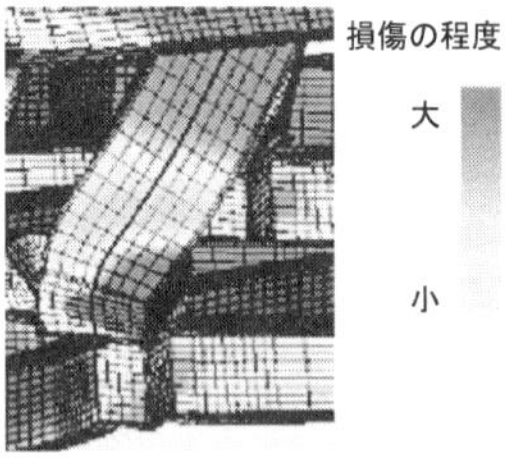

(d) 大きな地震動による変形と損傷

図 8-3　超高層ビルの地震応答解析の例
CAD（Computer Aided Design）のデータ(a)を使って，(b)に示す解析モデルが構築されている．(c)に示すように詳細まで忠実にモデル化されている．きわめて大きな地震動を入力することで発生した変形と損傷を精密に計算することができる(d)．

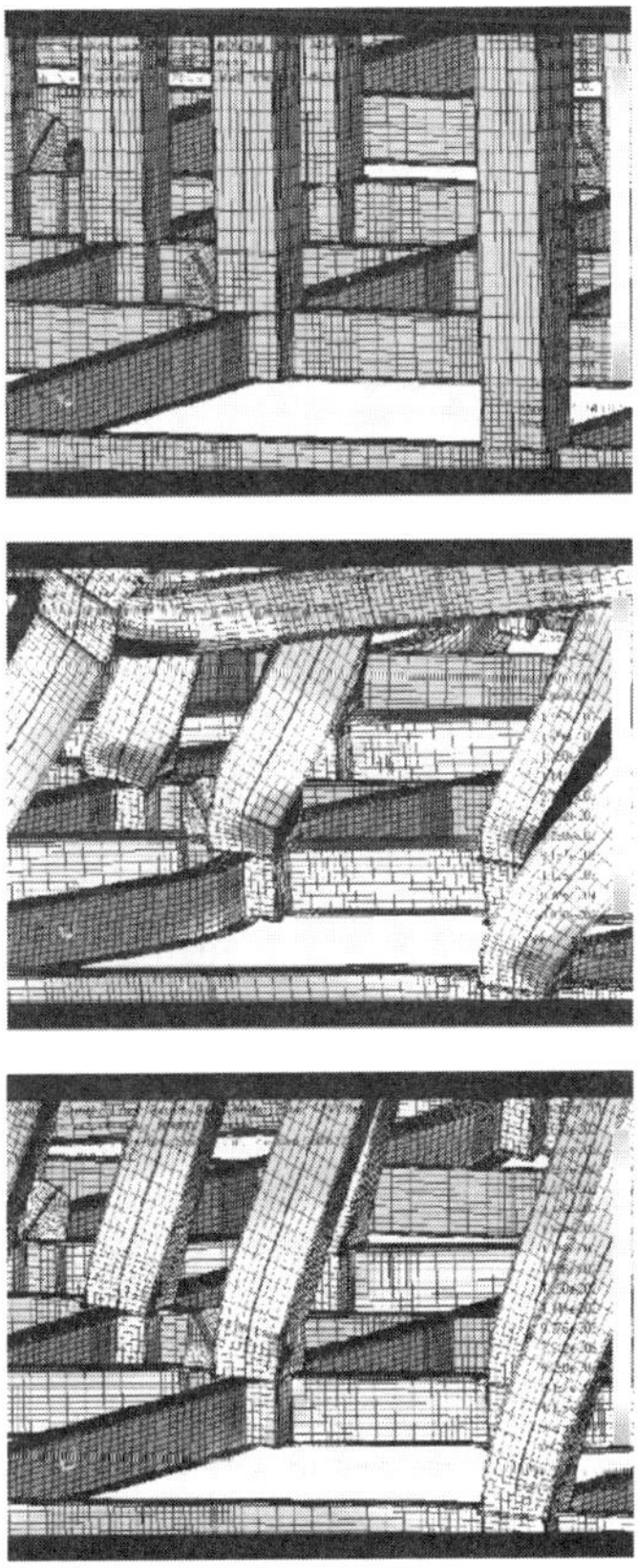

図8-3続き　損傷にいたる揺れの計算例
柱が変形をし，座屈にいたる．変形は16倍に拡大している．白黒の色調は力を示す．白は力が0，黒は柱の強度に達する力．

鉄筋コンクリート橋脚の例

図8-4に鉄筋コンクリート橋脚とその解析モデルを示す。橋脚の高さは六m、径は一・八mの円筒形である。この橋脚は、高速道路の橋梁に使われるもので、上部に橋桁を載せて使われる。鉄筋で骨組みをつくり、周囲にコンクリートが打設される。水平断面でみれば鉄筋は数%にも満たず、橋脚・橋桁の重量は、圧縮に強いコンクリートが支えることになる。一方、地震動を受けると、橋脚は水平方向に振動する。この振動に対応した力は、コンクリートとは別に、鉄筋が相当量支えることになる。

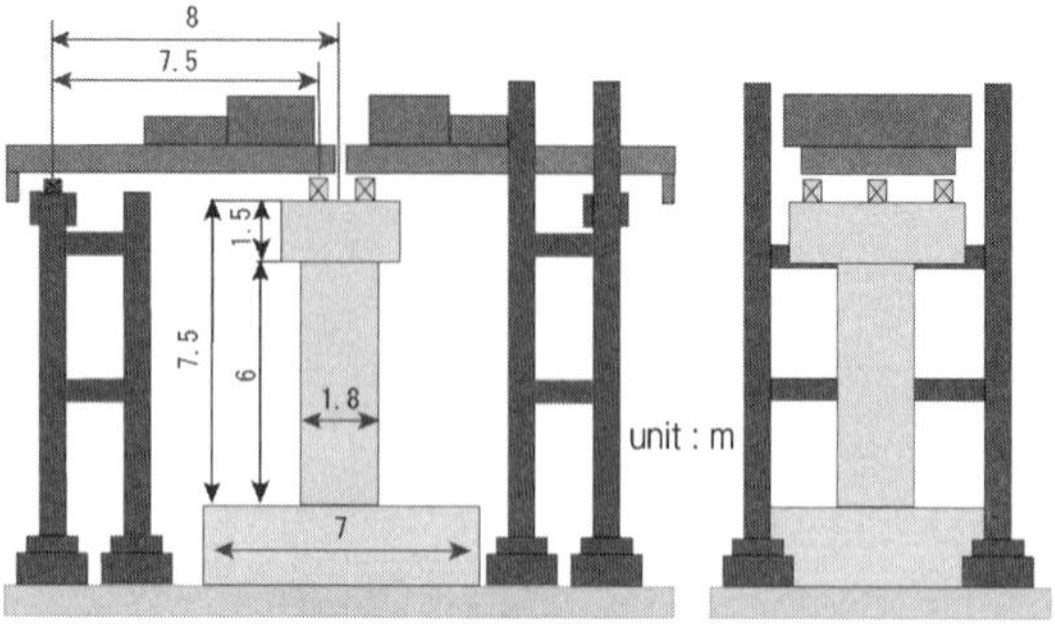

(a) 鉄筋コンクリート橋脚(灰色の部分)

(b) 橋脚内部に配置された鉄筋

(c) 鉄筋が受け持つ力の変化とコンクリート内の亀裂の発生・進展の過程

図 8-4　鉄筋コンクリート橋脚の地震応答解析の例
鉄筋 1 本 1 本をモデル化したモデルを使い，大きい地震動を入力した場合の，鉄筋が受け持つ力の変化と，コンクリートに入る亀裂の発生・進展の過程を計算．

なお、コンクリートは圧縮に比べ引張に弱く[6]、過度の引張の力が働くとひび割れが入る。地震動を受けて橋脚が左右に振動するが、より正確には橋脚が左右に振られて傾くことになる。左に傾く場合、右側はのびることになり、コンクリートには引張の力が働く。大きく傾くと、ひび割れが入ることになる。ひび割れが進展するとコンクリートの損傷も進んでいく。このひび割れの発生・進展が損傷のメカニズムである。この過程をシミュレーションするため、解析モデルでは一〇cm程度にコンクリートを分割し、分割された領域でひび割れの発生と、ひび割れに伴う損傷の度合いを計算している。

鉄筋コンクリート橋脚の解析モデルを使ったシミュレーションの例を図8-4に示す。上述のように、左右に振られて過度に大きい引張の力が働くと、コンクリートは損傷し亀裂が入る。釣り合いを保つため、コンクリートが受け持っていた力は鉄筋が受け持つことになる。地震動を受けて振動する間に、亀裂が発生・進展する過程と、鉄筋が力を受け持つようになる過程が計算されている。

(6) 鉄鋼に比べて、コンクリートの材料特性は複雑である。鉄鋼は圧縮と引張の力を受けても同じように縮んだりのびたりするが、コンクリートは圧縮に比べて引張に弱く、ひび割れが入りやすい。また、コンクリートには、拘束されると硬くなったり、ひび割れが入りづらくなるという性質がある。鉄鋼にはこのような性質はない。

2―防災工学――都市のシミュレーション

合理的な都市防災の第一歩は被害想定である。被害想定は、将来起こると考えられた地震に対し、都市に起こる被害を予測することである。都市のシミュレーションは、この被害想定を行う手法である。都市の被害は都市内の構造物の被害の総和であるが、構造物のシミュレーションに相当の労力がかかることを考えると、都市のシミュレーションはきわめて難しい計算であることが窺える。本章では、被害想定の現状を説明して、都市のシミュレーションを説明する。

都市の被害想定

繰り返しになるが、都市の被害は都市内の構造物の被害の総和である。したがって都市の被害想定では、考えられた地震に対し、都市内の各構造物に起こる損傷の有無やその程度を予測し[7]、それをすべて足し合わせることが基本である。しかしこの予測は難しい。都市内の一〇～一〇〇万単位の構造物すべてに対して予測を行うには、多大な労力が必要となるからである。そもそも構造物に入力される地震動を考えることすら簡単ではない。

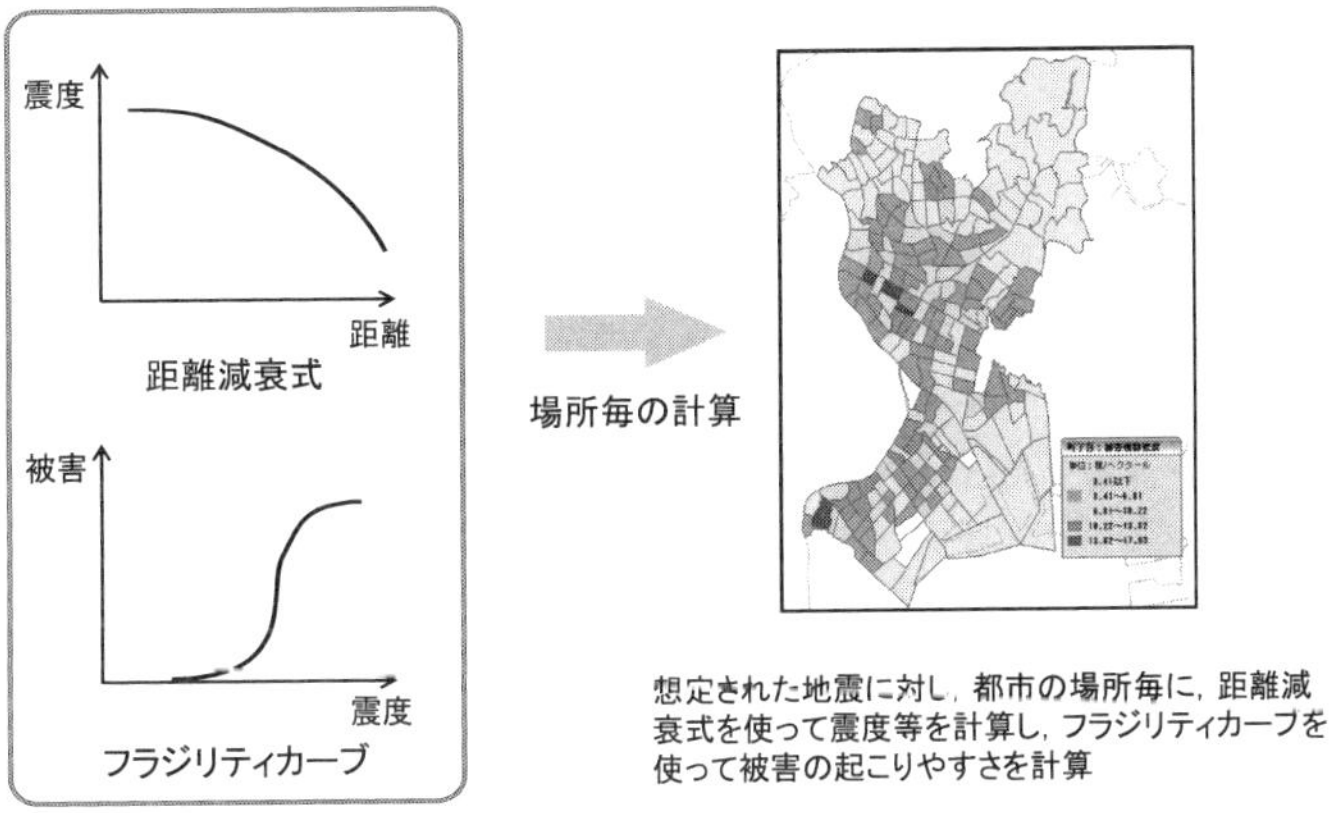

図 8-5　距離減衰式とフラジリティカーブを使った被害想定の概念図

このため、通常の被害想定は、さほどの労力を必要としない経験式を用いて行われる（図8–5参照）。経験式は、構造物に入力される地震動と損傷に関する式で、地震動は距離減衰式、損傷にはフラジリティカーブと呼ばれる経験式を用いる。距離減衰式は、震源からの距離を使って各地点での震度のような地震動の指標を与える。フラジリティカーブは地震動の指標と構造物に被害が発生する確率を与える。地震動の観測や地震被害の調査のデータを統計解析することで、地盤の種類や構造物の築年代も考えて距離減衰式やフラジリティカーブが算定されている。

距離減衰式とフラジリティカーブは、過去のデータから

（7）被害想定の地震動が設計時の地震動よりも大きい場合に損傷・被害が発生することになる。しかし、材料劣化等の原因で、構造物は徐々に耐震性が低下することがある。設計時には耐震性の経年的な低下も考慮されているが、正確に耐震性を知るためには構造物の状態を継続的に計測することが必要となる。これはヘルスモニタリングと呼ばれる。

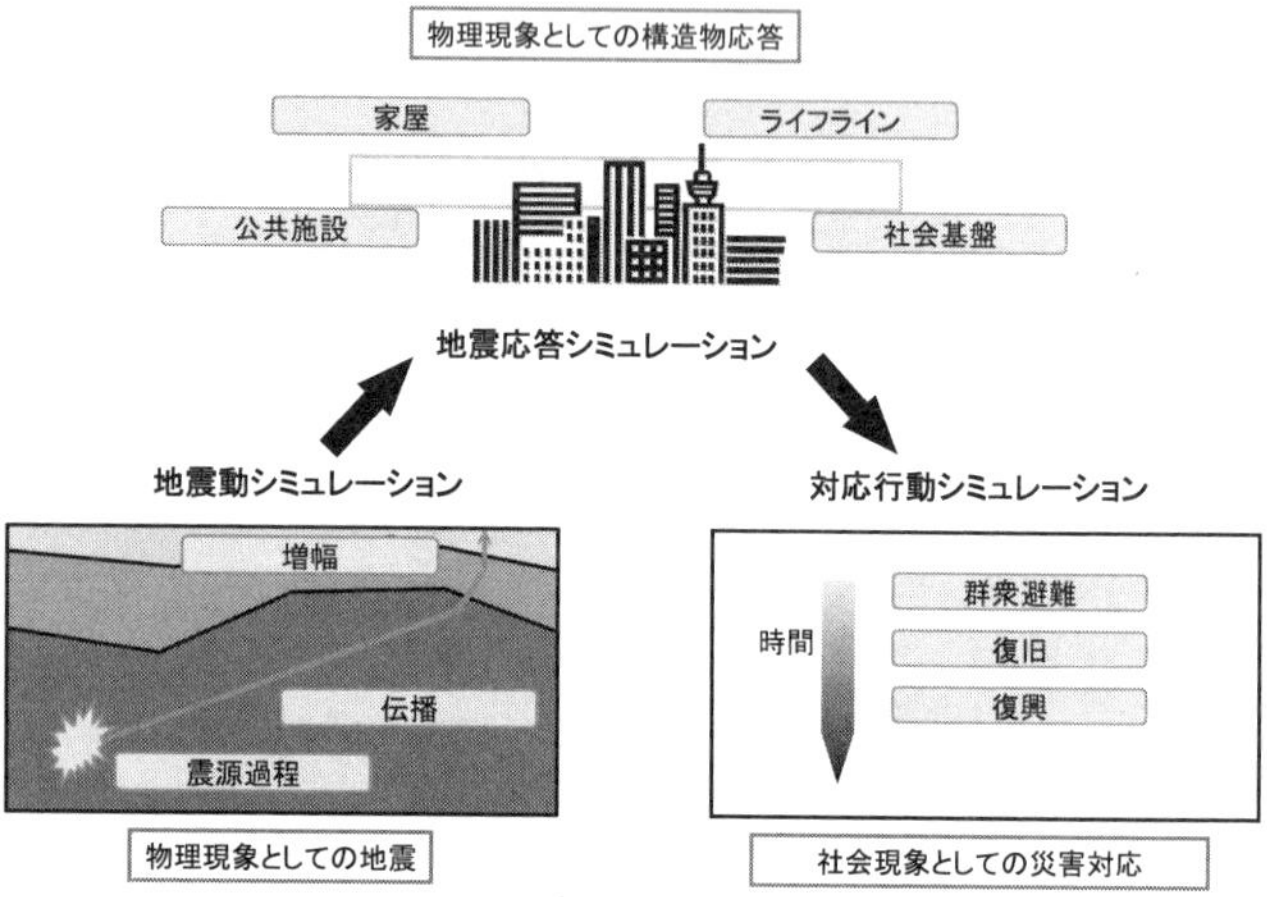

図 8-6　統合地震シミュレーションの概念図

統計的に求められたという意味で、経験式である。地震波のメカニズムや構造物の変形・損傷のメカニズムに基づき、物理過程を計算する地震解析や地震応答解析とは信頼度が異なる。しかし、多数の構造物がある都市に対し、一律の精度で被害想定をする場合、経験式を使う以外の方法がなかったことも事実である。

統合地震シミュレーション

大容量化・高速化が進む計算機科学の進歩を利用し、経験式ではなく、大規模計算を使ったシミュレーションによって都市の被害想定を行う研究が進められている。これは統合地震シミュレーションと呼ばれる（図8-6）。統合地震シミュレーションは三つの過程を計算する。第一の過程は地震動に関わるもので、地震による地震波の発生、地殻内の地震波の伝播、地盤の揺れである地震動を計算する。第二の過程は構造物の地震応答で、計算された地震動を使って構造物の揺れを計算する。第三の過程は災害に対する人々や社会の対応である。津波避難のような地震発生直後の危険地域からの避難はこの例であり、また被害からの復旧もこの例である。

地震動・構造物応答・災害対応を計算する統合地震シミュレーションによる都市の被害想定の実現には、いろいろな課題がある。この課題は、都市モデルの構築と三つのシミュレーションの連成という二つに要約できる。

都市モデルとは、たとえば地震動シミュレーションの場合は都市の地盤構造のモデルであり、構造物応答シミュレーションの場合は都市内の構造物一棟一棟のモデルである。都市モデルの構築には地理情報システム(8)を利用する。このシステムには地盤や構造物のデジタルデータが蓄積されており、このデータを変換することで都市モデルを構築するのである。なお地震動解析は一m程度の空間分解能が必要であり、一㎞四方、深さ一〇〇m程度の地盤をモデル化すると、一億程度の分割が必要となる。都市に一〇万程度の構造物がある場合、一つの構造物を一〇〇〇程度の自由度でモデル化しても自由度は一億となる。この領域や自由度は決して小さい数ではなく、地理情報システムからモデルを構築する際には高い堅牢性が必要となることがわかる。

地震動・構造物応答・災害対応という三つの過程のシミュレーションを連成させることは、地震と

(8) 地理情報システムはカーナビゲーションやグーグルマップに利用されている。構造物の幾何形状の精緻なデータが蓄積しているものや、地盤のボーリングデータを蓄積したものがある。

被害の時間推移に対応しているため、一見、単純に見える。しかし、各々が異なるモデルを使い、しかもモデルの規模が一億程度であるため、間違いなく連成させることは容易ではない。一つの方法としてオブジェクト[9]と呼ばれる計算科学の手法の利用が考えられる。各シミュレーションの計算結果は、具体的な内容はさまざまであるが、形式はおおむね共通している。この共通した部分を重視し、一定の内容と処理を持つデータであるオブジェクトとして扱うのである。シミュレーション結果をオブジェクトとして扱うことで、連成の効率と見通しを格段によくすることができる。

災害対応のシミュレーション

さて、そもそも災害対応のシミュレーションとは何であろうか？　地震動や構造物応答は複雑であるがメカニズムは解明されており、数値計算を使ったシミュレーションが可能である。物理過程である地震動や構造物応答に比べると、避難や復旧のような災害対応は格段に難しい。個人や組織の行動のメカニズムが物理過程のようには解明されていないことはもちろん、個人や組織に多様で複雑な特性があること、行動の選択肢が多数あること等々、考慮しなければならない要因が多いことによる。

社会科学と計算科学の境界領域では、エージェントシミュレーションの利用が研究されている。エージェントシミュレーションとは、空間や社会のモデルであるエンバイロンメントの中で、人や組織のモデルであるエージェントが自律的に動くシミュレーションである（図8-7参照）。エージェント

図 8-7　エージェントシミュレーションの概要
人や組織のモデルであるさまざまなエージェントが，空間や社会のモデルであるエンバイロンメントの中で，互いに影響しながら自律的に行動する．エージェントはエンバイロンメントにも影響し，逆にエンバイロンメントの影響も受ける．

とエンバイロンメントの相互作用と、エージェント同志の相互作用を考慮することで、人や組織の行動の分析・予測等に使われる。

災害対応のエージェントシミュレーションの例として、群集避難シミュレーションを説明する（図8-8参照）。エージェントは人、エンバイロンメントは道路網である。エージェントは独自の知性と身体能力のデータを持ち、周囲を見て、逃げる方向を考え、その方向に動く。ほかのエージェントを追い抜いたり、前が詰まった場合には止まることもある。エンバイロンメントは実際の道路を基にして作られる。統合地震シミュレーションでは、構造物応答シミュレーションの結果を反映させ、被災構造物による道路閉塞の影響をエンバイロンメントに取り込むこともできる。

（9）構造物の地震応答解析に使われるプログラミングは、数理問題を手順に従って解くため、手続型志向プログラミングと呼ばれる。

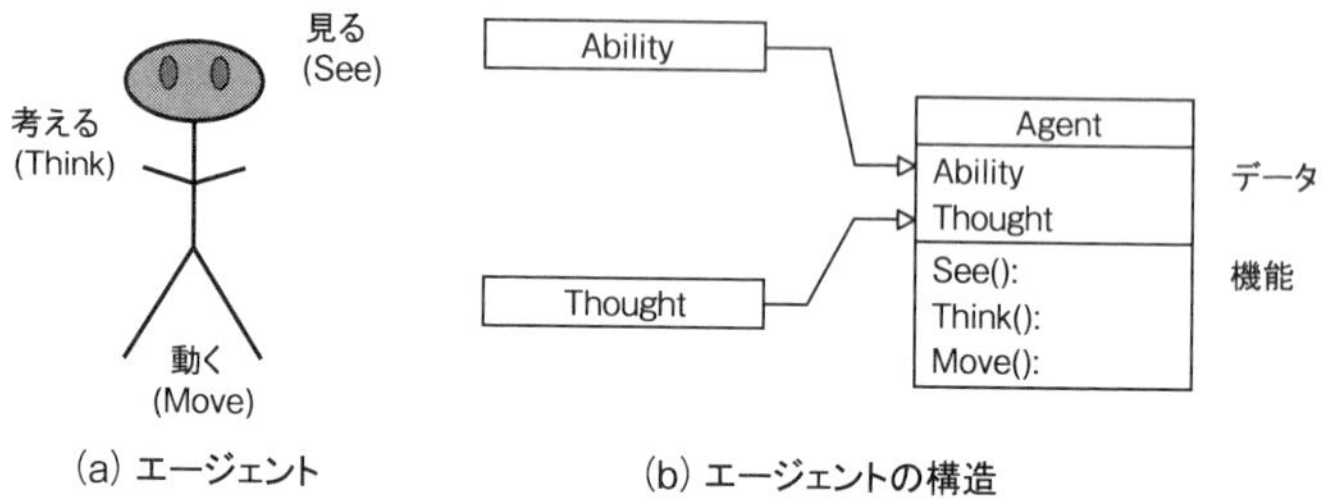

図 8-8　群衆避難シミュレーションに使われるエージェントの例

東京二三区の例

統合地震シミュレーションの例として、東京二三区のモデルを使った構造物応答シミュレーションを説明する。市販の地理情報システムのデータを使って、都内二三区の二〇〇万程度の構造物一棟一棟に解析モデルを構築する。梁・柱に対応した構造部材を非線形のバネとしている。地理情報システムのデータは、構造物の外周の形状のみであり、内部の構造や材料特性のデータは含まれていない。このため、適当な階高さを仮定し、梁と柱の形状とその材料特性を推定し、解析モデルをつくっている。

一棟一棟の構造物の解析モデルの地震応答は、並列計算を用いて計算されている。並列計算は複数の計算ユニットを用いた計算[10]で、この地震応答の計算では、適切な数の解析モデルを計算ユニットに配分して行う。計算機の性能や、応答計算に使われる解析手法と解析モデルの規模に依存して計算時間は変わるが、一〇〇〜一〇〇〇程度の自由度を持つ非線形解析モデルに、一〇程度の計算ユニットを使う計算機を用いた場合、二三区全体の計算時間は半日単位である。この計算結果を可視化する時

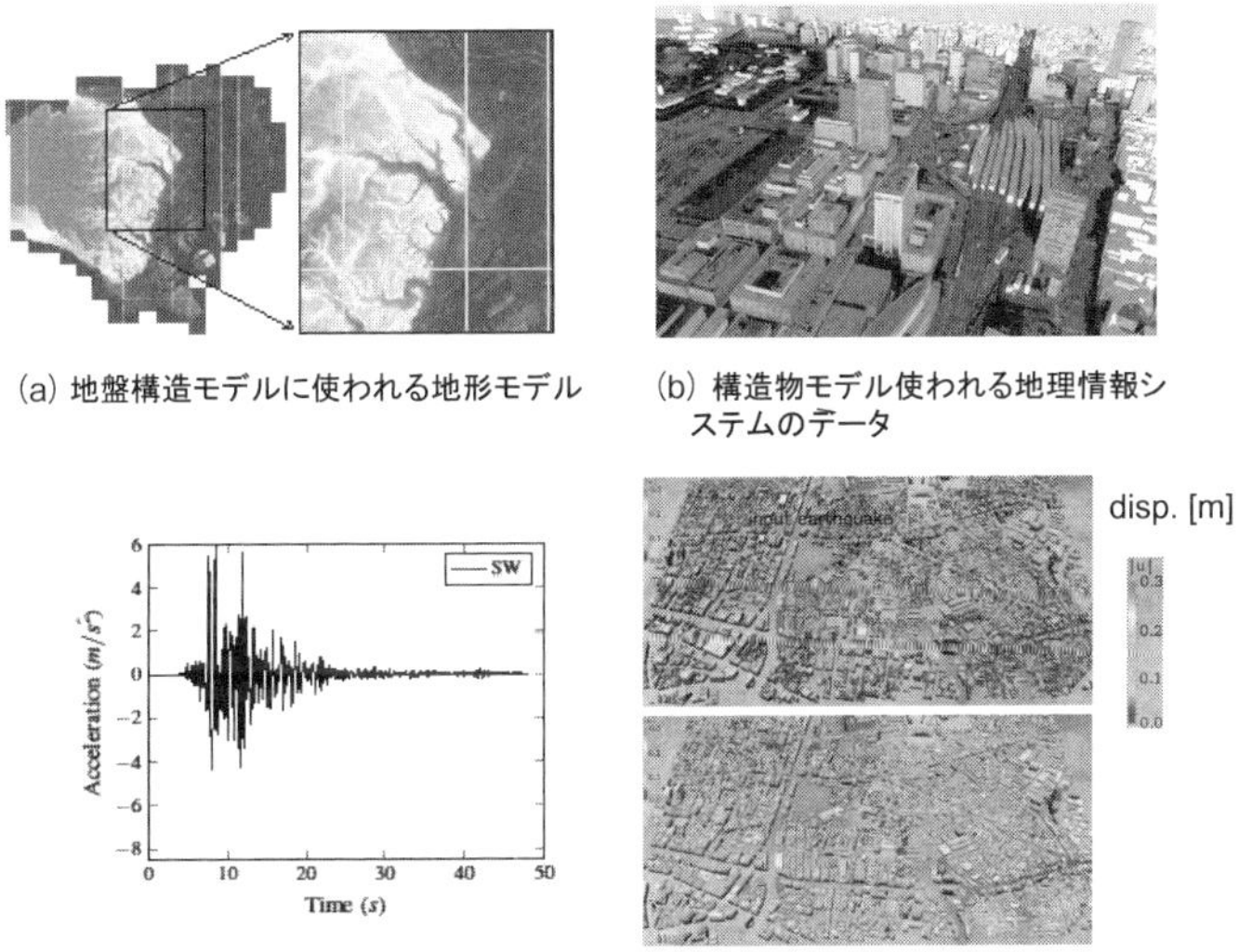

(a) 地盤構造モデルに使われる地形モデル
(b) 構造物モデル使われる地理情報システムのデータ
(c) 入力に使われた地震動
(d) 都市の地震応答のスナップショット

図 8-9　東京 23 区の構造物応答シミュレーションの例
地形データ(a)を用いて地盤構造モデルを構築し，地理情報システムのデータ(b)を用いた構造物モデルを構築する．観測された地震動(c)を入力し，構造物の揺れの様子(d)を計算．

間も半日程度である。

東京二三区のモデルを使った構造物応答シミュレーションの結果を図8-9に示す。構造物の解析モデルに観測された二つの地震動を入力した場合の、約一km四方の四つの領域でのシミュレーションの結果であり、領域内の全構造物に対し、階ごとのような局所的な損傷の度合い(11)を表示している。地震動

(10) 計算機の種類にもよるが、計算ユニットはノードとコアに大別される。ノードはメモリを共有しない独立した計算ユニットであり、コアはノード内に置かれたメモリを共有する計算ユニットである。

(11) 入力された地震動は中程度のものであり、大破にいたるような損傷とはなっていない。

(a) 地震応答のスナップショット　(b) 避難行動のスナップショット

図 8-10　高知市の構造物応答・群衆避難シミュレーションの例
構造物の都市モデルを使って地震応答シミュレーション(a)を行い，構造物の損傷による道路閉塞が群衆避難に及ぼす影響を検討するために群衆避難シミュレーション(b)を行う．

が異なるため個々の構造物の損傷の度合いも異なっており、この結果、領域全体での被害の様子に違いが出ていることがわかる。構造物の地震応答は決して単純ではなく、二つの地震動が引き起こした損傷の程度は構造物ごとに異なる。領域全体では第一の地震動が大きな被害を起こす結果となっているが、第二の地震動による損傷が大きくなった箇所を持つ構造物も少なからずある。

高知市の例

次に高知市を対象とした、統合地震シミュレーションの例を説明する。構造物応答シミュレーションと群衆避難シミュレーションが連成した例である。東京二三区と同様、市販の地理情報システムのデータを使って構造物一棟一棟の非線形解析モデルを構築し、構造物応答シミュレーションの都市モデルとする。次に住民をエージェント、道路をエンバイロンメントとした群衆避難のマルチエージェントシミュレーションを行う。構造物

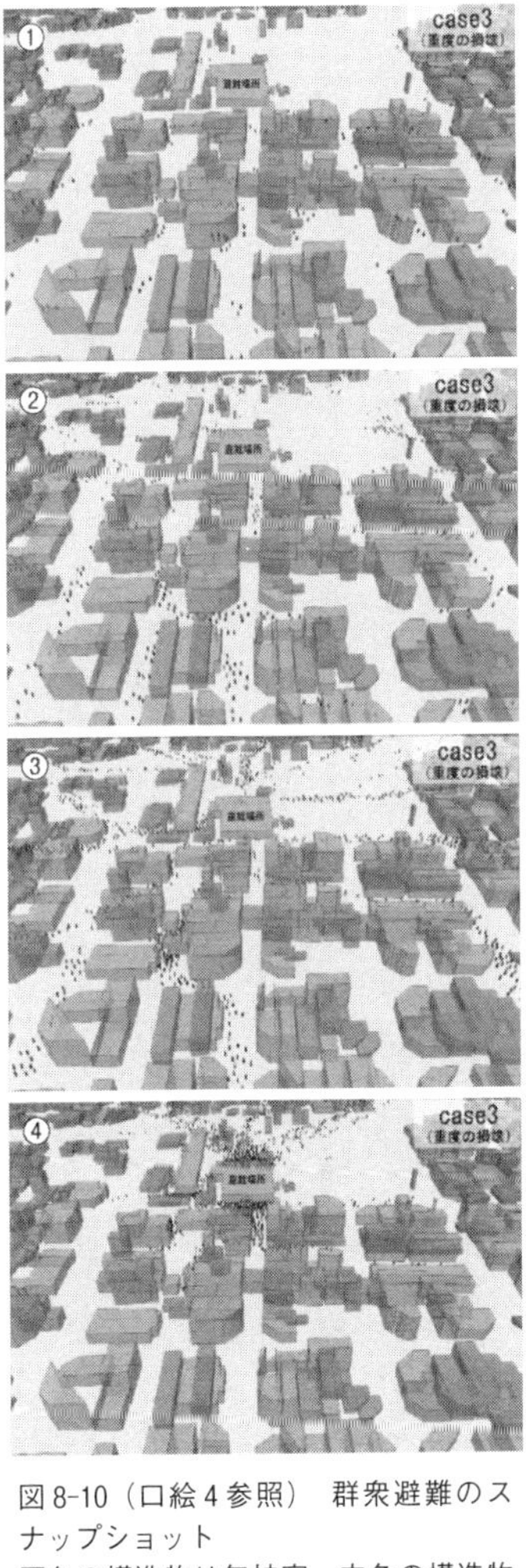

図 8-10（口絵 4 参照） 群衆避難のスナップショット
灰色の構造物は無被害．赤色の構造物は被災．被災構造物は道路閉塞を起こす．群衆は道路閉塞を避けて避難場所へ向かう．

図 8-10（口絵 3 参照） 構造部群の揺れのスナップショット
色は揺れ．青は変形が 0，赤は損傷にいたる変形．地震終了後も一部の構造物が変形をしており，被害があることを示す．

応答シミュレーションで構造物が損傷を受けた場合、エンバイロンメントの道路は損傷の度合いに応じて一部ないし全部が閉塞される。この構造物応答シミュレーションと群衆避難シミュレーションの連成によって、構造物の損傷が群衆避難に及ぼす影響を検討するのである。

図8-10と口絵3、4に構造物応答シミュレーションと群衆避難シミュレーションの結果を示す。対象とした街区は一〇〇m四方程度であり、計算はPC[12]で行われている。二つのシミュレーションは、構造物の局所的な損傷を道路の閉塞とすることで連成されている。簡単のため、被害が若干でもあると道路が閉塞するという最も単純な状況を設定した。群衆避難は街区の中心にある避難所に向かうこととし、各エージェントは周囲の状況をみて、閉塞箇所を避ける判断をしながら避難所に向かう。

東京二三区の例と同様、入力する地震動によって街区全体での被害は異なる。街区全体の被害が大きい場合、閉塞される道路の数も増え、この結果、群衆が避難所に到着する時間が増えることになる。これは直観的に妥当な結果であるが、統合地震シミュレーションを使うことで、どの程度の地震動がどの程度の被害をもたらし、どの程度時間が余計にかかるようになるかを計算することができる。もちろん、計算された時間の精度は決して高くない。何といっても群衆を模擬したエージェントの挙動は、単純化されており、実際の住民の避難行動とは異なる。そもそも昼夜の違い等によって住民の居場所も変わるため、地震発生時の住民の居場所を正確に予測することは不可能である。しかし街区の被害の差として計算される避難時間の差は一つの目安となる。避難所の設置や街区の耐震補強の効果を検討するときなど、十分、参考になると期待される。

(12) 前述のように構造物応答シミュレーションは並列計算が可能であるが、群衆避難シミュレーションも並列計算が可能である。

東日本大震災の科学

2012 年 11 月 20 日　初　版

［検印廃止］

編　者　佐竹健治・堀 宗朗

発行所　一般財団法人　東京大学出版会

代表者　渡辺 浩

113-8654　東京都文京区本郷 7-3-1 東大構内
電話 03-3811-8814　FAX 03-3812-6958
振替 00160-6-59964

印刷所　株式会社平文社
製本所　牧製本印刷株式会社

ISBN 978-4-13-063710-7　Printed in Japan

執筆者一覧

執筆順，＊は編者

小原一成（おばら・かずしげ）
東京大学地震研究所教授，観測地震学

佐竹健治*（さたけ・けんじ）
東京大学地震研究所教授，地震学（巨大地震・巨大津波）

佐藤愼司（さとう・しんじ）
東京大学大学院工学系研究科教授，海岸工学

布施孝志（ふせ・たかし）
東京大学大学院工学系研究科准教授，空間情報学

田中　淳（たなか・あつし）
東京大学大学院情報学環教授，災害情報論

田中秀幸（たなか・ひでゆき）
東京大学大学院情報学環教授，社会情報学・ネットワーク経済論

古村孝志（ふるむら・たかし）
東京大学大学院情報学環教授／地震研究所教授，地震学（強震動，地震災害）

堀　宗朗*（ほり・むねお）
東京大学地震研究所教授，応用力学・計算地震工学

索引

サ行

タ行

ナ行

ハ行

文献

第 1 章引用文献

Asano, Y., T. Saito, Y. Ito, K. Shiomi, H. Hirose, T. Matsumoto, S. Aoi, S. Hori, and S. Sekiguchi, 2011, Spatial distribution and focal mechanisms of aftershocks of the 2011 off the Pacific coast of Tohoku earthquake, Earth Planets Space, 63(7), 669-673, doi:10.5047/eps.2011.06.016.

防災科学技術研究所，2011，房総半島沖で「スロー地震」再来，http://www.bosai.go.jp/press/2011/pdf/20111031_01.pdf

Fujiwara, T., S. Kodaira, T. No, Y. Kaiho, N. Takahashi, and Y. Kaneda, 2011, The 2011 Tohoku-Oki Earthquake: Displacement Reaching the Trench Axis, Science, 334, 1240, doi:10.1126/science.1211554.

Honda, R., Y. Yukutake, H. Ito, M. Harada, T. Aketagawa, A. Yoshida, S. Sakai, S. Nakagawa, N. Hirata, K. Obara, and H. Kimura, 2011, A complex rupture image of the 2011 off the Pacific coast of Tohoku Earthquake revealed by the MeSO-net, Earth Planets Space, 63(7), 583-588, doi:10.547/eps.2011.05.034.

Hori, T. and S. Miyazaki, 2011, A possible mechanism of M 9 earthquake generation cycles in the area of repeating M 7～8 earthquakes surrounded by aseismic sliding, Earth Planets Space, 63(7), 773-777, doi:10.5047/eps.2011.06.022.

Ide, S., A. Baltay, and G. C. Beroza, 2011, Shallow Dynamic Overshoot and Energetic Deep Rupture in the 2011 Mw 9.0 Tohoku-Oki Earthquake, Science, 332, 1426-1429, doi:10.1126/science.1207020.

池田安隆，2003，地学的歪速度と測地学的歪速度の矛盾，「総特集・日本列島の地殻変動と地震・火山・テクトニクス（下）多田堯先生を偲ぶ」，月刊地球，25(2)，125-129.

Ishibe, T., K. Shimazaki, K. Satake, and H. Tsuruoka, 2011, Change in seismicity beneath the Tokyo metropolitan area due to the 2011 off the Pacific coast of Tohoku Earthquake, Earth Planets Space, 63(7), 731-735, doi:10.547/eps.2011.06.001.

地震調査研究推進本部，2011，東北地方太平洋沖地震後の活断層の長期評

価について（2011年9月30日），http://www.jishin.go.jp/main/chousa/11sep_chouki/chouki.pdf
地震調査研究推進本部地震調査委員会，2009，三陸沖から房総沖にかけての地震活動の長期評価の一部改訂について，http://www.jishin.go.jp/main/chousa/09mar_sanriku/index.htm
Kanamori, H. and K. C. McNally, 1982, Variable rupture mode of the subduction zone along the Ecuador-Colombia coast, Bull. Seismol. Soc. Am., 72(4), 1241-1253.
Kanamori, H., M. Miyazawa, and J. Mori, 2006, Investigation of the earthquake sequence off Miyagi prefecture with historical seismograms, Earth Planets Space, 58, 1533-1541.
Kato, N. and S. Yoshida, 2011, A shallow strong patch model for the 2011 great Tohoku-oki earthquake: A numerical simulation, Geophys. Res. Lett., 38, L00G04, doi:10.1029/2011GL048565.
Kato, A., K. Obara, T. Igarashi, H. Tsuruoka, S. Nakagawa, and N. Hirata, 2012, Propagation of Slow Slip Leading Up to the 2011 Mw 9.0 Tohoku-Oki Earthquake, Science, 335, 705-708, doi:10.1126/science.1215141.
Kido, M., Y. Osada, H. Fujimoto, R. Hino, and Y. Ito, 2011, Trench-normal variation in observed seafloor displacements associated with the 2011 Tohoku-Oki earthquake, Geophys. Res. Lett., 38, L24303, doi:10.1029/2011GL050057.
国土地理院，2011，東北地方の地殻変動，地震予知連絡会会報，86，3-34，184-272.
Koper, K. D., A. R. Hutko, T. Lay, C. J. Ammon, and H. Kanamori, 2011, Frequency-dependent rupture process of the 2011 Mw 9.0 Tohoku Earthquake: Comparison of short-period P wave backprojection images and broadband seismic rupture models, Earth Planets Space, 63(7), 599-602, doi:10.5047/eps.2011.05.026.
功刀 卓・青井 真・鈴木 亘・中村洋光・森川信之・藤原広行，2012, 2011年東北地方太平洋沖地震の強震動，防災科学技術研究所主要災害調査，48, 63-72.
Maeda, T., T. Furumura, S. Sakai, and M. Shinohara, 2011, Significant tsunami observed at ocean-bottom pressure gauges during the 2011 off the Pacific coast of Tohoku Earthquake, Earth Planets Space, 63(7), 803-808, doi:10.5047/eps.2011.06.005.
Matsuzawa, T., T. Igarashi, and A. Hasegawa, 2002, Characteristic small-earthquake sequence off Sanriku, northeastern Honshu, Japan, Geophys. Res. Lett., 29, 11, doi:10.1029/2001GL014632.
Mitsui, Y. and Y. Iio, 2011, How did the 2011 off the Pacific coast of

Tohoku Earthquake start and grow? The role of a conditionally stable area, Earth Planets Space, 63(7), 755-759, doi:10.5047/eps.2011.05.007.

Nakajima, J., A. Hasegawa, and S. Kita, 2011, Seismic evidence for reactivation of a buried hydrated fault in the Pacific slab by the 2011 M9.0 Tohoku Earthquake, Geophys. Res. Lett., 38, L00G06, doi:10.1029/2011GL048432.

Nanjo, K. Z., N. Hirata, K. Obara, and K. Kasahara, 2012, Decade-scale decrease in b value prior to the M9-class Tohoku and 2004 Sumatra quakes, doi:10.1029/2012GL052997, in press.

Obana, K., G. Fujie, T. Takahashi, Y. Yamamoto, Y. Nakamura, S. Kodaira, N. Takahashi, Y. Kaneda, and M. Shinohara, 2012, Normal-faulting earthquakes beneath the outer slope of the Japan Trench after the 2011 Tohoku earthquake: Implications for the stress regime in the incoming Pacific plate, Geophys. Res. Lett., 39, L00G24, doi:10.1029/2011GL050399.

Ohtani, M., 2012, Large-scale Quasi-dynamic Earthquake Cycle Simulation, Master Thesis, Graduate School of Science, Kyoto University.

岡田義光, 2012, 2011年東北地方太平洋沖地震の概要, 防災科学技術研究所主要災害調査, 48, 1-14.

大木聖子・纐纈一起, 2011, 超巨大地震に迫る, NHK出版新書, 205pp.

Ozawa, S., T. Nishimura, H. Suito, T. Kobayashi, M. Tobita, and T. Imakiire, 2011, Coseismic and postseismic slip of the 2011 magnitude-9 Tohoku-Oki earthquake, Nature, 475, 373-376, doi:10.1038/nature10227.

Shibazaki, B., T. Matsuzawa, A. Tsutsumi, K. Ujiie, A. Hasegawa, and Y. Ito, 2011, 3D modeling of the cycle of a great Tohoku-oki earthquake, considering frictional behavior at low to high slip velocities, Geophys. Res. Lett., 38, L21305, doi:10.1029/2011GL049308.

島崎邦彦, 2011, 東日本大震災を引き起こした強大な地震, 日本地球惑星科学連合ニュースレター, 7, 2-3.

Suwa, Y., S. Miura, A. Hasegawa, T. Sato, and K. Tachibana, 2006, Interplate coupling beneath NE Japan inferred from three-dimensional displacement field, J. Geophys. Res., 111, B04402, doi:10.1029/2004JB003203.

Tanaka, S., 2012, Tidal triggering of earthquakes prior to the 2011 Tohoku-Oki earthquake (Mw 9.1), Geophys. Res. Lett., 39, L00G26, doi:10.1029/2012GL051179.

Toda, S., R. S. Stein, and J. Lin, 2011, Widespread seismicity excitation throughout central Japan following the 2011 M=9.0 Tohoku earthquake

and its interpretation by Coulomb stress transfer, Geophys. Res. Lett., 38, L00G03, doi:10.1029/2011GL047834.
Yamanaka, Y. and M. Kikuchi, 2004, Asperity map along the subduction zone in northeastern Japan inferred from regional seismic data, J. Geophys. Res., 109, B07307, doi:10.1029/2003JB002683.

第 2 章引用文献

中央防災会議, 2011, 東北地方太平洋沖地震を教訓とした地震・津波対策に関する専門調査会報告　図表集, http://www.bousai.go.jp/jishin/chubou/higashinihon/index_higashi.html
Cisternas, M., B. F. Atwater, F. Torrejon, Y. Sawai, G. Machuca, M. Lagos, A. Eipert, C. Youlton, I. Salgado, T. Kamataki, M. Shishikura, C. P. Rajendran, J. K. Malik, Y. Rizal, and M. Husni, 2005, Predecessors of the giant 1960 Chile earthquake, Nature, 437, 404-407.
Fujii, Y., K. Satake, S. Sakai, M. Shinohara, and T. Kanazawa, 2011, Tsunami source of the 2011 off the Pacific coast of Tohoku, Japan, earthquake, Earth Planets Space, 63, 815-820.
平田 直・佐竹健治・目黒公郎・畑村洋太郎, 2011, 巨大地震・巨大津波—東日本大震災の検証, 朝倉書店.
地震調査委員会, 2002, 三陸沖から房総沖にかけての地震活動の長期評価について, http://www.jishin.go.jp/main/chousa/02jul_sanriku/index.htm
地震調査委員会, 2010, 宮城県沖地震における重点的な調査観測総括成果報告書, http://www.jishin.go.jp/main/chousakenkyuu/miyagi_juten/h17_21/index.htm
気象庁, 2011, 東北地方太平洋沖地震による津波被害を踏まえた津波警報の改善の方向性について, 65 pp, http://www.jma.go.jp/jma/press/1109/12a/torimatome.pdf
気象庁, 2012, 津波警報の発表基準等と情報文のあり方に関する提言, http://www.jma.go.jp/jma/press/1202/07a/teigen.pdf
Nanayama, F., K. Satake, R. Furukawa, K. Shimokawa, B. F. Atwater, K. Shigeno, and S. Yamaki, 2003, Unusually large earthquakes inferred from tsunami deposits along the Kuril trench, Nature, 424, 660-663.
Satake, K., K. Shimazaki, Y. Tsuji, and K. Ueda, 1996, Time and site of a giant earthquake in Cascadia inferred from Japanese tsunami records of January 1700, Nature, 379, 246-249.
Satake, K. and B. F. Atwater, 2007, Long-term perspectives on giant earthquakes and tsunamis at subduction zones, Annu. Rev. Earth Planet Sci., 35.
佐竹健治・行谷佑一・山木 滋, 2008, 石巻・仙台平野における 869 年貞

観津波の数値シミュレーション，活断層・古地震研究報告，8，71-89.
佐竹健治，2011，東北地方太平洋沖地震の断層モデルと巨大地震発生のスーパーサイクル，科学，81(10)，1014-1019.
佐竹健治・酒井慎一・藤井雄士郎・篠原雅尚・金沢敏彦，2011，東北地方太平洋沖地震の津波波源，科学，81(5)，407-410.
Satake, K., Y. Fujii, T. Harada, and Y. Namegaya, 2013, Time and Space Distribution of Coseismic Slip of the 2011 Tohoku Earthquake as Inferred from Tsunami Waveform Data, Bull. Seism. Soc. Am., in press.
澤井祐紀・宍倉正展・岡村行信・高田圭太・松浦旅人・Than Tin Aung・小松原純子・藤井雄士郎・藤原 治・佐竹健治・鎌滝孝信・佐藤伸枝，2007，ハンディジオスライサーを用いた宮城県仙台平野（仙台市・名取市・岩沼市・亘理町・山元町）における古津波痕跡調査，活断層・古地震研究報告，7，47-80.
東京大学地震研究所，2011，釜石沖海底ケーブル式地震計システムで観測された海面変動，http://outreach.eri.u-tokyo.ac.jp/eqvolc/201103_tohoku/
東京電力，2012，福島原子力事故調査報告書，http://www.tepco.co.jp/nu/fukushima-np/interim/index-j.html
山下文男，2008，津波と防災—三陸津波始末，古今書院，158pp.

第 3 章引用文献

Mori, N., T. Takahashi, and The 2011 Tohoku Earthquake Tsunami Joint Survey Group, 2012, Nationwide post event survey and analysis of the 2011 Tohoku Earthquake Tsunami, Coastal Engineering Journal, JSCE, 54(1), 1250001 (27 pages), Special Issue of 2011 Tohoku Tsunami.
佐竹健治・酒井慎一・藤井雄士郎・篠原雅尚・金沢敏彦，2011，東北地方太平洋沖地震の津波波源，科学，81(5)，407-410.
佐藤愼司・武若 聡・劉 海江・信岡尚道，2011，2011 年東北地方太平洋沖地震津波による福島県勿来海岸における被害，土木学会論文集 B2（海岸工学)，67(2)，I_1296-I_1300.
佐藤愼司・Yeh, H.・磯部雅彦・水橋光希・相澤広志・芦野英明，2012，福島県中部沿岸における 2011 年東北地方太平洋沖地震津波の挙動，土木学会論文集 B2（海岸工学)，68.
下園武範・高川智博・田島芳満・岡安章夫・佐藤愼司・劉 海江，2011，2011 年東北地方太平洋沖地震津波による茨城県・千葉県沿岸域における被害，土木学会論文集 B2（海岸工学)，67(2)，I_296-I_300.
東北地方太平洋沖地震津波合同調査グループ，2011，津波痕跡調査結果，http://www.coastal.jp/ttjt/ (2012 年 5 月).
津波痕跡データベース，2012，http://tsunami3.civil.tohoku.ac.jp/tsunami/ (2012 年 5 月).

第4章引用文献

長谷川裕之・齋藤勘一・高橋広典・首藤隆夫・甲斐 納・廣田三成・柴原充・畠山裕司・根本正美・大野裕幸・石関隆幸，2011，東日本大震災に対する基本図情報部の取り組み，国土地理院時報，122，79-89.
檜山洋平ほか，2011，平成 23 年（2011 年）東北地方太平洋沖地震に伴う基準点測量成果の改定，国土地理院時報，122，55-78.
国土地理院，2011，津波による浸水範囲の面積（概略値）について（第5報），2011 年 4 月 18 日発表資料.
大内和夫，2009，「リモートセンシングのための合成開口レーダの基礎 第2版」，東京電機大学出版局.
澤田雅浩・八木英夫・林 春男，2005，震災発生時における関連情報集約とその提供手法に関する研究―新潟県中越地震復旧・復興 GIS プロジェクトの取り組みを通じて―，地域安全学会論文集，7，97-102.
写真測量学会，2012，小特集 東日本大震災への写真測量分野の活動記録，写真測量とリモートセンシング，51(1)，4-37.
高橋 博・有賀世治・西尾元充，1969，空中写真による地震災害調査法の研究，防災科学技術研究資料，6，1-30.
吉川和男・柴山卓史・三五大輔・岡島裕樹，2011，高分解能 X バンド SAR 衛星による東日本大震災大津波の湛水域モニタリング，写真測量とリモートセンシング，50(4)，227-235.

第5章引用文献

キャントリル，斎藤耕二・菊池章夫訳，1971，「火星からの侵入」，川島書房，Cantril, H., 1940, The invasion from Mars: a study in the psychology of panic, Princeton University Press.
秦 康範・吉井博明，2008，災害危機管理訓練・演習の体系化に向けた検討，日本災害情報学会，第 10 回研究発表大会予稿集，73-76.
片田敏孝，2012，「子どもたちに「生き抜く力」を」，フレーベル館.
中村 功，2008，避難の理論，吉井博明・田中 淳編「災害危機管理論入門」，弘文堂.
サーベイリサーチセンター，2012，宮城県沿岸部における被災地アンケート調査報告書.
関谷直也・田中 淳，2008，ハザードマップと住民意識，土と基礎，56(2)，60-67.
関谷直也・田中 淳・地引泰人，2011，津波の避難（1）―2010 年チリ地震津波における避難行動における意志決定，日本社会心理学会第 52 回大会発表論文集，413.
田中 淳，2005，火山災害に対する防災意識の社会構造的要因に関する研

究―誰と誰に何を伝えるか，科学研究費成果報告書.
田中　淳・関谷直也・地引泰人，2011a，津波の避難（2）―2010年チリ地震津波における避難行動における意志決定，日本社会心理学会第52回大会発表論文集，414.
田中　淳・関谷直也・地引泰人，2011b，2011年東北地方太平洋沖地震における北海道民の避難行動の調査結果，Annual Report 2010-2011，CIDIR.
田中　淳，2012a，水害時の適切な避難を促す情報提供，土木技術資料，50-1.
田中　淳，2012b，災害情報の認知度や防災意識の動向に関する定期的調査，Annual Report 2011-2012，CIDIR.
山内祐平，2010，デジタル教材と教育学，山内祐平編「デジタル教材の教育学」，東京大学出版会.
矢守克也，2009，「防災人間科学」，東京大学出版会.
矢守克也，2010，災害情報と防災教育，災害情報，no.8，1-6.
横田　崇，2008，地震・津波・火山に関する情報，田中　淳・吉井博明編「災害情報論入門」，弘文堂.

第6章引用文献

芦谷恒憲，2005，兵庫県産業連関表から見た阪神・淡路大震災による経済構造変化，産業連関，13(1)，45-56.
林　敏彦，2005，復興資金：復興財源の確保，「阪神・淡路大震災 復興10年総括検証・提言報告（2/9）」，兵庫県，II-371-II-449.
林　敏彦，2011，「大災害の経済学」，PHP新書.
兵庫県，2011，阪神・淡路大震災の復旧・復興の状況について（平成23年12月版），http://web.pref.hyogo.jp/wd33/documents/fukkyu-fukko 2012-12.pdf（2012年7月7日）.
経済産業省，2011，通商白書2011，http://www.meti.go.jp/report/tsuhaku2011/2011honbun_p/index.html（2012年7月7日）.
内閣府，2009，平成21年度年次経済財政報告：危機の克服と持続的回復への展望，http://www5.cao.go.jp/j-j/wp/wp-je09/09.html（2012年7月7日）.
内閣府，2011，平成23年度年次経済財政白書：日本経済の本質的な力を高める，http://www5.cao.go.jp/j-j/wp/wp-je11/11.html（2012年7月7日）.
内閣府，2012，経済財政の中長期試算，http://www5.cao.go.jp/keizai3/econome/h24chuuchouki.pdf（2012年7月7日）.
内閣府（防災担当），2011，東日本大震災における被害額の推計について，2011年6月24日記者発表資料，http://www.bousai.go.jp/oshirase/

h23/110624-1kisya.pdf（2012年7月7日）.
内閣府・政策統括官室（経済財政分析担当），2011，地域の経済2011：震災からの復興，地域の再生，http://www5.cao.go.jp/j-j/cr/cr11/cr11.html（2012年7月7日）.
小黒一正・小林慶一郎，2011，「日本破綻を防ぐ2つのプラン」，日本経済新聞出版社.
東京大学アンビエント社会基盤研究会ビジョン・ワーキンググループ，2012，アンビエント社会基盤研究会ビジョン・ワーキンググループ報告書，http://www.ducr.u-tokyo.ac.jp/jp/materials/pdf/ambient_vision_wg.pdf （2012年7月7日）.
財務省，2012，日本の財政関係資料：平成24年度予算案　補足資料，http://www.mof.go.jp/budget/fiscal_condition/related_data/sy014_24_02.pdf（2012年7月7日）.

第7章引用文献

千田　昇・中上二美，2006，大分県佐伯市米水津とその周辺地域における宝永4年，安政元年の南海地震と津波の分析，大分大学教育福祉科学部研究紀要，29(1)，69-80.
Furumura, T., K. Imai, and T. Maeda, 2011, A revised tsunami source model for the 1707 Hoei earthquake and simulation of tsunami inundation of Ryujin Lake, Kyushu, Japan, J. Geophys. Res., 116, B02308, doi:10.1029/2010JB007918.
橋本千尋・鷺谷　威・松浦充宏，2009，GPSデータインバージョンによる西南日本のプレート間カップリングの推定，日本地震学会2009年秋季大会，京都.
Ide, S., A. Baltay, and G. C. Beroza, 2011, Shallow dynamic overshoot and energetic deep rupture in the 2011 Mw 9.0 Tohoku-Oki earthquake, Science, 332, 1426-1429, doi:10.1126/science.1207020.
木股文昭・鷺谷　威，2005，水準測量データの再検討による1944年東南海地震プレスリップ，2005年2月地震予知連絡会トピックス.
Maeda, T. and T. Furumura, 2011, FDM simulation of seismic waves, ocean acoustic waves, and tsunamis based on tsunami-coupled equations of motion, Pure Appl. Geophys., doi:10.1007/s00024-011-0430-z.
Mogi, K., 1984, temporal variation of crustal deformation during the days proceeding a thrust-type great earthquake: The 1944 Tonankai Earthquake of magnitude 8.1, Japan, Pure Appl. Geophys., 122, 765-780.
Nishimura, S., M. Ando, and S. Miyazaki, 1999, Interplate coupling along the Nankai trough and southeastward motion along southern part of

Kyushu, J. Seismol. Soc. Jpn., 51, 443-456.
Obara, K., 2002, Nonvolcanic deep tremor associated with subduction in southwest Japan, Science, 296, 1679-1681, doi:10.1126/science.1070378.
岡村 眞，2006，見えてきた巨大南海地震の再来周期，日本地震学会 2006 年秋季大会講演予稿集，A027.
岡村 眞・松岡裕美，2012，津波堆積物からわかる南海地震の繰り返し，科学，82(2)，181-191.
鷺谷 威，2004，1944 年東南海地震の前兆的地殻変動再考，月刊地球，26(11)，746-753.
坂口有人，2008，ビトリナイト反射率による南海トラフ地震発生帯掘削コア（Exp316）の古地温環境と分析手法，日本地質学会学術大会講演要旨.
Sato, H., 1977, Precursory land tilt prior to the Tonankai earthquake of 1944: In some precursors prior to recent great earthquakes along the Nankai trough, J. Phys. Earth, 25, S115-S121.

第 8 章参考文献

ボルト，ブルース・A., 松田時彦・渡辺トキエ訳，1995,「地震」，古今書院.
数土直紀・今田高俊編著，2005,「数理社会学入門」，勁草書房.
菊地文雄，1999,「有限要素法概説—理工学における基礎と応用」，サイエンス社.
小柳義夫・中村 宏・佐藤三久・松岡 聡，2012,「スーパーコンピュータ」，岩波書店.
望月 重，2009,「耐震壁ものがたり」，鹿島出版会.
薩摩順吉，2004,「物理と数学の 2 重らせん」，丸善.
玉井哲雄，2004,「ソフトウェア工学の基礎」，岩波書店.
東京大学公開講座，1996,「防災」，東京大学出版会.
山影 進・服部正太編, 2002,「コンピュータのなかの人工社会」，共立出版.